商代審美意識研究

朱志榮

商代审美意识研究

（修订版）

朱志荣 著

浙江人民美术出版社

图书在版编目（CIP）数据

商代审美意识研究 / 朱志荣著. -- 修订版.
杭州：浙江人民美术出版社，2024. 11. -- ISBN 978-7-5751-0353-4

Ⅰ．B83-092

中国国家版本馆CIP数据核字第2024K1Y876号

责任编辑：洛雅潇
助理编辑：潘君亭
责任校对：董　玥
责任印制：陈柏荣

商代审美意识研究（修订版）

朱志荣　著

出版发行	浙江人民美术出版社
地　　址	杭州市环城北路177号
经　　销	全国各地新华书店
制　　版	浙江新华图文制作有限公司
印　　刷	浙江新华数码印务有限公司
版　　次	2024年11月第1版
印　　次	2024年11月第1次印刷
开　　本	787mm×1092mm　1/16
印　　张	16.5
字　　数	180千字
书　　号	ISBN 978-7-5751-0353-4
定　　价	118.00元

版权所有，侵权必究

如发现印刷装订质量问题，影响阅读，请与出版社营销部（0571-85174821）联系调换。

前　言

本书主要研究中国商代的审美意识问题。商代是中国第一个有信史的时代，其文字和器皿的形态，都具有很高的审美价值，给我们留下了非常生动丰富的关于审美观念的记载。它们在中国古代审美意识的历史变迁中，无疑起着承前启后的重要作用，尤其对后世审美意识的发展产生了深远的影响。正因如此，我们今天探本究源，研究商代人的审美意识，才是非常必要的。

中国古代的审美意识有着悠久而灿烂的历史。早在旧石器时期，人们就开始打制具有实用价值的石器，并且逐步由粗到细，体现了追求美观的要求，进而用石器工具制作了人体的装饰用品、石雕和乐器等。经过若干年的积累和进化，到了商代，中国古人自发的审美意识已经越来越彰显了，并对三千多年来的中华文化产生了广泛而深远的影响。而其间起着重要作用、对中国历代的审美意识产生重要影响的有两类：一是文字；二是各类器皿。后人正是通过这些文字和青铜器、陶器、玉器等各种器皿，窥测到中国商代祖先们所创造的灿烂文明，包括其中所蕴含的审美意识。

文字的发明和使用，在中国古代审美意识的发展历程中有着特殊的意义。文字不仅仅是一种传达意义的符号，而且其本身就是精湛的艺术品。中国古代文字的创造和进化的历程，就是审美意识变迁的历程，其中所体现的创造精神和古人的情调，乃至中国古人审美的思维方式，对中国传统的审美意识及其变迁都有着重要的影响。造字中的审美情趣和线条化的艺术表现方式对中国的造型艺术起到了重要的推动作用。当然，作为一种普通的信息符号，中国古代的文字还一直对商代的社会生活乃至审美思想的发展起着桥梁作用。为了铭功记事而镌刻在青铜器皿上的金文，与当时的政治事件、战争以及重大的祭祀活动有着紧密的联系。这些金文同它的物质载体一起，具有一种震慑人心的力量和气概。这种特有的情感氛围和精神意念，正是通过青铜器及其铭文这些"有意味的形式"得到了反映和表现，而内蕴深厚的审美意识正寓于其中。商代人审美的自发意识正是这种社会意蕴的升华。

但尽管如此，由于年代久远和文献保存的限制，后人对商代的社会文化水平无法作全面的考察，而只能管中窥豹。傅斯年把古史比成"劫灰中之烬余"[1]。从清末开始到20世纪初盛行的疑古思潮，几乎要否定所有现存的商代文献。幸亏越来越多的出土文物有力地证明了现存的大多数相关文献的准确性。这些宝贵的文献，为我们研究商代文明的各个领域，提供了方便和保障，从中可以看出中华文明的悠久和辉煌。

感性形象是审美意识孕育、产生和发展的基础。中国文学的历史主要就是从感性的象形图像开始的。甲骨文的字形和书法，依然会在线条和结体中体现出对象的感性生机和主体的情调。而造型艺术中的纹饰也是从具象到抽象，同样表现出主体的意味。它们都从人对事物的体验出发，蕴含了丰富的想象力，因而都具有审美的价值，并且推动了整个商代文明由神本向人本过渡的历史进程。

器皿的制作和使用，是人在天性的推动下对情感的一种传达，具有超越时空的独特精神气质。其中凝聚着整个人类的生命活力，也反映出人对自然和生活的热爱。在文字使用以前，人们在自己的创造物中，传达思想感情，并通过器皿进行交流。先民们在器皿制作中所表现出来的造型能力，乃是出于人的一种天性。器皿上的各种纹饰既反映了当时人审美的要求、情趣和水平，也反映了人们的创造力。文字发明以后，人们依然把器皿当成沟通心灵的重要工具。而作为一个时代的象征的青铜器，正是体现商代人审美意识的最重要的器皿。直到今天，我们仍可以透过青铜器体悟到商代那段沉重的历史，领略到商代人那悲怆的情调，以及蕴含在青铜艺术中的那种深邃的人生哲理和商代人的那种神秘的命运意识。正因如此，青铜艺术至今还震撼着我们的心灵。凝重、威严的青铜器，实际上是历史梦魇的物态化。

兼收并蓄和富于创造性是商代人艺术创造的两个基本特点。兼收并蓄带来了他人的创造，又进一步刺激了自己的创造灵感，从而突破了原有的创造层面，使自己的创造进入一个新的境界。商代的青铜器在形制和纹饰上以华北和黄河流

---

[1] 傅斯年著，欧阳哲生主编：《傅斯年全集》第二卷，湖南教育出版社2003年版，第594页。

域已有的石器、陶器和木器以及早期的青铜器为基础，借鉴了各方国和部落联盟的工具制作所积累的经验，在此基础上又发展了商代人独特的审美创造。傅斯年说："殷商文化今日可据物遗文推知者……乃集合若干文化系以成者，故其前必有甚广甚久之背景可知也。""殷墟文化之前身，必在中国东西地方发展若干世纪，始能有此大观，可以无疑。"[2]对传统的继承是中华民族的文化形成自己特质和传统的重要保障，而每一个时代的独特创造又使中华文化得以延续和发展。而商代的艺术和审美意识，在文明的发展进程中正体现了这两个基本特点。

甲骨文、金文和器皿的造型与纹饰使得商代人的审美意识获得了物态化的形式，流传至今的既有文献对于研究商代的审美意识也可资参考。尽管它们所传达的意蕴还远远不是商代人精神生活的全部，但是透过它们，我们可以看到商代人审美的风貌和延续、发展的历程，也可以窥见后代审美意识的源头及发展脉络。我们今天追溯中华文明的来源，缅怀商代的先民们审美创造的光辉业绩，在入迷、惊赞之余，也应从中获得推动当代的审美创造和审美意识发展的深刻启示。

---

[2] 傅斯年著，欧阳哲生主编：《傅斯年全集》第二卷，湖南教育出版社2003年版，第594—595页。

目 录

001 绪 论
003 第一节 审美意识的历史起源
009 第二节 商代审美意识的发展历程
010 第三节 商代审美意识的基本特征
014 第四节 从审美意识到美学思想
017 第五节 商代审美意识的研究方法

021 第一章 商代的社会背景：王权与神权的双重影响
023 第一节 社会生活：王权体制与社会生产力的提高
039 第二节 宗教：祭祀巫术与甲骨占卜的影响
045 第三节 文化艺术：商代乐舞的物质文化和精神文化

065 第二章 商代审美意识概述：主体意识的发扬
067 第一节 商代审美意识的基本特征：观物取象与立象尽意的创作方法
076 第二节 商代审美意识变迁的特征：审美、交融与创新
083 第三节 美学思想的萌芽：人高于物的人本精神

091 第三章 商代陶器的审美特征
093 第一节 概述：商代陶器工艺快速发展
098 第二节 造型：因物赋形与圆型意识
103 第三节 纹饰：威严狞厉的类型与抽象化特征

111	第四章	商代玉器的审美特征
113	第一节	概述：商代玉器发展的三个阶段
118	第二节	造型：因物赋形、仿生与形式规律
126	第三节	纹饰：纹饰的精密化与平面化
130	第四节	艺术风格：崇尚自然与宗教色彩
135	第五章	商代青铜器的审美特征
137	第一节	概述：辉煌的"青铜时代"
141	第二节	造型："制器尚象"的铸造思路
151	第三节	纹饰："狞厉美"的形式特征
165	第六章	商代文字的审美特征
167	第一节	概述：甲骨文与金文
171	第二节	中国文字的起源：多元化动因
180	第三节	甲骨文字形：象形表意的特征
189	第四节	甲骨文书法：中国书法的开端
198	第五节	青铜器铭文：古朴肃穆的风格
207	第七章	商代文学的审美特征
209	第一节	概述：中国文学的滥觞
212	第二节	中国文学的起源：歌谣中的语言、情感与游戏
216	第三节	卜辞和《易》卦爻辞：叙事与表情达意
227	第四节	《尚书·商书·盘庚》：商代散文的记言作品
231	第五节	《诗经·商颂》：商代诗歌的艺术技巧
241	结语	
245	参考文献	
252	后记	
254	修订版后记	

绪 论

中国古代的审美意识有着悠久而灿烂的历史，早在石器时代就已经初露端倪。商代是审美意识逐步成型、逐步深化的时期，是中国传统审美思想的奠基时期。在这个时期，先民们对宇宙万物、人间百态的审美感悟和审美体验构成了中华民族审美心理原型，并在此基础上创造了瑰丽的艺术文明。先民们在器物的制造中所体现的随物赋形、以形写意的审美倾向，在文学作品中显现出的想象奇特、情感真挚、哲理深邃的审美特征以及比兴寓意、虚实相衬、微言大义、夸饰借拟、首尾相统等审美手法的运用，在美学思想中呈现的阴阳五行、天人合一、万物化生、观物取象、立象尽意等中国传统美学母题的论述，都对后世产生了深远的影响。纵观整部中华民族的美学史，我们可以说中国传统美学思想精髓在这一时期已经蔚然可观。

第一节 ｜ 审美意识的历史起源

关于审美意识的起源问题，古今中外美学家们已经从不同角度作了论述，目前的主要看法有：神赋说、游戏说、劳动说、巫术说、摹仿说、表现说、压抑说、集体无意识说、原道说、理气说等。其中游戏说、劳动说、巫术说、摹仿说都触及到了审美意识的历史起源。美学史的研究可以从历史角度使审美意识起源的探索更加具体。以打制石器为主要文化标志的旧石器时代，显露了先民们简朴的审美意识发展的历程，细石器工艺所代表的审美特征是这一时期的最高成就。新石器时代，石器的装饰性逐渐成为器物造型的重要因素，原始岩画对线条的娴熟运用与原始神话显示的"以象表意"的审美思维方式将新石器时代的审美意识推向了一个新的高度。

距今大约 250 万年至 1 万年以前的旧石器时代，以其原始的打制石器艺术开启了中国历史和文明的第一篇章。相对于新石器时代和商代的陶器、玉器、青铜器等丰富的艺术品种类，磨制、抛光、铸造、镶嵌等精湛的艺术制造工艺，以及种植业、畜牧业、手工业等多样的生产生活方式而言，旧石器时代的整体文化显得朴素而原始——他们的生活方式以狩猎为主，用打制的方法生产简单而原始

图 0.1　石锤、石砧　中国国家博物馆藏
旧石器时代早期
北京房山周口店第一地点出土

图 0.2　大三棱尖状石器　中国国家博物馆藏
旧石器时代中期
1954 年山西襄汾丁村出土

的石器工具，并开始在功用的基础上追求器物的形式感，正是这种旧石器时代的生产劳动和生产工具孕育了中国朴素的审美意识形态：审美性孕育于实用性之内，并与之紧密地交织统一于原始器物（石器、骨器）的打制之中，并在后来细石器和部分装饰品的创造中逐渐走上相对独立的发展道路，从而形成了中国审美意识的初始形态。

在旧石器时代早期，先民们经历了几十万年日积月累的探索，逐渐开始了工具的制造。170 万年前的元谋人，已经制造了形状相对规整且方便实用的石器工具。（图 0.1）它们尽管还显得简单粗糙，却从中显示了先民们对于均衡和对比的朦胧意识。到 60 万年前的蓝田人，在工具的打制和修制上，有了一定的方法和程序，制作了砍砸器、刮削器等工具。再到 50 万年前的北京人时代，人们已经注意到了选材，有了自己的选材标准。他们能够根据材料的特性，采用不同硬度、形状和纹理，用不同的方法制造工具，出现了石锤、石刀和石锥，还有了一些石球，反映出他们对石器的外在形式已经有了一定的意识。他们从使用的角度去考虑硬度和形状，从审美的角度巧妙地运用其纹理，并从整体上去把握，从而在工具上体现了个体的情感。"例如北京人制作的'尖状器'，由于曾对器物两

004　绪　论

侧进行过细致的修理，使得它的整体的外轮廓呈现出颇为悦目的近于对称的三角形造型"[1]。石制品的类型有石核、石片和砍砸器、刮削器、尖状器、石球等，造型的稳定性较差，因此出现的定型石器只有小型两面器。与此相对应的，石器技术也反映了极其朴素的一面，多运用比较单纯的石片剥离技术和定型的大石器技术。此时的石器基本上是纯粹用于生产和生活的实用工具，其审美意识包孕在实用功能之中，还有待先民们在劳动实践中进一步深化才得以独立。旧石器时代早期先民正是通过劳动实践，培养了朦胧的审美意识。

到旧石器时代中期，如山西的襄汾丁村人，在砍砸器、尖状器和刮削器等工具的制造上，不但器型多样，而且在打制技术上有了明显的进步。在距今10万年左右的山西阳高许家窑遗址，不但刮削器等比以前复杂精巧得多，而且出现了一些细石器的基型，表明人们已经开始自觉地运用均衡和对称等审美的形式规律。石器器型出现了船底形石核、周边调整石器，以及小型爪形刮器、锯齿状石器等；石器技术也有了一定的进步，预制单面和转体石核的剥离技术、软锤技术开始出现，石叶生产也已萌芽，石器制作的分工日益明确。从新出现的石器形式和石片剥离技术来看，旧石器时代中期的石器在总体上既体现了与早期劳动生产的连续性，又形成了新的合规律的形式要求，如节律、均匀、规整和光滑等。劳动工具和制作劳动工具的工艺技术中渗入了原始先民朴素的审美理想，实用功能和审美形式相互交织，使得这一时期工具的造型和工艺呈现多样化的形态，成为后代审美意识的滥觞。（图0.2）

而旧石器时代晚期，随着劳动经验的积累和生产方式的推进，原始先民在器物制造工艺、器物造型、艺术创作和意识形态等方面出现了革命性的飞跃。人们在制造工具时，开始有意识地选用石料，对于石器原料的色彩有了讲究，磨制技术（如磋磨）和钻孔技术得到了进一步发展，并且有了木石结合的复合工具，许多工具有了相对固定的模式。打制和磨制的双重工艺，使得审美意识在对石料的技术性征服中得以物态化。距今2.8万年前的山西峙峪文化中还出现了细石器

---

[1] 杨泓著：《美术考古半世纪——中国美术考古发现史》，文物出版社1997年版，第6页。

图0.3　细石器
中国国家博物馆藏
旧石器时代晚期
河北阳原虎头梁出土

的制作，其"技术更为规范，同类器物的大小和外形都大致相同"[2]。而细石器的制作也初具磨制石器的雏形。峙峪文化中出土的石镞，有圆、尖两种底边，用压制法制出锐尖和周边，造型两侧对称。下川文化的石器则更为精细，"压痕细密匀称，具有拙稚的韵律感"[3]。石器制作技术走出了直接打击法的历史，而辅以间接打击法和压制法等新工艺生产长石片和细石叶，并以此为毛坯制造石器，使得石器形式更加美观、规整，尤其是云南塘子沟出土的旧石器角锥，上面还留有简单的刻纹；广泛生产和使用复合工具，包括投矛器、弓箭、鱼镖等，使得石器工具的类型更丰富、形制更规则、形态更美观、制作更精细、分工更具体、地区分化更明显、技术与文化传统的更替演变也更为迅速。（图0.3、图0.4）

新石器时代大约出现于距今1万年左右，是在旧石器文化的基础上发展起来的。新石器时代与旧石器时代最大的区别就是磨制石器取代了打制石器，石器的装饰性逐渐成为器物造型的重要因素，并开始打破实用性一家独占的工艺创造原则，使得装饰与造型二者并行发展，有的甚至更注重器物的装饰性，形式因素

2　杨泓著：《美术考古半世纪——中国美术考古发现史》，文物出版社1997年版，第6页。
3　杨泓著：《美术考古半世纪——中国美术考古发现史》，文物出版社1997年版，第6页。

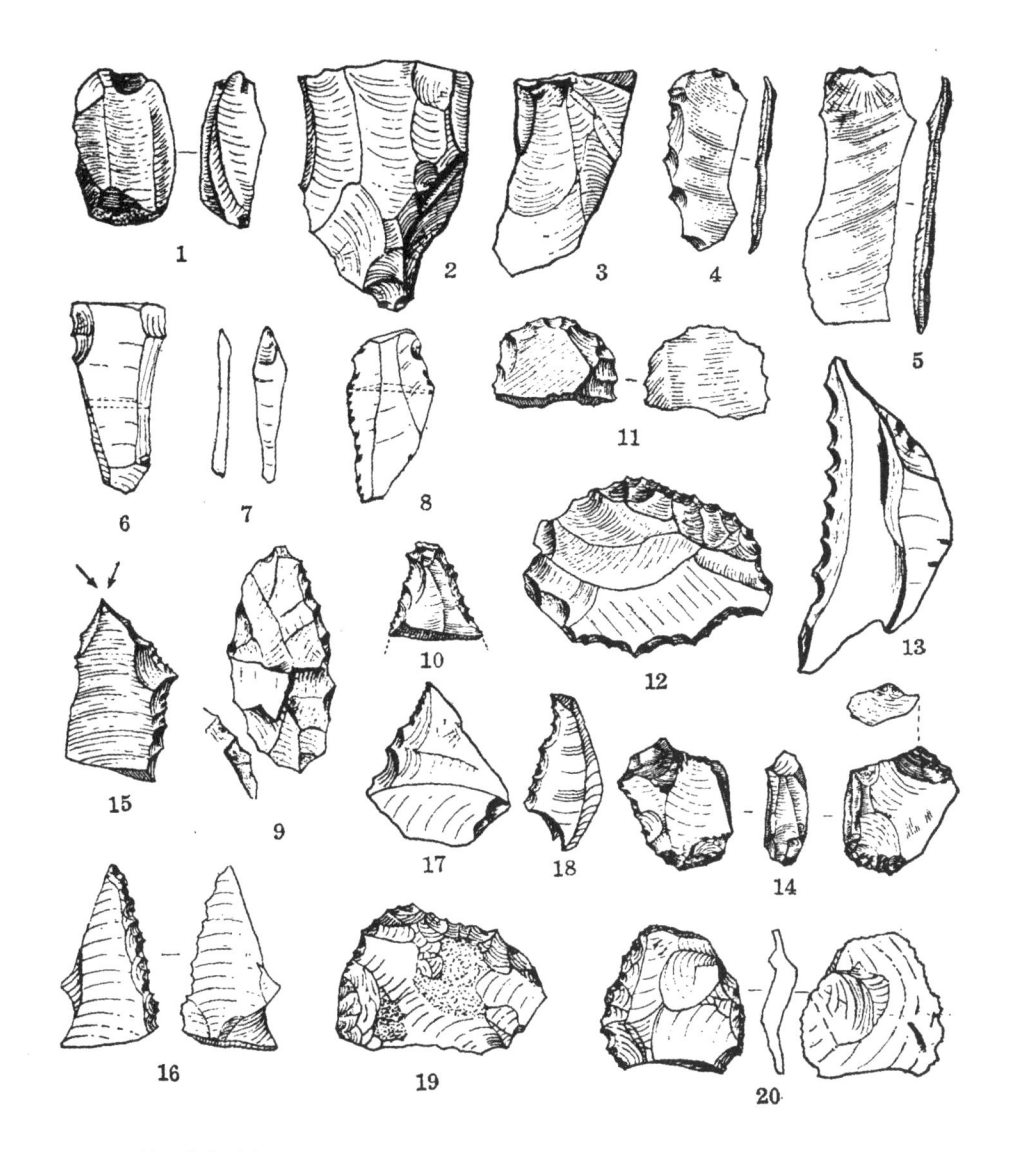

图 0.4 峙峪文化遗物

[资料来源：贾兰坡、盖培、尤玉桂《山西峙峪旧石器时代遗址发掘报告》，《考古学报》1972 年第 1 期。]

1. 两极石核
2. 火山岩多面石核
3. 燧石多面石核
4—8. 小石片
9. 菱形尖状器
10. 凿形尖状器
11. 短身圆头刮削器
12. 圆盘状刮削器
13. 凹刃刮削器
14. 扇形石核石器
15. 屋脊形雕刻器
16、17. 斜边雕刻器
18. 凿形雕刻器
19. 网盘状刮削器（褐色火石）
20. 圆盘状刮削器（微绿色石髓）

第一节 审美意识的历史起源

逐步在石器的造型和纹饰中走向了独立发展的道路。在此基础上，先民们进一步熟练了磨制、钻孔、镶嵌等工艺制作技术，并且发明了陶器、玉器等新的器物种类。无论是从半坡、庙底沟、马家窑到河姆渡、良渚、大汶口、龙山的彩陶和灰陶，还是从红山到崧泽、良渚的北方玉器和南方玉器，都体现了原始先民从仿生、象形到写意、象征的审美思维的发展，从制物尚器、制器尚象向因料制宜、因物赋形的艺术构思转换。其构思独特的造型、风格多变的纹饰，以及感性与理性相交融的整体构图，造就了丰富多样的艺术风格，奠定了中国器物制造的审美基础。

原始岩画在新石器时代也开始步入其繁荣鼎盛期，自身也形成了鲜明而丰富的审美特征：线条的装饰性、时间性和情感性的线性特征作为最为突出的审美因素，无疑彰显了原始岩画独特的艺术魅力；并且该时期岩画存在的空间范围之大，持续的时间范围之长，又使其在审美意象和风格上呈现出明显的时空差异，进一步丰富了中国原始岩画的多样性艺术风格。

新石器时代流传下来的原始神话，其审美的意象创构充分体现了该时期原始先民的宇宙观和他们对世界万物的独特体悟与理解。他们效仿"象物以应怪"的宇宙法则来创构神话。这种巫术式的思维方式，正是独特的原始思维方式的运用，并且影响着后代诗意的审美情趣。他们将自然拟人化，将无生命的事物生命化，开启了以象表意的传统，对后世的文学艺术中的诗意情调产生了深远的影响。在意象的衍生和组合方面，中国的原始神话对后世的文学艺术也产生了一定的影响。无论是李贺诗歌的意象，还是古代小说的人物塑造方式与情节排列方式，都可以看出原始神话的影子。

总之，旧石器时代的生产劳动与生产工具孕育了中国朴素的审美意识形态，它的打制石器艺术是中国艺术文明的最早形态。新石器时代的审美意识已发展到比较成熟的阶段，在工艺品的创造中，先民兼用了仿生写实与象征表意的艺术审美原则，而突出器物的特征性部位，突显生命意识，既讲究器物造型和纹饰的整体性搭配，又注重欣赏者的审美需要和审美感受；原始岩画中，对线条的运用体现了先民从具象写实向抽象写意的演化；在神话传说中，先民的意象构建能力和审美想象力得到了进一步的发展，尤其是以象表意的审美思维方式将新石器时代的审美意识推向了一个新的高度。新石器时代的审美意识影响了商代，商代正是在新石器时代已经取得的审美成果上的进一步发展，并最终完成了从审美意识到美学思想的过渡。

第二节 | 商代审美意识的发展历程

商代文明的变迁是一个逐步发展深化的过程：由自发走向自觉，由朴素的审美意识走向相对丰富的理论形态，再发展成为成熟的美学思想。夏代在陶器和玉器的造型、装饰和工艺上均较新石器时代有所发展，青铜器也开始出现，许多具有独创性的器型和纹饰对后代的器物产生了广泛而深远的影响；商代进一步总结和发展了此前审美创造的经验，系统化的文字记载了商代先民的时代意识，各种器皿中熔铸了商代人的审美趣尚和理想，并在后人的审美创造中得到了继承和发扬光大。

商代是中国的第一个信史时代，商代的文化有着悠久历史的苍茫感和原始宗教的神秘感。商代高扬着神的力量，又把神加以人格化，折射出丰富多彩的社会生活，显示出人与命运抗争的战斗精神。商代的审美意识具有自发的特征，并由于神权与政权等对艺术的需求，使得艺术与宗教、王政乃至求知等意识融为一体，这本身也推动着审美意识的发展，制约着艺术风格的变迁，而艺术变迁又有着自身的发展逻辑。这一方面表现在商代先民在艺术创造中体现了浓烈的生命意识，尤其是情感世界的生命节律。他们通过艺术的创造和欣赏肯定着生命、护卫着生命，使人的精神生命得以拓展。另一方面，商代艺术在线条、形象和色彩中体现了形式的规律。商代人在经验中体会到对称、均衡等形式的法则以及总体布局的和谐，并将它们自发地用到艺术创造中。

商代先民从器皿和其他对象的功能中诱发出造型的灵感，强化了线条对主体情意的表现能力和艺术的装饰功能，并在线条中寓意，使作品具有象征的意味。商代陶器走向了严峻与刚直，完全写实的陶器纹饰已逐渐少见，而以抽象的想象动物纹和几何纹居多。商代的玉器应物赋形，并在仿生造型方面体现了玉料质地和色彩的独特优势。商代的青铜器胎壁较厚，纹饰繁多，体积增大，更加厚重稳健、威严肃穆，符合祭祀场合的需要。商代的甲骨文和青铜器铭文都保留了古人对对象感性情调的摹仿，并且逐步由不均衡、不对称到自发地运用均衡、对称[4]等形式规律。甲骨文的线条、结体、章法和风格以及青铜器铭文块面的象形及其独特的结体和章法，对于后世的书法艺术乃至整个中国艺术精神都产生了重要的影响。商代的甲骨卜辞、《易》卦爻辞、《尚书·商书·盘庚》和《诗经·商颂》等作品是中国文学的滥觞，其精练的语言、句式乃至叙事方式等，为后代的文献奠定了基础，成了中国文学长河的源头。商代给我们留下了具有很高的审美价值的艺术品和丰富的审美观念的记载。

总之，商代的审美意识与神权、王权融为一体，并在神本的背景中孕育了浓烈的主体意识，积极地推动了上古文化从神本向人本的过渡。

第三节 | 商代审美意识的基本特征

商代的审美意识的发展奠定了后来中国美学思想的基础。这一时期的美学思想主要通过陶器、玉器、青铜器等器物，舞蹈、岩画、书法等造型艺术以及铭文、《诗经》《尚书》、诸子散文和历史散文等早期文学作品得以保存、流传下来，为后世中国美学思想的形成、发展和深化奠定了现实基础，提供了不竭的动力和源泉。具体说来，商代的美学思想具有以下六个方面的特点。

首先是主体意识。这主要表现在"象形表意""观物取象"的思维方式上。这种思维方式既体现了一定的主体意识，又高度重视自然对主体意识形成的基础性地位。因此，商代的审美意识和美学思想从一开始就具有诗性智慧和辩证特征，体现了物我的统一。从现存的文字、器皿和文献中，我们可以看到，中国先

---

[4] 商代器物的对称，特别是纹饰的对称，都是手工对称，而不是绝对的对称，对称的两端总会有细微的区别。如青铜器中兽面纹的对称。倘若绝对对称，极有可能是今人造假。

民自发而又自觉地在进行立象尽意的艺术创造活动，从中体现出浓烈的主体意识。他们以积极主动的创新精神创造了大量的器皿、壁画、文字等艺术形式，又从这些艺术形式中诱发出创造的灵感，强化着审美形式对主体情意的表现能力和艺术装饰功能，从而使中国早期艺术作品具有浓厚的象征意味。

中国早期的器皿、壁画、文字等艺术形式既体现了主体对自然法则的体认，又反映了创造者的主体意识。可以说，上古时期的政治、宗教和其他社会文化因素具有孕育社会主体和个体主体的深厚潜力，也激发着主体用情感、气质、品格、趣味等个性因素进行各种创造活动。甲骨文、青铜器铭文等书法形式以及器皿上的各种抽象纹饰，都具有象形表意的特点，反映出商代注重主体的艺术精神。早期"近取诸身，远取诸物"的创造性思维，既是对象的神采和韵味在主体创造中的具象化和定型化，也是自然万物在主体心灵中的折射，更是主体情感表达的体现和结晶。

其次是鲜明的整体观念。这与商代的历史地理环境密切相关。商代器物的艺术风格已经呈现出多样统一的审美特征。商代的礼器、酒器和乐舞等，也体现出国家王权大一统的审美风格，并且也使礼乐文化得以萌芽。因此，商代的各种艺术形式无不体现着这种审美的整体意识。这也反映在后世文学作品，尤其是诸子散文叙事手法的多样性上。

商代审美意识的这种整体观念具有强大的包容性和统合作用，各种艺术表现方式和审美趣味都可以获得多样性的统一。商代审美意识的整体观念，一方面主要表现在具象与抽象、内容与形式、平面与立体、时间与空间、动与静、方与圆等方面在各种艺术形式中的统一；另一方面，这种整体意识还表现为商代审美意识中的尚圆意识。这种圆融精神在内容上表现为统一性，在形式上表现为圆润性。所以商代的各种艺术形式，无不体现出圆润流动的灵动感，而很少有那种僵硬、呆板的线条刻画。这一点从艺术线条的灵动多变，到文学艺术的气韵生动与和谐音律中都可以得到体现。

第三是崇尚线条和形式感。商代的器物、壁画、文字等艺术形式都是以线条为手段，以求抽象与具象的统一，由此形成了商代高度重视线条的传统。这些艺术在造型中不是空洞的单纯的线条，而是在线条中蕴含着先民们深沉的宇宙意识、人生体验和艺术积淀。因此，商代的各种艺术形式中都蕴含着较为强烈的主体意识和思想意蕴。商代各种器物的外在线条与形式的华美、灵动与瑰丽，既给人有力度的视觉享受，又给人流畅、圆润的感觉体验，赋予各种形式以生命的气息，形成了刚柔相济、虚实相生的艺术审美效果。同时，这些艺术线条与形式又承载着特定的文化意味和精神特质，先民们把现实以及臆想的形象抽象成形式图像，以线条简要勾勒出来，铸刻在象征权力、威仪和用以祭祀、生活的各种器物上，以此表达主体对自然和社会生活的体验。这些艺术线条和形式凝结着中国早期先民的生活经验、宗教体验和审美情趣，是先民情感和智慧的结晶。

同时，商代的各艺术门类都追求方圆统一、动静相宜，以及具象与抽象高度统一的形式感。这些形式搭配和谐自然，刚柔相济，形成了独立自足的艺术审美空间。如青铜鼎腹部较深，配三只三棱锥形空心足，两耳立于口沿上，其中一耳与一足呈垂直线对应，另一耳则位于另外两足中间，整体造型兼具实用和审美的双重要求，给人一种规整中有生气、对比中显和谐的审美感受。青铜器的兽面纹饰，玉器上的方圆图形，阴刻和阳刻线条的变化，凹凸有致的刻纹，以及铭文和甲骨文上的笔画，都给主体的想象力和情感体验留下了广阔空间。从新石器时代的彩陶，到后来的青铜器、玉器、陶器，出现了各种几何纹饰。这些几何纹饰与线条虽然相对单纯和平面化，却具有形式上的变化和结构上的美感，还包含了丰富的审美意蕴和极具时代性的文化内涵。这些"有意味的形式"开启了中国美学崇尚形式美的先河，乃至于诸子散文、《尚书》、《易经》等作品也高度重视语言的形式和节奏，并以叠字、叠词、叠句、押韵等艺术形式表达出来。

第四是高超的工艺技巧。中国早期审美意识在各种器物的制造、欣赏中萌芽，因此器物的制作技术对商代审美意识的形成具有极其重要的作用。早在旧石器时代元谋猿人使用砾石石器开始，审美意识就开始在实用器具中孕育了。在各种器具的制造和使用过程中，先民的审美意识逐步觉醒。从新石器时代开始到夏代、商代，这一审美意识逐渐走向成熟，而每一次器具制作工艺的进步都会对先民审美意识的发展起到很大的促进作用。圆形器物要力求做到更加圆满，使之

"首尾圆合，条贯统序"[5]。在这一过程中，"方"作为与"圆"相对应的形式也进入艺术领域，并占有重要地位。青铜器冶炼技术的成熟使青铜器在中国艺术史上获得重要地位。而玉器的制作也是在石器制作技术的基础上逐步发展起来的。玉器能在众多造型艺术中占有一席之地，与新石器时代玉器制作技术的不断改进有密切关系。书法、绘画因为工具和技术的进步在后世走向了顶峰，毛笔代替雕刻刀以后，文学创造也空前繁荣起来。在商代，工艺水平对于审美意识的生成和发展起着重要作用。人们使用工具技术创造出无数形式多样的艺术作品，这些艺术作品又反过来陶养着人们的审美趣味，刺激审美意识的形成，进而形成系统的美学思想。

第五是具有威严深沉的政治宗教色彩。商代审美意识在一定程度上受到政治、宗教等意识形态的影响，其艺术形式常常承担着政治和宗教的功能。青铜器的兽面纹作为帝王享有灵物和权力的象征，有攫取权力和树立威信的政治意义；西周玉器由祭祀型向礼仪型转化，被上层贵族集团作为信物用于婚聘、军事调动等，并出现专门从事玉器生产的"玉人"，以及专门负责掌管、收藏玉器事务的"玉符"等官职。这些功能都会导致青铜器、玉器等受到高度重视，对审美意识产生相当的影响。这些艺术形式的数量、质地、规格等都具有严格的规定，起到"明贵贱，辨等列"的作用。从殷商时期艺术形式中表现的浓厚的宗教色彩和狂热浪漫的气息，到周代艺术的鲜明的政治内涵、严格的制度文化和所谓的"器以藏礼"，艺术形式中所蕴含的政治思想和等级观念一直居主导地位。礼乐文化形成以后，人们还强调"德"在艺术形式中的统摄作用，以不同艺术器具的使用来划分等级身份。因此，这一时期的艺术形式打上了政治和宗教的烙印。

第六是审美意识和观念脱胎于日常生活。从商代审美意识的起源看，这一时期的审美意识以及美学思想一直与政治、宗教、战争等社会生活紧密地结合在一起，即使审美活动获得独立地位以后，仍然与它们有一定的联系。因此，商代的审美活动一直融入在主体的日常生活之中。商代的各种器皿，以及舞蹈、壁

5〔梁〕刘勰著，范文澜注：《文心雕龙注》，人民文学出版社1958年版，第543页。

画、音乐、文字、文学等艺术形式的发明、创造和使用都与先民的现实生存需求紧密相关。他们从实用需要的满足中获得精神需要的满足，并逐渐形成自觉的审美需要，体现出人们的理想、愿望和诉求。上至王侯贵族，下至平民百姓，无论是国家集体活动，还是个体日常生活活动，商代的各种艺术形式都参与其中，他们分别从青铜器、玉器和陶器等不同品质的礼器和日常生活用具的艺术形式中获得精神的满足和情感的愉悦。在这一点上，陶器烧制技术的发明、改进和陶器的大量使用具有重要意义。儒道著作中的某些篇章更是表达出对日常生活中的盎然情趣的向往。这样，中国美学思想从一开始就具有了世俗化倾向，渗透到人们日常生活的各个方面，使人们在满足日常生活的实用需要的同时，也获得了审美享受。

总之，商代的审美意识以主体意识为核心、以整体观念为统摄、以工艺技术为依托，崇尚线条和形式感，并受到政治和世俗的深刻影响，为后世美学思想向多样化、纵深方向发展提供了源源不断的动力和支持。随着时代的发展，商代的美学思想以及承担这些思想的艺术形式不仅没有随着时代的流逝而丧失它的魅力，反而随着时代的前进而焕发出无限的生机和活力，体现出经久不衰、与世长存的艺术品质。

第四节 | 从审美意识到美学思想

中国早期文明，尤其是石器时代至商代的文明，由于缺乏直接和丰富的原始文献资料，前辈们尚无法做学理上的考究，人们对这一时期的社会生活水平及审美意识也无从作全面的考察和了解，尤其是从清末开始到20世纪初盛行的疑古思潮，几乎要否定所有现存的上古文献。幸亏越来越多的出土文物有力地证明了现存大多数历史文献的准确性。在此基础上，我们可以依据考古发现的文物遗存和部分宝贵的间接文献资料，探索先民生产生活中的心理特点，进而发掘原始的审美意识。在这一时期，虽然完整而系统的美学思想尚未形成，但先民们已经有了原始的审美意识和质朴的美学思想形态，乃至相对丰富的美学思想。他们的审美体验与其劳动实践、器物创造是浑然一体的，我们透过史前至商代的石器、玉器、陶器和青铜器等器物形式，以及文学艺术等精神形式，依稀可见蕴含于其中的审美意识的历史变迁。本书旨在从文字、文学和器物研究出发，考察商代器物的器型、纹饰、器型与纹饰相结合表现出的审美意识，结合文字、文学等艺术形式，将它们与后来形成的美学思想相印证，以求探索古人审美活动的发生、发展。

首先，审美意识作为人的心灵在审美活动中所表现出来的自发状态，受各种社会生活因素和一般文化心理的影响，是总体社会意识的有机部分。而美学思想是被系统化的审美意识，审美意识的外延大于美学思想。商代由于缺乏详细的文献资料，并未发现商代的美学思想，所以把美学史看作美学思想史的学者，在著书立说中，自然而然从周代写起，也就形成了商代美学领域的大块空白，即使偶有飞鸿踏雪，也均未留痕。但是，把美学思想的出现作为人类审美活动的源头显然是不符合实际情况的。理论的总结一般总是远远地落后于艺术活动的产生。早在美学思想理论问世之前，人类就已经在对自然的体悟中，在物品的制造中，在情感的表达中展现了他们的审美意识。这些在历史轨道中一闪而过的审美活动，还未抽象为美学思想而得到保存，它们还只是作为审美意识而存在，但它们正是以后美学思想的萌芽。所以对于人类审美活动源头的探索，不应从理论形态的美学思想开始，而应从先民的审美意识着手。

审美的艺术形式与美学思想都是人类审美意识的外化、表现，一个时代的审美艺术形式与美学思想具有共通性，它们共同表现着一个时代的人们的审美精神，审美艺术形式与美学思想表现方式不同，它们可以互为补充、相互印证，将它们联系起来理解，便于我们更全面地把握该时代的审美精神。对审美艺术形式的研究可以解决文献匮乏的困窘，从器物制作中，从文字创造中，从文学里，从先民们制物象形、制象表意的审美操作中直观求证他们的审美精神。美学思想是具有理论形态的审美意识，是审美意识的集中概括，对于美学思想的研究又可以补充审美意识分散化、缺乏系统性的缺憾。

审美艺术形式较之美学思想具有前驱性，艺术形式是美学思想形成的基础。注重从艺术形式到美学思想形成的流变，贯通审美艺术形式研究与美学思想研究可以更好地考察一个民族的审美活动史。而且，通过研究审美活动发生的最早源头，我们或许可以窥见不同民族先民审美方式的不同，以及发现导致后来各民族美学思维差异的原因。

其次，在研究对象上，我们对于商代审美意识的研究是通过器物、书法、文学艺术分析等进行研究。美学史的研究不能仅限定为美学思想，但也不能无限地扩大，美学史的研究应具有一定的边界。过于广泛的美学史研究可能陷入时尚、风情等细节性的局部趣味而无法找到有代表性的文化主流。中国美学思想史研究应为每一个朝代的美学思想研究在普遍原则的基础上因时制宜，寻找恰当的研究对象和研究方式。

感性形象是审美意识孕育、产生和发展的基础。器皿是史前至商代人们沟通心灵的重要工具。先民们在器皿制作中所表现出来的造型能力，乃是出于人的一种天性；器皿上的各种纹饰，既反映了当时人们的审美要求、情趣和水平，也反映了他们的艺术创造力。这些器皿中既包孕了当时的宗教、政治等方面的社会内容，又不乏创造者的情感和趣味等方面的个性因素，是中国传统艺术象形表意的滥觞，显示了先民们独特的创造力和审美的想象力，对后世的审美意识，特别是造型艺术产生了深远的影响。商代审美意识的基本特征从石器、玉器、陶器、岩画和神话等方面表现出来，从前人的器物和日常生活中诱发的造型的灵感，强化了线条对主体情感的表现能力和艺术的装饰功能，并让人们体味到蕴含在这些载体上的艺术魅力。所以，商代的器物是人在天性的推动下对情感的一种传达，具有超越时空的独特的精神气质，凝聚着整个人的生命活力，也反映出人对自然和生活的热爱。在文字使用以前，人们在自己的创造物中传达思想感情，并通过器皿进行交流。文字发明以后，人们依然把器皿当成沟通心灵的重要工具。尤其是作为一个时代象征的青铜器，是商代体现审美意识最重要的器皿。直到今天，我们仍可以透过青铜器体悟到商代那段沉重的历史，领略到当时人们那种悲怆的情调，以及蕴含在青铜艺术中的那种深邃的人生哲理和神秘的命运意识。

中国文字的历史主要也是从感性的象形图像开始的。文字从人对事物的体验出发，运用了丰富的想象力来象形表意，又逐渐走向纯抽象的线形艺术，在具象与抽象的变动中、在点画提钩的交错中、在转换顿挫的节奏中表现出重要的审美价值。甲骨文与青铜器铭文包含着丰富的形象意味，其点画多拟形表意，是象形中的抽象，其线条的流动、结体的布置与章法的安排呈现了古人对宇宙万物的体验，并表现了古人的内在生命精神。从陶文到甲骨文与青铜器铭文的发展，文字越来越趋于系统，这些指象表意的符号不仅具有记载与交流信息的功能，它们的形式韵味也体现着不同时代的审美风格，成为中国传统书法艺术的开端。

文学是审美艺术形式中最具备审美韵味的一种，从最早记言立文的器物铭文，到省文寡事的史传文学、哲理深邃的诸子散文，以及大量的比兴寓意、想象瑰丽的诗文，都给后人留下了意味隽永，可反复品味、解读、赏析的审美意象。文学以活泼灵动的语言风格、表情达意的叙述功能、波澜起伏的组文技巧给人们提供了最为丰富蕴藉的审美意象，使其在众多的审美艺术形式中独占鳌头，脱颖而出。文学是商代审美意识的重要组成部分，对后代文学的审美风格有一定的影响。

因此，器物、书法、文学是商代审美意识的重要组成部分，它们共同体现了当时的审美意识，舍一不全，应综而论之。针对这三者形态的极大差异，我们应采用不同的偏重方式，其中对器物、书法的研究应以田野考古获得的信息为主，而对文学的研究要以对商代文学文本的研究作为基础，在此三者的基础上适当参照历代文献记载，使田野考古、文本研究与文献记载资源相互结合。

第五节 ｜ 商代审美意识的研究方法

从 20 世纪 80 年代开始，美学和中国美学史的研究方法问题越来越被人们所重视。从最初对信息论、控制论、系统论方法的关注，到目前的心理学、社会学、人类学、民俗学等各种方法的运用，美学研究方法具有了空前的多样性。特定的方法具有它特定的系统框架与研究视角，审美意识研究方法的更新往往代表着美学的更新。正如我们前文所述，商周美学思想具有自身的时代特征，我们将依据它的特征从以下三个方面对商周的美学思想进行系统研究。

首先，重视商代审美意识的实证研究。实证方法注重对材料的考证，采用

"二重证据法"：地下实物与纸上的遗文互相释证，以地下的材料补证纸上的材料，田野考古成果与文献记载相互补充。借助于考古学的成果，我们得以用考古发现并鉴定的器物从事审美意识研究，并将之与文献材料相参证。考古学取得的显著成果让我们的研究极为受益。大量出土的陶器、玉器、青铜器以多样统一的造型、纹饰、艺术风格展示着各个时代审美风味的继承与演变。文献材料中史料与思想的记载更是让我们可以直接获取当时的相关信息，目前我们对商周信息的了解与考证大多还受益于文献资料的记载。考古实物与文献资料相印证，文献资料与文献资料相印证是实证法的主要方式。

对材料的直观感悟与描述可以获得对审美意识的了解，但我们还需要用思辨思维从审美材料中进行概括。我们要把商代的审美意识研究放在整个中国美学史的历史进程中进行考察，要研究商代审美意识在整个中国审美意识系统中的地位与意义，注重时代与时代之间的阶段逻辑性，研究它的流变成因与发展脉络。

第二，将商代审美意识的发展放到社会生活、宗教活动和歌舞、建筑、服饰等艺术变迁的大背景中去理解。透过社会、宗教和文化背景，我们可以看到审美活动与社会变迁具有互动性，审美活动作为整个社会系统的有机组成部分，显示着社会的变迁，从社会的变迁中又可以反观审美活动的流变。

审美活动不能完全脱离社会关系。审美活动具有自身独立的领域，但是如果把它从社会现实中孤立起来，完全切断它的外部关系，塑造的就只是虚无而空想的理论楼阁。审美意识的发生总是与其他活动相互纠缠，总是有一定的种族、时代、环境背景。审美活动会对社会活动产生"兴、观、群、怨"[6]的影响，而对审美艺术形式与审美意识的了解又需要我们去"知人论世"[7]。因此，商代审美意识史的研究离不开对社会背景的考察。

本书从社会生活、宗教生活、艺术文化三方面介绍了商代的社会背景。社会生活包括政治变迁、体制改革与经济发展三方面，社会生活变迁包含了审美意

---

[6] 参见〔魏〕何晏注，〔宋〕邢昺疏：《论语注疏》，载〔清〕阮元校刻：《十三经注疏》，中华书局1980年版，第2524页。

[7] 参见〔清〕焦循撰，沈文倬点校：《孟子正义》，中华书局1987年版，第726页。

识的变迁，审美意识的变迁也显示了社会生活的变化。从具体的审美活动出发，概括时代自发的审美意识特征，离不开对社会生活的关照，审美活动往往就包含于社会生活之中。商代作为神性未泯、人性方醒的时代，宗教在社会生活中占据重要地位，即使后来宗教成为人权统治的幌子，在形式上它依然极大地影响了审美意识。艺术文化更是直接呈现了时代的审美意识，出于对商代特征的考虑，本书把音乐、绘画、建筑、服饰等艺术作为背景进行考察。

审美活动与现实密切相关，但将审美活动作为对现实的直接摹仿和反映，过于强调美学社会功利的研究方法又是不足取的。强调社会背景的重要性，就是承认社会其他活动与审美活动是相互影响、相互促成的关系。这就需要把商代审美意识放在社会大背景下加以考察。无论是超越现实，还是呈现现实，审美活动都与人的生活密切相关，它显露了各个时代人的情感特征与生命精神。审美意识渗透于人类的各项活动之中，审美活动属于社会系统的一部分，时代背景与时代风貌呈现于审美艺术形式与美学思想中。

第三，运用现代性的视角，将商代审美意识放到世界美学的大背景下，以西方美学思想为参照坐标，具体阐释商代审美意识的独特性，探寻中国审美意识到美学思想的变迁及后代审美意识的源头，以揭示出商代审美意识的当代价值，为现代美学的建构寻找丰富的理论资源，为发现中国美学思想对世界美学思想的价值与贡献奠定基础。

从全球化的视野审视中国上古美学，可以西方美学作为参照坐标，去观照中国上古美学，发掘商代审美意识中重要的美学思想。因此，商代审美意识研究应具有当代意识。商代审美意识为我们更好地理解人类原初态的审美意识开启了天窗，也为我们反思现代审美意识提供了原初参照。

总之，我们对商代审美意识研究是继承中国传统美学宝贵遗产的需要，商代审美意识的发展历程上承新石器时代审美意识，下启周代、秦汉及以后的中国传统美学，是从审美意识到美学思想的形成时代，它演示了中国美学轴心时代的形成，其作为中国美学不可或缺的一部分具有重要的意义。商周时期的美学思想在受技术、政治、世俗影响的同时，形成了以主体意识为核心、以整体观念为统摄、崇尚线条感和形式感的审美特征。

第一章 商代的社会背景：王权与神权的双重影响

商代是中华文明走向成熟、进入灿烂期的开端。文字系统的成熟,给文化的积累和传承奠定了坚实的基础。精湛的青铜器艺术,不仅在造型和纹饰上,将前人在陶器等器物中的艺术成就推向高峰,而且对宗教、礼仪、饮食、生产、日用等生活方式和生活习惯,产生了深远的影响。商代的宫廷和神庙等建筑,乃至城市的格局等,也对后代产生了重要影响。所有这些成就,都为周代的社会文明和辉煌的文化做了足够的精神上和物质上的准备。在中华民族文化精神的形成过程中,商代起着重要的作用。

第一节 | 社会生活:王权体制与社会生产力的提高

在商代存续的600多年间,其社会形态从先商的原始氏族社会开始向阶级社会过渡,经历了中国历史上一个重要的变革时期。这一方面显示出商代对外族掠夺和压迫的残酷性,另一方面也使物质文化和精神文化得到了大力发展。农业、畜牧业的发展,酿酒技术和烹饪技术的提高,青铜器等器皿的制造,文字的整理和使用,乃至商业的贸易往来,等等,形成了推动社会文明总体发展的良性互动体系,为早期的中华文化包括审美意识的发展提供了必要的社会基础。

一、社会变迁

"商"本是上古时代的地名。王国维《说商》说:"商之国号,本于地名。"[1] 唐代徐坚的《初学记》中引杨方《五经钩沉》云:"东夷之人,以牛骨占事。"[2] 甲骨文的出土,印证了这句自古传下的话,也反映出商族起源于东夷。在建立王朝以前,商就作为部落和方国存在了很久。商人第一个被提及的男性祖先叫"契",

---

[1] 王国维著:《观堂集林》第二册,中华书局1959年版,第516页。
[2] 〔唐〕徐坚等著:《初学记》第三册,中华书局1962年版,第707页。

是东方夷人帝喾高辛氏的后裔,传说是有娀氏女简狄吞食玄鸟卵感孕而生。司马迁《史记·殷本纪》载:"殷契,母曰简狄,有娀氏之女,为帝喾次妃。三人行浴,见玄鸟堕其卵,简狄取吞之,因孕生契。契长而佐禹治水有功……封于商,赐姓子氏。"[3]这种说法前后是矛盾的。契既是帝喾的后裔,何来又由玄鸟所生?玄鸟当是东夷人的族徽。族徽被当作祖先起源的神话在商代是习以为常的。司马迁可能是把两个传说糅合到一起了。

一般以二里头遗址代表夏代的先商时期,二里冈文化时期代表早商,郑州商城代表中商,安阳殷墟代表晚商。从20世纪50年代末起,人们就把商王朝以前商人在夏代生活的时期,称为"先商"时期。这个时期,是指从契到汤,共15代。根据《史记·殷本纪》的记载,商人的始祖契与禹大致是同时代人。传说他与禹一同治水有功,被舜任命为司徒,主持民众的道德教育:"百姓不亲,五品不训,汝为司徒而敬敷五教。"[4]这说明道德意识在先商时期已经开始起航。

起初,商是夏王朝的一个方国,契之孙相土曾在夏王朝担任火正之官。《诗经·商颂·长发》歌颂相土说:"相土烈烈,海外有截。"[5]另外,相土曾孙冥在夏王朝也担任过司空之职,《国语·鲁语上》载曰:"冥勤其官而水死。"[6]这时的商,还只是一个小国。《孟子·公孙丑上》说:"汤以七十里,文王以百里……"[7]《管子·轻重甲》说:"夫汤以七十里之薄,兼桀之天下。"[8]《淮南子·泰族训》也说:"汤处亳,七十里。"[9]这里的"七十里"是指成汤发迹以前商人的地盘。

后来,商人逐步兼并了一些小的方国和部族,使地域不断扩大。这个发展壮大的过程,是一个血淋淋的武力征伐的过程。《孟子·滕文公下》讲,"汤居

---

[3]〔汉〕司马迁撰:《史记》第一册,中华书局1959年版,第91页。
[4]〔汉〕司马迁撰:《史记》第一册,中华书局1959年版,第91页。
[5]〔汉〕毛亨传,〔汉〕郑玄笺,〔唐〕孔颖达等正义:《毛诗正义》,载〔清〕阮元校刻:《十三经注疏》,中华书局1980年版,第626页。
[6] 徐元诰撰,王树民、沈长云点校:《国语集解》,中华书局2002年版,第158页。
[7]〔清〕焦循撰,沈文倬点校:《孟子正义》,中华书局1987年版,第221页。
[8] 黎翔凤撰,梁运华整理:《管子校注》下,中华书局2004年版,第1401页。
[9] 何宁撰:《淮南子集释》下,中华书局1998年版,第1418页。

亳，与葛为邻，葛伯放而不祀"[10]，对于亳众对葛的助耕馈食，竟杀而夺之，于是商汤征服了葛，并如法炮制，连征十一国。商汤在征服中也有重视民心的一面。"汤始征，自葛载，十一征而无敌于天下"，"救民于水火之中"[11]（《孟子·滕文公下》）。甚至西夷、北狄还因未被征伐而生怨。魏徵的所谓"以人为镜"，乃是商汤"人视水见形，视民知治不"[12]（《史记·殷本纪》）的唐代阐释。今本《竹书纪年》说："汤有七名而九征。"[13]《帝王世纪》也说："诸侯有不义者，汤从而征之，诛其君，吊其民，天下咸悦……凡二十七征，而德施于诸侯焉。"[14]九征、十一征、二十七征，大概是从不同角度概括出来的约数。从内容来看，这类记载显然是汤的后人对汤征伐的美化。《史记·殷本纪》上所谓成汤因"网开一面"，而被诸侯誉为"德及禽兽"的说法，可能也是采自商代流传下来的文献。这也说明商当时已经成为中原部落联盟中的主要部族。

在商汤的时代，商人完成了灭夏立国的大业。汤趁桀不能调动东夷兵力之机，兴师讨伐并于鸣条大败之，迁桀于南巢而死之。《帝王世纪》说："汤来伐桀，以乙卯日，战于鸣条之野。桀未战而败绩……乃与妹喜及诸嬖妾，同舟浮海，奔于南巢之山而死。"[15]《淮南子·氾论训》亦云："桀囚于焦门，而不能自非其所行，而悔不杀汤于夏台。"[16]这时，商的地域已经比夏更为辽阔了。《战国策·齐策》说："大禹之时，诸侯万国……及汤之时，诸侯三千。"[17]应该说，商汤所统治的地域不会比夏禹小，可能是商汤时诸侯的地域在兼并中扩大了，只不过诸侯的数量减少了。虽然现存文献中所提及的商朝诸侯国（甲骨文以"方"相称）只有几十个，主要反映了那些与商王朝发生过纠纷、战争和密切合作关系的方国。但现存

---

10 〔清〕焦循撰，沈文倬点校：《孟子正义》，中华书局1987年版，第431页。
11 〔清〕焦循撰，沈文倬点校：《孟子正义》，中华书局1987年版，第434—435页。
12 〔汉〕司马迁撰：《史记》第一册，中华书局1959年版，第93页。
13 〔梁〕沈约撰：《竹书纪年集解》，广益书局1936年版，第46页。
14 〔晋〕皇甫谧撰：《帝王世纪》，中华书局1985年版，第18—19页。
15 〔晋〕皇甫谧撰：《帝王世纪》，中华书局1985年版，第18页。
16 何宁撰：《淮南子集释》中，中华书局1998年版，第949页。
17 〔汉〕刘向编订，明洁辑评、导读整理：《战国策》，上海古籍出版社2008年版，第148页。

文献是有局限的，当时的方国应该远不止这些。

在拥有了一定的实力以后，商汤就开始实行一种强权政治。这从他动辄训斥诸侯就可以看出。在讨伐夏桀时，他要求诸侯加盟，威胁他们："女（汝）不从誓言，予则帑僇女，无有攸赦。"[18]登上天子宝座以后又训斥诸侯："毋不有功于民，勤力乃事。予乃大罚殛女，毋予怨。""不道，毋之在国，女毋我怨。"[19]（《史记·殷本纪》引《汤诰》）显示出强硬的态度。

与前人一样，商人也把祖先美化为神异的、不平凡的英雄人物，具有超人的力量。对典型人物的社会性塑造，在中国是古已有之的，到商代已经逐步由神化过渡到英雄化。现存的上古文献中有很多歌颂商汤武功的内容。《诗经·商颂·玄鸟》中就大肆称颂商汤："古帝命武汤，正域彼四方……武王靡不胜，龙旂十乘，大糦是承。邦畿千里，维民所止。肇域彼四海，四海来假。"[20]《诗经·商颂·殷武》也说："昔有成汤，自彼氐羌，莫敢不来享，莫敢不来王。"[21]《史记·殷本纪》称汤曾自谓："吾甚武。"号曰武王。[22]这也反映出商代建立王朝时的血腥的一面。

商代以盘庚迁殷为界分为前后两期。商汤灭夏，对当时及后世影响极大。《诗经·大雅·荡》说："殷鉴不远，在夏后之世。"[23]商汤积极吸取夏桀灭亡的教训，具有一定的"民本思想"。前引《史记·殷本纪》载汤之语"人视水见形，视民知治不"[24]，就是一个例证。商汤统治时期，国家稳定，国力也日益强盛。汤死后，长子太丁早死，其弟外丙继位，其后历中壬、太甲。商朝前期，统治集

---

18 〔汉〕司马迁撰：《史记》第一册，中华书局1959年版，第95页。
19 〔汉〕司马迁撰：《史记》第一册，中华书局1959年版，第97页。
20 〔汉〕毛亨传，〔汉〕郑玄笺，〔唐〕孔颖达等正义：《毛诗正义》，载〔清〕阮元校刻：《十三经注疏》，中华书局1980年版，第623页。
21 〔汉〕毛亨传，〔汉〕郑玄笺，〔唐〕孔颖达等正义：《毛诗正义》，载〔清〕阮元校刻：《十三经注疏》，中华书局1980年版，第627页。
22 〔汉〕司马迁撰：《史记》第一册，中华书局1959年版，第95页。
23 〔汉〕毛亨传，〔汉〕郑玄笺，〔唐〕孔颖达等正义：《毛诗正义》，载〔清〕阮元校刻：《十三经注疏》，中华书局1980年版，第554页。
24 〔汉〕司马迁撰：《史记》第一册，中华书局1959年版，第93页。

团争权夺利的斗争非常严重，据说太甲曾为伊尹所流放，后来悔过自新，伊尹复迎其归位。《史记·殷本纪》载："帝太甲修德，诸侯咸归殷，百姓以宁。伊尹嘉之……褒帝太甲，称太宗。"[25]《史记·殷本纪》又云："自中丁以来，废适而更立诸弟子，弟子或争相代立，比九世乱，于是诸侯莫朝。"[26] 而且还有外患，《古本竹书纪年》说仲丁时"征于蓝夷"，河亶甲时"征蓝夷，再征班方"[27]。《后汉书·东夷列传》亦载："至于仲丁，蓝夷作寇。"[28] 为了解决内忧外患，盘庚决定迁都于殷。迁都后，商王朝的统治又得到了稳定，至武丁时达到了鼎盛。《史记·殷本纪》说："武丁修政行德，天下咸欢，殷道复兴。"[29] 武丁突出的功绩在于武功。当时的文献多有武丁、高宗伐鬼方的记载。如《周易·既济·九三》："高宗伐鬼方，三年克之。"[30]《周易·未济·九四》："震用伐鬼方，三年，有赏于大国。"[31] 等等。另外，甲骨文中亦屡有"获羌"的记载。

商代早期的政治体制主要是一种方国联盟，商王只是一个盟主，其与诸侯的关系不同于后来的君臣关系。商王太甲还一度被伊尹放逐，说明那时的王权体制尚不完备。商代的重臣伊尹、傅说也都出身微贱。早期的商王还要亲耕和放牧。商王在早期常常担负着巫和史的任务。《尚书·周书·洪范》说："谋及卿士，谋及庶人，谋及卜筮。"[32] 这反映了当时一定的政治民主，类似于由"上议院""下议院"和宗教定夺军国大事。到商代晚期，王权已经逐渐强化，文献中已称"一

---

25 〔汉〕司马迁撰：《史记》第一册，中华书局1959年版，第99页。
26 〔汉〕司马迁撰：《史记》第一册，中华书局1959年版，第101页。
27 范祥雍编：《古本竹书纪年辑校订补》，上海人民出版社1957年版，第19页。
28 〔南朝宋〕范晔撰，〔唐〕李贤等注：《后汉书》第十册，中华书局1965年版，第2808页。
29 〔汉〕司马迁撰：《史记》第一册，中华书局1959年版，第103页。
30 〔魏〕王弼、〔晋〕韩康伯注，〔唐〕孔颖达等正义：《周易正义》，载〔清〕阮元校刻：《十三经注疏》，中华书局1980年版，第72页。
31 〔魏〕王弼、〔晋〕韩康伯注，〔唐〕孔颖达等正义：《周易正义》，载〔清〕阮元校刻：《十三经注疏》，中华书局1980年版，第73页。
32 〔汉〕孔安国传，〔唐〕孔颖达等正义：《尚书正义》，载〔清〕阮元校刻：《十三经注疏》，中华书局1980年版，第191页。

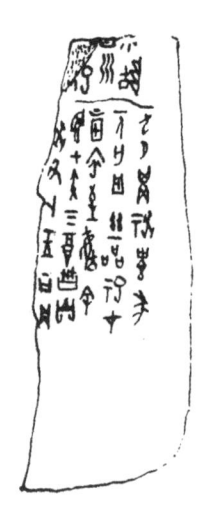

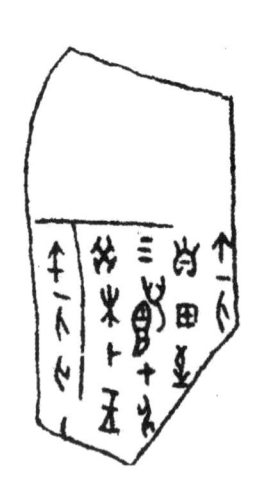

图 1.1 "余一人"
［资料来源:《甲骨文合集》36181、41027、41028。］

人""余一人",祖庚、祖甲时的甲骨卜辞中,商王也自称"余一人"[33],《尚书·商书·盘庚》中盘庚自称"予一人"。甲骨文的"王"字是"大"字下面划"一",或"大"字上下各划"一"。(图 1.1)

商代的王位继承以兄终弟及为主,辅以父死子继、叔死侄继。起初可能与当时人的较短的平均寿命及恶劣的生存环境有关。严峻的内忧外患的形势,要求继任的商王必须是成年的、有丰富政治经验的王室成员,而当时的平均寿命一般在 35—40 岁左右,所以父王去世时,儿子的年龄常常尚不足以继承王位。这种现实的情形,久而久之形成了一个特定的王位继承传统,在一定的时期内实行。到后期,渐渐地实行了嫡长子继承制。这种变化反映了当时私有化程度的加深和王权的日益加强。在此基础上,商代又逐渐形成了宗法制度和分封制度。

商代的灭亡是一个渐变的过程。如俗话所说:"冰冻三尺,非一日之寒。"武丁以后,统治者的生活越来越腐化,社会矛盾趋于尖锐。《国语·周语下》:"帝

---

33 胡厚宣:《释"余一人"》,《历史研究》1957 年第 1 期,第 75—78 页。

028　第一章　商代的社会背景:王权与神权的双重影响

甲乱之，七世而殒。"[34]《尚书·周书·无逸》说："自时厥后，立王，生则逸；生则逸，不知稼穑之艰难，不闻小人之劳，惟耽乐之从。自时厥后，亦罔或克寿，或十年，或七八年，或五六年，或四三年。"[35]至纣时达到极致，"厚赋税以实鹿台之钱，而盈钜桥之粟"，"以酒为池，县肉为林，使男女倮相逐其间，为长夜之饮"[36]（《史记·殷本纪》）。对老百姓的剥削与压榨也更为残酷，"殷罔不小大，好草窃奸宄，卿士师师非度，凡有辜罪，乃罔恒获"[37]（《尚书·商书·微子》）。《诗经·大雅·荡》说："咨女殷商，如蜩如螗，如沸如羹。小大近丧，人尚乎由行。内奰于中国，覃及鬼方。"[38]纣王因多行不义，沉湎酒色，弄得内外交困，一片混乱，导致天怒人怨，众叛亲离。而纣王非但不思悔过，反而对内迁怒于中原，对外挞伐鬼方。加之纣王远贤臣，亲小人，重用费仲、恶来，"费仲善谀、好利，殷人弗亲"，"恶来善毁谗，诸侯以此益疏"[39]（《史记·殷本纪》）。周武王责之曰："今商王受，惟妇言是用。昏弃厥肆祀，弗答；昏弃厥遗王父母弟，不迪。乃惟四方之多罪逋逃，是崇是长，是信是使，是以为大夫卿士；俾暴虐于百姓，以奸宄于商邑。"[40]（《尚书·周书·牧誓》）这就导致了下层民众与平民的反抗风起云涌，《尚书·商书·微子》说："小民方兴，相为敌仇。"[41]同时，周边少

---

34 徐元诰撰，王树民、沈长云点校：《国语集解》，中华书局2002年版，第131页。
35 〔汉〕孔安国传，〔唐〕孔颖达等正义：《尚书正义》，载〔清〕阮元校刻：《十三经注疏》，中华书局1980年版，第222页。
36 〔汉〕司马迁撰：《史记》第一册，中华书局1959年版，第105页。
37 〔汉〕孔安国传，〔唐〕孔颖达等正义：《尚书正义》，载〔清〕阮元校刻：《十三经注疏》，中华书局1980年版，第177页。
38 〔汉〕毛亨传，〔汉〕郑玄笺，〔唐〕孔颖达等正义：《毛诗正义》，载〔清〕阮元校刻：《十三经注疏》，中华书局1980年版，第553页。
39 〔汉〕司马迁撰：《史记》第一册，中华书局1959年版，第106页。
40 〔汉〕孔安国传，〔唐〕孔颖达等正义：《尚书正义》，载〔清〕阮元校刻：《十三经注疏》，中华书局1980年版，第183页。
41 〔汉〕孔安国传，〔唐〕孔颖达等正义：《尚书正义》，载〔清〕阮元校刻：《十三经注疏》，中华书局1980年版，第177页。

数民族也乘机入侵,"商纣为黎之蒐,东夷叛之"[42](《左传·昭公四年》),东夷的叛乱虽最终为商纣王平定,但国力亦为之耗尽。如《左传·昭公十一年》所言,"纣克东夷,而殒其身"[43]。这时的周民族在西部已经逐步壮大起来,由牧野一战而灭商。

当然,平心而论,商王朝的覆灭并非纣王一人造成的。商王朝发展到一定的程度,问题成堆,气数已尽,必然会走向没落。而纣王的腐败、堕落和刚愎自用,则加速了商王朝灭亡的进程。

二、生产力水平

商代社会的发展主要反映在生产力的发展上。生产力的发展,促进了经济的繁荣,为艺术和审美意识乃至整个社会的文明提供了物质基础。在商代,采摘业与畜牧业已退居次要地位,农业成为最主要的生产部门,但畜牧业仍占有相当重要的地位。除了前代的陶器和玉器还被继续生产和使用外,这时的青铜制造业已经十分发达,所生产的青铜器做工精细,工艺复杂,堪称世界美术史上的精品。

农业是商代社会主要的产业,尤其到商代后期,农业劳动已是当时人们生活所依赖的主要生产活动。商代除农田外,还有圃(菜地)、囿(园林)和栗(果树)等,形成了以农田为中心的农业经济体系。那时繁盛的情景,在甲骨卜辞中可以略窥一斑,甲骨文中就有许多诸如农、畴、疆、田、井、米等有关农事的文字,在农产品方面则有麦、粟、禾等字。到商代后期,已经有了黍、麦、稷(粟)、稻、菽、秜、麻等多种农作物,农业生产也更为稳定。商王对农作十分重视而且非常熟悉,不少生产环节都由商王亲自过问或莅临。相传成汤时曾有

---

[42] 〔汉〕杜预注,〔唐〕孔颖达等正义:《春秋左传正义》,载〔清〕阮元校刻:《十三经注疏》,中华书局1980年版,第2035页。

[43] 〔汉〕杜预注,〔唐〕孔颖达等正义:《春秋左传正义》,载〔清〕阮元校刻:《十三经注疏》,中华书局1980年版,第2060页。

旱灾，"汤有旱灾，伊尹作为区田，教民粪种，负水浇稼"[44]（《齐民要术》引《氾胜之书》）。盘庚迁殷时就曾向民众强调农作的重要性："若农服田力穑，乃亦有秋……惰农自安，不昏作劳，不服田亩，越其罔有黍稷。"[45]（《尚书·商书·盘庚上》）农业的持续发展使得商朝进入了定居生活的时代，人们不必再因生计而频频搬家，农产品的丰歉已经直接影响到了商代的人民和统治者的生活。

商朝主要实行以族为单位的土地公有制，农业生产往往采取集体劳作的方式进行。商王直接拥有的土地要征发各族的族众来耕种。在殷墟考古发掘中，曾在一个坑内集中出土一千多把石刀，另有一坑内出土440把石镰和78件蚌器。农具的集中存放说明了当时的生产方式主要是集体劳作。殷代的农业种植技术，已经有了施肥的记载。"庚辰卜，贞翌癸未屎西单受业（有）年。十三月。"意思是："在〔闰〕十三月的庚辰这天占卜，问由庚辰起到第四天癸未这几天打算在西单平地上施用粪肥，将来能够得到丰收么？"[46]

农业生产力的提高，带来了粮食的丰收，在郑州、辉县和藁城等地的早商遗址和殷墟的晚商遗址中，都发现了大量的贮藏粮食的窖穴。历年所出土的商代文物中有大量的酒器，从一个侧面说明当时的谷物产量有了很大的增长。

谷类作物不仅是商朝的主要粮食作物，而且还是酿酒的主要原料。商代的酿酒业已经相当发达，《尚书·周书·酒诰》中就有相关的文字记载，并以此定了商人好酒乱国的罪状。殷墟出土的铜器绝大部分都是酒器，且制作相当精美，可见统治者对酒器的制作和酿酒之重视。当时饮酒风气很盛，甚至成了商王朝致灭的原因。《尚书·商书·微子》说："我用沉酗于酒，用乱败厥德于下。……天毒降灾荒殷邦，方兴沉酗于酒。"[47]《韩非子·说林上》也说："纣为长夜之饮，惧

---

44 〔北魏〕贾思勰撰：《齐民要术》，中华书局1956年版，第10页。

45 〔汉〕孔安国传，〔唐〕孔颖达等正义：《尚书正义》，载〔清〕阮元校刻：《十三经注疏》，中华书局1980年版，第169页。

46 白寿彝总主编：《中国通史》第3卷，上海人民出版社1994年版，第247页。

47 〔汉〕孔安国传，〔唐〕孔颖达等正义：《尚书正义》，载〔清〕阮元校刻：《十三经注疏》，中华书局1980年版，第177页。

图 1.2　受觚　故宫博物院藏　　　　　图 1.3　父戊舟爵　故宫博物院藏

以失日。"[48] 商代晚期，觚、爵象征性陶酒器是必不可少的随葬品，殷人耽酒之状可见一斑。而且，通过粮食酿制的醋也在商代开始出现。（图 1.2、图 1.3）

商代的畜牧业虽已退居到农业之后，但仍然相当盛行，商族历来以重视畜牧业而著称。首先是养猪业已经十分发达。如果说浙江河姆渡文化的家猪遗骨和二里头文化的家猪骨骼还有争议的话，那么，商代家庭养猪业的盛行，则是有史可征的。甲骨文的"家"字，就是在房子（宝盖头）下面有一"豕"。而甲骨文的"圂"字意思是猪圈，更加说明了家猪饲养的存在。当时的肉食、祭祀和丧葬都大量地用到猪。商代的养牛、养马业也十分发达。商王经常向各方国征收马匹，还驯养牛、马作为交通工具，如骑马去狩猎等。《世本·作篇》称"相土

---

[48]〔清〕王先慎撰，钟哲点校：《韩非子集解》，中华书局 1998 年版，第 180 页。

作乘马""胲作服牛"[49]，其他如羊、犬等，也被普遍地饲养着。在频繁、奢侈的祭祀中，大量地用牲，是需要繁荣的畜牧业作后盾的。此外，商代还有驯象的记载，《吕氏春秋·古乐》称："商人服象，为虐于东夷。"[50]这是说商人驯服大象，对东夷作战。这使得商代的生产力乃至战斗力都发生了一个重大的飞跃。

商代的农具以石制农具为主，其次是蚌制和木制，中商以后开始有了青铜农具。安阳小屯村北部殷墟1928年的第三次发掘曾一次出土过上千件石刀。1937年的第七次发掘，又出土了石刀444件，石斧1件，蚌器78件。当时的蚌器主要有蚌刀和蚌锯，后期又有蚌铲和蚌铚开始出现。古书上就有类似的记载。《淮南子·氾论训》说："古者剡耜而耕，摩蜃而耨。"[51]蜃即淡水蛤蚌。这是最早有关蚌制农具的记载。木制农具的制作取材则更为便利。由于木头易腐，我们现在已经无法见到当时木制农具的遗存了，但甲骨文"耒"字的造形，证明当时已经出现了木制农具。青铜农具虽然很少，但也有发现。如湖北黄陂盘龙城遗址的中商墓葬中，就曾出土过锸、斫、斧等青铜农具。

当时的青铜器制造代表了商代生产力的发展水平。青铜器在商代造价昂贵，且工艺复杂，是王室和贵族权力与财富的象征。商代素以青铜器著称，历年出土的商代的青铜器有数千件之多，可见当时青铜制造业的发达。商代的青铜器造型奇特，古朴庄重，雄浑厚重，而且具有繁缛复杂的纹饰，是商代文明的象征。

商代青铜器的种类已经很齐全，有武器类的戈、矛、钺、镞等，有生产工具的铲、锛、凿、鱼钩等，还有车马器和乐器，但数量最多的还是日常生活用具，如觚、壶、觥、角、爵、鬲、尊、簋等。商代青铜器的代表作品就是鼎。一般的鼎是一种容器，相当于现在的锅，可烧鱼肉等。但也有一些巨型大鼎，专供祭祀使用。如河南郑州杜岭出土的铜方鼎、湖南宁乡出土的人面纹铜方鼎等。其中安阳殷墟发现的司母戊鼎，是目前出土的最大青铜容器，其次是司母辛鼎。这

---

49 〔汉〕宋衷注，〔清〕秦嘉谟等辑：《世本八种·孙冯翼集本》，中华书局2008年版，第7页。

50 许维遹撰，梁运华整理：《吕氏春秋集释》上，中华书局2009年版，第128页。

51 何宁撰：《淮南子集释》中，中华书局1998年版，第914页。

样的巨型大鼎的成功制造，需要相当的人力、场地，说明商代的青铜铸造，是大规模的集体劳动；而且工艺复杂，各道工序还要紧密配合，说明当时的青铜制造技术已经相当娴熟，青铜制造业也已经达到了高峰。而且，在商代还出现了铁刃铜钺，表明商人已知道铁刃比铜刃更尖锐锋利，人们对铁的性能已有所认识，预示了铁器时代的来临。（图1.4）

青铜器的贵重，决定了青铜制品只能供少数王公贵族享用。而商代下层社会中普遍使用的主要还是陶器。商代的手工业，除了青铜器制造业外，陶器制造业也具有相当的

图1.4 大禾人面纹方鼎 湖南博物院藏

水平，陶瓷业是当时的一个重要的生产部门。郑州出土的殷商早期瓷器多为白色，也有青绿釉色。晚商时期主要是刻纹白陶，饰以兽面纹、云雷纹，色泽皎洁，雕刻精美，代表了晚商陶瓷的发展高度。

养蚕业在商代已有了相当大的进步。藁城台西商代遗址出土的陶器、铜器均以丝帛缠包，殷墟武官村出土的铜戈上也有绢帛的残迹，安阳大司空村和山东益都苏埠屯还出土了逼真的玉蚕。与此相关的是，商代的纺织业也相当发达。甲骨文的"丝""系"及以"丝"为偏旁的字，以及玉蚕的发现和依附于青铜器表的布纹痕迹，证明当时丝绸类纺织品的使用已相当普遍。《说苑·反质》说纣王"锦绣被堂，金玉珍玮，妇女优倡，钟鼓管弦，流漫不禁"，"身死国亡，为天下戮，非惟锦绣绨纻之用邪！"[52]《帝王世纪》也说纣王"多发美女，以充倾宫之室，妇人衣绫纨者三百余人"[53]。丝织品主要是贵族的奢侈品，而劳动人民穿用的是粗糙的麻布。我国是最早发明麻纺织技术的国家，麻布纺织在我国具有悠久的历

---

[52]〔汉〕刘向撰：《新序说苑》，上海古籍出版社1990年版，《说苑》部分第175页。
[53]〔晋〕皇甫谧撰：《帝王世纪》，中华书局1985年版，第25页。

图 1.5 陶纺轮　河北藁城台西村商代遗址出土　图 1.6 麻织物残片　河北藁城台西村商代遗址出土

[资料来源：高汉玉、王任曹、陈云昌《台西村商代遗址出土的纺织品》，《文物》1979 年第 6 期]

史。《诗经》中的相关记载如《大雅·生民》"麻麦幪幪，瓜瓞唪唪"[54]、《豳风·七月》"黍稷重穋，禾麻菽麦"[55]、《齐风·南山》"艺麻如之何？衡从其亩"[56] 等，不仅是西周社会的写照，也当包括商代的种麻及纺织。浙江余姚河姆渡新石器时代遗址和河北武安磁山遗址就出土了陶纺轮、木纺轮和纺织用的木刀和骨刀等。河北藁城台西村商代遗址也出土了麻织品实物，是大麻纤维，平纹组织，其经纬密度不一，体现了商代高超的纺织技艺。（图 1.5、图 1.6）

---

54 〔汉〕毛亨传，〔汉〕郑玄笺，〔唐〕孔颖达等正义：《毛诗正义》，载〔清〕阮元校刻：《十三经注疏》，中华书局 1980 年版，第 530 页。

55 〔汉〕毛亨传，〔汉〕郑玄笺，〔唐〕孔颖达等正义：《毛诗正义》，载〔清〕阮元校刻：《十三经注疏》，中华书局 1980 年版，第 391 页。

56 〔汉〕毛亨传，〔汉〕郑玄笺，〔唐〕孔颖达等正义：《毛诗正义》，载〔清〕阮元校刻：《十三经注疏》，中华书局 1980 年版，第 352 页。

随着农业、手工业和纺织业的发展，商代后期的商业也发展了起来。这在《尚书·周书·酒诰》中就有记载："肇牵车牛远服贾，用孝养厥父母。"[57] 这说明当时已经有了专门从事贸易活动的商人了。商代的商业主要是产品的以物易物。《孟子·公孙丑下》说："古之为市也，以其所有，易其所无者。"[58] 可见当时的行业分工已比较精细明确，商业已具有一定的水平。

三、王权意识与艺术

原始的政治与宗教是结合在一起的。政职和神职、政务和神务在商代常常是相互融合的。到了商代后期，两者才有所区分。王权利用了教权，教权又培育了王权。孔子说："唯器与名不可以假人。"[59]（《左传·成公二年》）《礼记·王制》说："宗庙之器，不粥于市。"[60] 这些后代的思想在一定程度上继承了商代人的传统，体现了神的权威和政权的权威。《左传·宣公三年》载王孙满说："桀有昏德，鼎迁于商，载祀六百。商纣暴虐，鼎迁于周。"[61] 尽管他认为政治统治"在德不在鼎"[62]，但鼎本身就是权威的象征。五期卜辞中有一片叫作"宰丰骨"的著名卜辞，记载的是王田猎于麦麓并赏赐宰丰的情况，其最后标明时间为"在

图 1.7 宰丰骨匕
中国国家博物馆藏

---

57 〔汉〕孔安国传，〔唐〕孔颖达等正义：《尚书正义》，载〔清〕阮元校刻：《十三经注疏》，中华书局 1980 年版，第 206 页。
58 〔清〕焦循撰，沈文倬点校：《孟子正义》，中华书局 1987 年版，第 301 页。
59 〔汉〕杜预注，〔唐〕孔颖达等正义：《春秋左传正义》，载〔清〕阮元校刻：《十三经注疏》，中华书局 1980 年版，第 1894 页。
60 〔汉〕郑玄注，〔唐〕孔颖达等正义：《礼记正义》，载〔清〕阮元校刻：《十三经注疏》，中华书局 1980 年版，第 1344 页。
61 〔汉〕杜预注，〔唐〕孔颖达等正义：《春秋左传正义》，载〔清〕阮元校刻：《十三经注疏》，中华书局 1980 年版，第 1868 页。
62 〔汉〕杜预注，〔唐〕孔颖达等正义：《春秋左传正义》，载〔清〕阮元校刻：《十三经注疏》，中华书局 1980 年版，第 1868 页。

图 1.8　兽面纹铜钺　中国国家博物馆藏
山东益都苏埠屯出土

图 1.9　妇好鸮尊　河南博物院藏
河南安阳殷墟妇好墓出土

五月，惟王六祀肜日"。这里已没有神灵置喙的余地，而完全是威严的王权的体现了。（图 1.7）

商代艺术的发展，需要仰仗教权、政权和经济实力。那些器物的艺术性常常是为了满足教权、政权等方面的需要。一些青铜器和玉器等，甚至成了王权、宗法制度和贵族身份的象征。尤其到了商代后期，专制政权已完全确立与巩固，王权意识在艺术上得到了更为充分的体现。随着社会分工的细化，特别是脑体分工的日益明确，这时的艺术主要由贵族文人所创造，也是他们享受的对象，同时还是他们维持统治秩序的教化手段。但商代的艺术作品也同时反映出了商代人丰富的想象力与创造力。

王权意识影响了器皿的制造。兽面纹多数由夸张与幻想相结合的动物正面形象构成，常常有巨睛咧口，口中有獠牙，额上有立耳和大犄角，目的是突出王权的威严。那时的青铜斧钺，实际上是商代王权的象征。《史记·殷本纪》："汤自把钺以伐昆吾，遂伐桀。"[63] 商代的兽面纹铜钺（图 1.8），其兽面装饰图案，象征着人王的面孔，继承了原始的恐怖假面，从巫术的意义上赋予主人以神力，衬托出王权的威严，给人以震慑感。试看妇好墓中那硕大的青铜鸮鸟（图 1.9）：蹲踞，头稍昂，高翘嘴巴，圆睁的小眼睛傲然睨视，目空一切，也同样是权威的体现。因而许多礼器是专用、专造的，是权威的象征。后来中国古代社会中朝廷与官府衙门里象征威严的狮虎像，显然是对商代艺术中王权意识的

63〔汉〕司马迁撰：《史记》第一册，中华书局 1959 年版，第 95 页。

继承。

商代的工艺受到高度的重视，当时的工艺艺术家的地位也是崇高的，并且自觉地将其技艺传之后代。《周礼·冬官·考工记》还说："百工之事，皆圣人之作也。"[64] 据《史记·殷本纪》《世本·作篇》，商人在传说中将自己的英雄祖先追忆为许多技艺的发明者。这与后来孔孟的观念是完全不同的。《论语·子张》说："百工居肆以成其事，君子学以致其道。"[65] 孟子说："劳心者治人，劳力者治于人。"[66] 这里显然已经大大地贬低了百工。中国后来的科学技术不够发达，与孔孟的这类思想的负面影响是不无关系的。

中国艺术从庙底沟、半坡、将军崖等童年时代的天真活泼、明快清新的风格，转变为商代那庄严、神秘、恐怖乃至富有浪漫情调的风格，这一变化与严酷的社会现实有着密切的关系，从一个角度说，是现实生活的投影。人类文明的进步不是温情脉脉的人道牧歌，而是野蛮的战争与杀戮。罗泌《路史》说："自剥林木而来，何日而无战？大旱之难，七十战而后济；黄帝之难，五十二战而后济；少昊之难，四十八战而后济；昆吾之难，五十战而后济；牧野之师，血流漂杵。"[67] 这是有一定的道理的。商代残酷的现实，造就了商代艺术神秘、狞厉的审美风格。

总体上说，商代的艺术具有功利性、神圣性和审美地抒发情感这三重功能，它含蓄练达、热烈奔放、单纯凝重。同时，商代艺术还具有寓杂多于统一的"和"的特点，这是王权体制和时代精神的体现，也由此开创了中国古代和谐美的理想之先河。

---

64 〔汉〕郑玄注，〔唐〕贾公彦疏：《周礼注疏》，载〔清〕阮元校刻：《十三经注疏》，中华书局1980年版，第906页。

65 〔魏〕何晏注，〔宋〕邢昺疏：《论语注疏》，载〔清〕阮元校刻：《十三经注疏》，中华书局1980年版，第2532页。

66 〔清〕焦循撰，沈文倬点校：《孟子正义》，中华书局1987年版，第373页。

67 〔宋〕罗泌撰：《路史》，中华书局1985年版，第24页。

第二节 | 宗教：
祭祀巫术与甲骨占卜的影响

宗教信仰属于意识形态的范畴，是社会存在的反映，也是原始人类最朴素的世界观的体现。宗教活动是人类文化活动的早期形态，祭司是早期的文官。祭祀和占卜是商代重要的宗教活动。商代是中国的原始宗教形成系统的时代。商代的宗教信仰，与巫术活动结合在一起，已渗透在日常生活的各个方面，并通过祭祀、占卜等活动加以表现。在社会心理方面，宗教巫术也内化为商代人的精神力量，并在社会生活中演化为各种相应的礼仪制度。商代的宗教意识制约着社会生活的各个方面，其中对文化艺术的影响更为明显。当时的宗教活动和艺术活动是浑然一体的，两者在思维方式上是相通的。以艺术的眼光来看，我们甚至可以说，商代的宗教本身就体现了艺术化的思维，是一种艺术活动。

一、祭祀与巫术

宗教在商代人的生活中占有很重要的地位，是商代人生活的重要内容。商代的宗教经历了一个从早期的原始宗教进入到一元多神的宗教体系这样一个过程，其思维特征仍然含有神秘性的特征，但已经打上了人间等级制度的烙印。商代的王朝，由王、方国、部族血缘组织联成一个整体。宗教的体系，正是这种政治体系的反映。在商代，政治与宗教是合一的，民间宗教与官方宗教也是合一的。这是一种政教合一、官巫合一的国家形态。

商代的各级首脑既是行政长官，处理日常政务，又是宗教领袖，主持祭祀活动。《礼记·表记》中所谓"殷人尊神，率民以事神，先鬼而后礼，先罚而后赏，尊而不亲"[68]，这"率"的主语应该是商王。史书上记载的最著名的古巫是巫咸，他被看成是商代的大臣。其他如巫贤、巫彭等，也是商代的大臣。陈梦家认

---

[68] 〔汉〕郑玄注，〔唐〕孔颖达等正义:《礼记正义》，载〔清〕阮元校刻:《十三经注疏》，中华书局1980年版，第1642页。

为，殷王自己就是众巫的首领。"由巫而史，而为王者的行政官吏；王者自己虽为政治领袖，同时仍为群巫之长。"[69]而且还说这是由古代传下来的。商王被视为上帝与诸神在人间的一元的最高代表，是上传下达的最高使者和教长，与各级人士迥然有别，如商汤能祭天求雨。人们可以借助于巫的帮助，与天地相通。因此，巫术在商代是一种权力的象征。宗教行为同时是政治行为，张光直将其称为"巫觋政治"[70]。占卜活动也常常为商王的仪式和政治目的服务，卜人是商王与神灵相会的中介，而卜问的对象常常是久别人世的祖先。

商代的宗教主要包括上帝崇拜、祖先崇拜和自然神崇拜三种，涉及天神、人鬼和地祇。这是一个一元多神的信仰体系。在这个体系里，"帝""上帝"主宰统一着诸多的祖先神和自然神。这实际上是人间秩序的神化，是以己度神。这些神的能力被视为一种超自然的力量，主宰着自然万物。这虽然是继承了夏代以前的宗教遗产，吸纳了边远方国和部落的可取仪式，但更为系统化了，并且在思维方式上有了一定的发展。

上帝崇拜在商代具有更加权威的地位。商代对天神的崇拜，主要有帝或上帝、东母、西母等天神。但最主要的是帝或上帝，即人格化了的"上天"。卜辞中多处提到帝或上帝，并且赋予他以无边的神力，说他能支配气象，有"令雨""令风""令雷""降旱""降祸""降堇"等权威，而风、云、雷、雨，则都是受"帝"支配的神灵。而祖先世界，作为神的世界的一部分，也受到上帝的调配。可见这里的上帝，既综合了日、月、风、雨、云、雷等天上诸神对农业社会的影响力，又综合了鬼神祖先对农业社会的影响力，从而决定人的生死和成败。这个神话体系受世俗政治体系的影响，上帝是一元神，但自然神或祖先又常常有独立运作的能力，如同方国之于商王。通常，人们认为死亡的祖先成了神灵，可通上帝；自然神也可通上帝。故人由巫通上帝，必先求助于死亡了的祖先或自然神。

---

69 陈梦家：《商代的神话与巫术》，《燕京学报》1936年第20期，第535页。
70 参见张光直著：《美术、神话与祭祀》，郭净译，辽宁教育出版社2002年版，第52—54页。

图 1.10 商代凤鸟
中国国家博物馆藏
河南安阳殷墟妇好墓出土

1. 凤冠玉人
2. 玉凤

  族徽崇拜是商代人继承了远古祖先传统的一种崇拜。在华夏的远古的先民中，族徽是先民们的一种精神寄托，也是增强族类凝聚力的有效途径。他们所崇敬的族徽，起初往往表示的是动物的神灵，而非某一具体的动物本身。如远古羌人以羊为族徽，羊是他们赖以生存的衣食之源，故他们崇尚羊神，而非以某一具体的羊为族徽。这与后来的一些少数民族崇尚某一类动物，即以这些动物为禁忌是不同的。

  商人的祖先以鸟为族徽。《诗经·商颂·玄鸟》说："天命玄鸟，降而生商。"[71] 其祖先王亥是神鸟合一的形象。《山海经·大荒东经》云："有人曰王亥，两手操鸟，方食其头。"[72] 甲骨文的"王亥"的"亥"字，有写成"隹"下加一个"亥"字的。这反映了"知其母不知其父"的母系社会的痕迹。凤鸟的流行，也与族徽有关。（图 1.10）

  祖先崇拜主要是崇拜那些帝王、英雄、有德性的前辈和传说中的人，如黄帝、颛顼、帝喾、尧、舜、鲧、禹等，特别是商代自己历朝历代的王。他们在死后被视为后代的保护神，故被后世追封为"帝"。而"帝"在商末以前是天地间最高的一元神。幸福在商人看来都是神所赐予的。甲骨文的"福"字，是双手持

---

71 〔汉〕毛亨传，〔汉〕郑玄笺，〔唐〕孔颖达等正义：《毛诗正义》，载〔清〕阮元校刻：《十三经注疏》，中华书局 1980 年版，第 622 页。
72 袁珂校注：《山海经校注》，上海古籍出版社 1980 年版，第 351 页。

酒器以对神主（示）之形，是祭祀中"飨神"情景的描述。

商代的族徽崇拜与祖先崇拜是结合在一起的。在仰韶文化时代，祖先崇拜具有浓厚的世俗色彩，且顺其自然。到商代，祖先崇拜已经向人格神转化，且同时作为王权的象征。把祖先神异化，也是其中的一种做法。《左传·襄公三十年》说商人的祖先王亥"有二首六身"[73]，甲骨文的"亥"字，有人认为是怪兽之形。这样做一方面是神化祖先，另一方面也是表示对祖宗的崇拜。重视祖先神，其实在某种程度上也体现了人本的倾向。同时，祭祀等节日活动，还有同宗同祖联络感情的目的。

商代对自然神的崇拜，已经由直接向土地献祭、礼拜，转向崇拜拟人化的自然神。当然，这种拟人化本身依然有着土地的影响力，这反映了商代人对自然的敬仰。在殷墟卜辞中，有大量的卜辞记载祭祀天、地、日、月、风、云、雨、雪、山、川，而且祭祀仪式很隆重，所用牺牲很多。这种强烈的宗教情感在中国文化传统中产生了一定的影响，直接影响了后代的浪漫型艺术。尽管后来它只限于民间，但是被升华了。

商代巫术活动的主要职责是奉祀天地鬼神，主持婚丧嫁娶，为人祈福禳灾，并兼事占卜星历之术等，但最主要的职能是"绝地天通"。商代的巫是一个广义的称谓，史官和医人等，都属于巫，是当时知识阶层的名称。商代的巫术文化隐含着神秘的超自然的力量。这种祭祀和巫术活动，既是诗意的又是神圣的。商汤曾以"葛伯放而不祀"[74]（《孟子·滕文公下》）的罪名讨伐葛伯。商代末年的周武王伐纣，数说纣的罪名重要的也是"弗事上帝神祇，遗厥先宗庙弗祀"[75]（《尚书·周书·泰誓上》），"郊社不修，宗庙不享"[76]（《尚书·周书·泰誓下》），"昏

---

[73]〔汉〕杜预注，〔唐〕孔颖达等正义：《春秋左传正义》，载〔清〕阮元校刻：《十三经注疏》，中华书局1980年版，第2012页。

[74]〔清〕焦循撰，沈文倬点校：《孟子正义》，中华书局1987年版，第431页。

[75]〔汉〕孔安国传，〔唐〕孔颖达等正义：《尚书正义》，载〔清〕阮元校刻：《十三经注疏》，中华书局1980年版，第180页。

[76]〔汉〕孔安国传，〔唐〕孔颖达等正义：《尚书正义》，载〔清〕阮元校刻：《十三经注疏》，中华书局1980年版，第182页。

弃厥肆祀弗答"[77]（《尚书·牧誓》）。这是当时最大的罪名和陷害借口，一如古希腊时处死苏格拉底的"渎神"罪。这也从侧面反映了当时人对天地鬼神的笃信和对祭祀的重视。在必要的时候，甚至王也可以成为牺牲品。《吕氏春秋·顺民》说："昔者汤克夏而正天下，天大旱，五年不收，汤乃以身祷于桑林。"[78]——准备自焚以祭天。故裘锡圭说："在上古时代，由于宗教上或习俗上的需要，地位比较高的人也可以成为牺牲品。"[79] 这反映了天地鬼神在当时人们心中的无上权威。

尽管如此，反对神本的传统在商代后期已经开始孕育。如《史记·殷本纪》说："帝武乙无道，为偶人，谓之天神。与之博，令人为行。天神不胜，乃僇辱之，为革囊，盛血，卬而射之，命曰'射天'。"[80] 这在当时人的眼里虽属无道，但已开始向神挑战。商纣王帝辛也有"慢于鬼神"之类的记载。在商代的早中期，诸王皆称王不称帝，唯商末的帝乙和帝辛两位称帝。另外，《尚书·商书·微子》云："今殷民乃攘窃神祇之牺牷牲，用以容，将食无灾。"[81] 晚商之民"攘窃"供神的牺牲，显然失去了对神的敬畏之心。而以人俑替代活人殉葬，如妇好墓的跽坐人俑，既是万物有灵思想的延续，又在一定程度上表现了人道精神。这些都说明商代后期的文化已经逐步从神本文化向人本文化过渡。

二、甲骨占卜

上古时代，人们常用龟甲和兽骨的裂纹——"兆璺"来预测吉凶，这就是甲骨占卜。占卜属于巫术占验范畴，源于原始宗教中的前兆迷信。人们在与自然界

---

77 〔汉〕孔安国传，〔唐〕孔颖达等正义：《尚书正义》，载〔清〕阮元校刻：《十三经注疏》，中华书局1980年版，第183页。
78 许维遹撰，梁运华整理：《吕氏春秋集释》上，中华书局2009年版，第200页。
79 裘锡圭：《论卜辞的焚巫尫与作土龙》，载胡厚宣主编：《甲骨文与殷商史》，上海古籍出版社1983年版，第31页。
80 〔汉〕司马迁撰：《史记》第一册，中华书局1959年版，第104页。
81 〔汉〕孔安国传，〔唐〕孔颖达等正义：《尚书正义》，载〔清〕阮元校刻：《十三经注疏》，中华书局1980年版，第178页。

打交道的过程中，由于无知或害怕，往往把一些偶然发生的前后事件当成必然的因果事件，认定是神的指示或征兆，发展到后来就开始以占具为中介，来沟通人神，以测吉凶。商人当然也不例外。

商人甲骨占卜的过程可分为整治甲骨、占卜、刻辞、存储等阶段。占卜得到结果后，他们把占卜时间、占卜人即贞人、所问事项以及占卜结果等刻在甲骨上，有时还将灵验的情况即应验之事也刻在上面。除了刻字，也有以墨或朱砂来写卜辞的，或是在刻好的字上填朱或涂墨。这就是甲骨文。它是中国最早的成系统的文字，也是商代文化的重要组成部分。甲骨文中所见的单字有 4500 个左右，它们规范有序，刻字娴熟，其内容反映了商代文化的发展和变迁。

商代卜用骨大多为牛胛骨和龟甲，也有一些是鹿、羊、猪、狗等的胛骨。出土的胛骨有的经过了精密的加工，削平了骨脊和关节，使周边变得平整，然后或钻或灼。占卜方式主要有三种形态：一为仅施火灼，多为牛、猪骨；二是先钻后灼，牛骨为主，次为龟甲；三是钻凿后灼，则多是龟甲，又有单钻、双联钻和三联钻之分，这种钻法所显示的纹路既深且密。

由出土的甲骨文显示，商代人的占卜很频繁。当时每事必占卜，几乎每天都要占卜。商人从生老病死、出入征伐到立邑为官、农作田猎，以及婚丧嫁娶、祭祖祀神、天气风云变幻等，事无大小，必占卜问卦。久而久之，便有了一套具体的甲骨占卜制度：如一事数占、正反对卜、同事异问、习卜之制、三卜之制、卜与筮参照联系等。

其中主要包括农业方面的如"卜禾""卜年""卜雨"等，以及战争、疾病乃至祭祀等各个方面。占卜是将既往偶然发生的事实，看成与环境或与其他事件之间的必然的因果关系。卜辞一般分前辞、命辞、占辞、验辞四个部分，是否应验也常常被严肃地记录下来。因此，其中也记录了大量的事实。占卜不用易得的竹木简，而专用动物甲骨，显然是有意为之的。这与以动物作牺牲，以及动物造型的祭器一样，是借以使人沟通天地的。"占卜本身，就是借助动物甲骨来实现的，可见它们的确是沟通天地的工具。"[82]商代信巫好祀的传统在楚文化中得到了传承。

---

[82] 张光直著：《美术、神话与祭祀》，郭净译，辽宁教育出版社 2002 年版，第 52—54 页。

甲骨占卜是商代最为重要的文化载体，也是当时独具特色的文化现象。甲骨卜辞对商代社会生活作了全面而丰富的记载，内容包括社会、礼俗和科技等方面。从卜辞的记载中我们可以了解到，商人对天文知识已经有了一定程度的认识，他们的科技知识已经有了初步的积累。对于日食、月食这类自然现象，商代人虽然还不能知道其真正的原因，但对它们已经有所注意。他们还对虹这一现象有了记载，尽管以比拟的方式将其生命化了。他们对东、南、西、北四方和四方之风也各有专名。从甲骨卜辞中我们可以看出，商代已经发明了自己的历法，而且还有了平年和闰年之分。这说明商代人的数学也已经发展到了一定的水平，否则无法发明历法。从卜辞的符号中可以见出，他们还能绘制出比较复杂的几何图形。到商代后期，这些卜辞已经不仅仅是单纯记录占卜的结果，还开始侧重于记录历史性的重大事件，有了历史的成分。

这些卜辞是早期文学的萌芽。殷墟卜辞已经注意到了记事的完整性，尽管非常简单，但关于事件的时间、地点、人物、事件的发展和结果都有所交代。而武丁时期的"土方侵我田"[83]（《甲骨文合集》6057）等甚至已是比较详细的叙述了。卜辞的这些记叙已经能够表达出作者的愿望和思想，虽然在形式和文采上和后世的文学作品相比，还有一定的距离，但毕竟有了相当的文学因素。

第三节 | 文化艺术：商代乐舞的物质文化和精神文化

商代的艺术与宗教有紧密的联系。音乐歌舞在中国传统的诸艺中具有核心的地位，在饮食、祭礼、享乐方面具有重要作用。中国诗画中的空间意识和音乐化、节奏化，深深地受到歌舞的影响。商代乐舞的繁荣与祭祀和王权的需要有一定的关系。歌舞从不自觉的娱乐行为，上升到符合自然节律的程式，与宗教仪

---

[83] 胡厚宣主编：《甲骨文合集释文》，中国社会科学出版社1999年版，6057反。

式的推动密切相关。"钟鸣鼎食"正是当时社会生活的描述。丰富的身体语言、音乐语言和内在的情感，在实用中日渐丰富起来。而建筑和服饰，则在物质形式中体现了音乐的生命精神和美术的意味。它们在商代的物质文化和精神文化中交互影响，相互促进，共同构建了商代审美意识的总体风貌。

一、宗教与艺术

商代的艺术与历代的艺术一样，受着娱乐的驱使，更受着当时盛行的巫术和贿神需要的推动。在这种背景下，中国远古的族徽逐步被仪式化、世俗化，进入到艺术的创造中，或对艺术创造产生重要的影响。商代的艺术充满了宗教和巫术的色彩，体现了人们超人和超自然的理想。商代的艺术品和艺术化的生活用品，大都既供人间享用，同时又是死后随葬的明器（冥器）。

宗教在商代是最为庄严和神圣的，因而备受尊崇。商代人首先将宗教的观念和情感倾注在宗教器皿的制造上，并进而推及到日常生活的器皿。兽面纹和人面像的面具与器皿等，都被用于自然崇拜和祖先崇拜。源远流长的龙凤造型和纹饰，正是远古和部族兼容中的族徽综合体在艺术中的表现。《桑林》之舞和商代纹饰等，都形象地表现了凤鸟。青铜器的艺术性追求就是在宗教礼仪的框架下进行的。在青铜器中，商人通过精湛的艺术技巧以贿神，从而提高理想中的祭祀效果。后来大量工艺品的制造，是社会财富到达一定程度的结果，也与商人尊神有一定的关系。文字和青铜器在宗教生活中的广泛运用，成为天人沟通的工具。原始神话及其由神话产生的民俗，对工艺品产生了重要的影响。

原始的宗教是与巫术杂糅在一起的，因而艺术会作为巫术的形式被用作征服自然的法术。巫术是当时人们试图征服自然的方法，后来逐渐诗意化了。操作的器具和行为也逐步艺术化了，乃至艺术本身被当作一种控制自然的巫术力量，当然也审美地传达了自身对世界的感受。其仿生造型的做法，为后世的造型艺术作了楷模，形成了源远流长的传统。因此，狂热的宗教客观上也推动了艺术的繁荣。成书于春秋末年齐国的《考工记》，记载了此前古代工艺美术的程式和法则，其中也包括从商代开始流传下来的内容。如晚商的"司母戊"方鼎，就完全符合

图 1.11 "司母戊"青铜方鼎　中国国家博物馆藏
河南安阳武官村出土

《考工记》中"钟鼎之齐(剂)"的青铜器合金配方。(图1.11)

商代的宗教活动不仅有其庄严与神圣的一面,而且有其神秘、狞狞的一面,这就决定了商代艺术既具有庄重、古朴、厚实与凝练的风格,更具有原始恐怖的狞厉之美,包含着原始的象征意蕴。这就是宗教象征与艺术象征合一的表现形态。这集中地体现在青铜器的铸造上。商代青铜器的纹饰就典型地反映了宗教的观念。纹饰有兽面纹、人面纹、亦兽亦人纹。亦兽亦人纹"给人格神增添野兽的神力,同时它也是原始民族盛行兽类装饰的真实写照"[84]。兽面的狞厉是驱鬼护身、威吓敌人的,表示敬畏权威和强大。商代的艺术与狞厉神秘的繁饰是社会生活的折射。青铜纹饰及器物造型,其"特征都在突出这种指向一种无限深渊的原始力量,突出在这种神秘威吓面前的畏怖、恐惧、残酷和凶狠",但它们之所以具有这种威吓神秘的力量,"在于以这些怪异形象为象征符号,指向了某种似乎是超世间的权威神力的观念"[85]。(图1.12)

商代的人本精神与崇天敬祖的尊神心态是互补的。《尚书·周书·泰誓上》说:"惟人为万物之灵。"[86]而灵,许慎《说文解字》的玉部解释为:"巫以玉事神。"[87]就是说,人为万物之灵,是在尊神的前提下的。在神之下,人高于万物,且可以物通神。尽管如此,人本精神还是开始萌芽了。春秋时代子产的"天道

---

84 谢崇安著:《商周艺术》,巴蜀书社1997年版,第76页。
85 李泽厚著:《美的历程》,中国社会科学出版社1984年版,第44页。
86 〔汉〕孔安国传,〔唐〕孔颖达等正义:《尚书正义》,载〔清〕阮元校刻:《十三经注疏》,中华书局1980年版,第180页。
87 〔汉〕许慎撰:《说文解字》,中华书局1963年版,第10页。

图1.12 商代青铜器纹饰
[资料来源：上海博物馆青铜器研究组编《商周青铜器文饰》，文物出版社1984年版，第9、343、345页。]

1. 西周早期　董鼎　腹部
2. 殷墟晚期　禾大方鼎　腹壁
3. 西周早期　害　辖部
4. 西周早期　人面纹剑　身上部

远，人道迩"[88]，西门豹治邺，把巫婆扔到河里去，说明理性精神的兴起，而这在商代已经开始孕育。

在商代，宗教的生活是神圣的，同时又是理想的。商族热情奔放的个性，永不满足的欲求，推动了艺术的发展。那些器皿中物中见人的表达方式，体现了一定的主体意识。在商代人的眼里，自然是一个拟人化的世界。因此，商代人的艺术创作又体现了他们的浪漫情调。商代宗教中充满着原始的情感和想象力，与艺术在思维方式上是相通的，并且与艺术相互影响。而宗教中对自然的人格化和拟人化，与审美的思维方式也是同源的。

88〔汉〕杜预注，〔唐〕孔颖达等正义：《春秋左传正义》，载〔清〕阮元校刻：《十三经注疏》，中华书局1980年版，第2085页。

048　第一章　商代的社会背景：王权与神权的双重影响

二、音乐

商代的音乐有了进一步的发展。商代的乐器的品种与数量较夏代更为丰富，在音程、调式和调性方面都有了一定的讲究。商代的音乐与身份、地位是紧密相关的。商代音乐以祭祀为主，兼有供感官享受的音乐，分为"巫乐"与"淫乐"两大类。商代是一个音乐繁荣的社会。

（一）音乐的起源

在上古文献中，我们可以看到许多音乐方面的史料，可惜由于音乐作为声音，如果像历史事件那样仅靠文字的描述来研究，显然是不能让人身临其境的。那些丰富多彩的乐器遗存，虽然让我们体会到了上古的音乐水平，但依然不能重现当日音乐的风采。在没有录音机的上古时代，显然无法给我们留下上古音乐的真实面貌，我们只能靠保存到今天的历史文献和出土文物来间接地研究上古音乐。这是历史的遗憾。

《山海经·大荒西经》说："西南海之外，赤水之南，流沙之西，有人珥两青蛇，乘两龙，名曰夏后开。开上三嫔（宾）于天，得《九辩》与《九歌》以下。此天穆之野，高二千仞，开焉得始歌《九招》。"[89] 这是一个美妙的神话，认为音乐来自于天国，夏禹的儿子夏后开（即启）是位神通广大的英雄，曾乘飞龙上天，献上三位美女贿神，得《九辩》《九歌》改编成《九招（韶）》，在"天穆之野"演奏。后世人称颂最美妙的音乐时，也说是天乐。杜甫《赠花卿》形容美妙的音乐说"此曲只应天上有，人间能得几回闻"，就是在延续这个传统的说法。

实际上，音乐的出现，是与人们的娱乐、劳动结合在一起的。音乐是生活场景的游戏化。当人们在闲暇的时刻，愉快地回忆和摹仿劳动、生活的情景的时候，手舞足蹈地敲击石块、木棒等，并且符合于他们自发地意识到的节奏时，就产生了早期的音乐。音乐作为人们游戏的产物，既体现了人的摹仿本能，又体现了人的创造精神。尽管音乐在本质上是一种创造，但其音律形式，依然是在摹仿

---

[89] 袁珂校注：《山海经校注》，上海古籍出版社 1980 年版，第 414 页。

中获得的,依然可以"效八风之音""效山林溪谷之音""听凤凰之鸣"[90](《吕氏春秋·古乐》)。所以古人早就认识到了音乐的这种独特的审美价值,及其潜移默化的感动功能。孔子竟然对韶乐痴迷到三月不知肉味的地步。司马迁在《史记·乐书》中说:"音乐者,所以动荡血脉,通流精神而和正心也。"[91]这些都是从身心节律的角度来理解音乐的。

后代的儒家从意识形态的层面,特别是道德的层面上评价上古音乐,认为只有具有盛德的帝王,才会有具有盛德的音乐,音乐被视为德行的花朵。黄帝时代的《咸池》,颛顼时代的《承云》,帝喾时代的《唐歌》,帝尧时代的《大章》,舜时代的《九招》《六列》《六英》等,反映了帝王对功德的尊崇。如大禹治水,形劳天下,三过家门而不入,于是舜命皋陶作《夏迭》九章;商汤伐桀,黔首安宁,汤命伊尹作《大护》之舞、《晨露》之歌;武王克商,乃命周公作《大武》。所以子夏说:"纪纲既正,天下大定。天下大定,然后正六律,和五声,弦歌诗颂,此之谓德音;德音之谓乐。"[92](《礼记·乐记》)在儒家看来,夏桀、殷纣两人骄奢淫逸,就不能真正懂得音乐,故违背艺术规律,徒费大量的财力物力,作侈乐、造大鼓,不中律吕,闻之令人心气惊骇,意念摇荡,致使君臣失位,父子失处,夫妇失宜,人民呻吟,还有何乐可言?这种观念,客观上排斥了不符合上述理想的音乐。尤其是在音乐很难保留的当时,致使一批其他主题和风格的音乐被淹没,得不到流传和继承。

随着宗教的出现,音乐又被用来服务于巫术礼仪。《吕氏春秋·古乐》说:"昔古朱襄氏之治天下也,多风而阳气蓄积,万物散解,果实不成,故士达作为五弦瑟,以来阴气,以定群生。"[93]这是通过音乐作法,以乐声与自然抗争。虽然从科学的角度看是荒谬的,但在原始宗教盛行的当时,用音乐进行巫术活动是正

---

90 许维遹撰,梁运华整理:《吕氏春秋集释》上,中华书局2009年版,第123、125、122页。

91 〔汉〕司马迁撰:《史记》第四册,中华书局1959年版,第1236页。

92 〔汉〕郑玄注,〔唐〕孔颖达等正义:《礼记正义》,载〔清〕阮元校刻:《十三经注疏》,中华书局1980年版,第1540页。

93 许维遹撰,梁运华整理:《吕氏春秋集释》上,中华书局2009年版,第118页。

常的。《吕氏春秋·古乐》又说:"昔葛天氏之乐,三人操牛尾投足以歌八阕:一曰载民,二曰玄鸟,三曰遂草木,四曰奋五谷,五曰敬天常,六曰建帝功,七曰依地德,八曰总禽兽之极。"[94] 这八阕显然是从远古流传下来的,也带有巫术的色彩,希望能得到先祖的庇护,获得粮食和畜牧业上的丰收。

乐器的出现,是音乐发展的重要标志。甲骨文和青铜器铭文中的"乐"(樂)字,罗振玉《殷虚书契考释》认为是"从丝附木上,琴瑟之象也。或增'日'以象调弦之器,犹今弹琵琶、阮咸者之有拨矣"[95]。起初是一个具体的弦乐的象形字,后来转为抽象的音乐之"乐"和快乐之"乐"。最初的乐器主要是日常器具等常见之物,如"击石拊石"的石、竹管等。后来,兵器、饮具,甚至弓也常被当作乐器。《周易》卦爻辞《离·九三》说:"日昃之离,不鼓缶而歌,则大耋之嗟。"[96] 缶是一种陶器,类似于今天的坛子。这种情形一直延续到后代。秦代和汉代均有击筑、击缶的记载。早在新石器时代晚期,我国就有了石制乐器磬,还有了陶鼓、陶铃、陶埙等乐器。河南省舞阳县贾湖曾经出土了8000年前的18只七音孔、八音孔的骨笛,其中保存完整的可吹出各种曲调。(图1.13)这是我国迄今发现的最早的乐器。《大夏》因为主要吹奏乐器为龠,所以也称《夏龠》。甲骨文中的"龠"字字形是若干吹管编排在一起。《吕氏春秋·古乐》记载大禹治水,"勤劳天下……疏三江五湖,注之东海","于是命皋陶作为《夏龠》九成,以昭其功"[97]。

目前所见的最早的青铜乐器,是在山西襄汾陶寺出土的铜铃,是龙山时期的。河姆渡遗址中出土的7000年前的160件骨哨,是用鸟禽类中段肢骨制作的。多开有2—3孔,能吹出各种较简单的音调。约6700年前的半坡陶埙,是中

图 1.13 舞阳贾湖骨笛
河南省文物考古研究所藏

---

94 许维遹撰,梁运华整理:《吕氏春秋集释》上,中华书局 2009 年版,第 118 页。
95 罗振玉著:《增订殷虚书契考释》卷中,东方学会 1927 年版,第 40 页。
96 〔魏〕王弼、〔晋〕韩康伯注,〔唐〕孔颖达等正义:《周易正义》,载〔清〕阮元校刻:《十三经注疏》,中华书局 1980 年版,第 43 页。
97 许维遹撰,梁运华整理:《吕氏春秋集释》上,中华书局 2009 年版,第 126 页。

图 1.14　陶寺遗址出土铜铃、鼍鼓　中国考古博物馆藏

国特有的古老的闭口吹奏的旋律性乐器,其发音原理与普通管乐器有所不同,在世界艺术史中占有特殊的地位。它对于考证中国古代音阶发展的历史有着重要的价值。在山西省襄汾县陶寺出土的一具鼍鼓中,鼓腔里就有散落的鳄鱼甲皮。这是新石器时代龙山文化晚期的物品,距今约 4000 年。这也是我国迄今发现的最早的打击乐的乐器,后来一直被沿用。《诗经·大雅·灵台》有"鼍鼓逢逢",晚唐李商隐《河内诗》第一首也有"鼍鼓沉沉虬水咽"句,说明鼍鼓一直被沿用下来。另外,各地还出土过商代以前的陶钟、陶铃、陶鼓等陶制乐器。(图 1.14)

(二) 商代的音乐

商代的音乐已相当发达。《礼记·郊特牲》说:"殷人尚声。臭味未成,涤荡其声,乐三阕,然后出迎牲。声音之号,所以诏告于天地之间也。"[98] 说明了商代人对音乐的喜爱和重视。音乐在人们日常生活如饮食、祭祀、享受等方面发挥重

---

[98]〔汉〕郑玄注,〔唐〕孔颖达等正义:《礼记正义》,载〔清〕阮元校刻:《十三经注疏》,中华书局 1980 年版,第 1457 页。

要的作用，而且随着生产的进一步发展，以及社会分工的进一步细化，商代已出现了教授音乐的专职人员和专职机构。

在商代，"乐以体政，政以正民"的"乐政"体系已经基本确立。音乐的享受与社会地位和政治身份是紧密相连的。地位愈高，身份愈尊，乐器的种类就愈齐全，数量也就越多。这在编磬和编铙的数目组合上表现得尤为明显。而鼓，则是商王或方国君王的专用品。《周礼·春官宗伯·大司乐》云："王大食，三宥，皆令奏钟鼓。"[99]《周礼·春官宗伯·乐师》亦云："飨食诸侯，序其乐事，令奏钟鼓。"[100] 商代的统治者一方面利用音乐来维护自己的统治秩序，另一方面也在满足自己的享受。

"巫乐"和"淫乐"是商代音乐的两大部分。商族尚鬼神，重享乐。其巫乐主要用于祭祀。音乐是祭祀的重要内容，商王也经常亲自参加祭祀，有时还要亲自歌舞祈神。巫乐的首要特征是酣歌狂舞，漫无节制。狂热的宗教意识体现着巫乐的本质。淫乐是商统治者纵情声色、为欢作乐的产物。《史记·殷本纪》："帝纣……好酒淫乐，嬖于妇人……于是使师涓作新淫声，北里之舞，靡靡之乐。""益广沙丘苑台，多取野兽蜚鸟置其中。慢于鬼神。大聚乐戏于沙丘，以酒为池，县肉为林……为长夜之饮。"[101] 它们从形式上是繁、慢、细、过，而在内容上则是穷奢极欲。

商朝最重要的祭祀乐舞是《桑林》，是商裔祭祀其玄鸟和先妣简狄的乐舞。《濩》则是歌颂汤的开国功勋的乐舞。据《墨子·三辩》说："汤放桀于大水，环天下自立以为王，事成功立，无大后患，因先王之乐，又自作乐，命曰《护》，又修《九招》。"[102]《吕氏春秋·古乐》也说："殷汤即位，夏为无道，暴虐万民，侵削诸侯，不用轨度，天下患之。汤于是率六州以讨桀罪，功名大成，黔首安

---

99 〔汉〕郑玄注，〔唐〕贾公彦疏：《周礼注疏》，载〔清〕阮元校刻：《十三经注疏》，中华书局1980年版，第791页。

100 〔汉〕郑玄注，〔唐〕贾公彦疏：《周礼注疏》，载〔清〕阮元校刻：《十三经注疏》，中华书局1980年版，第794页。

101 〔汉〕司马迁撰：《史记》第一册，中华书局1959年版，第105页。

102 〔清〕毕沅校注，吴旭民校点：《墨子》，上海古籍出版社2014年版，第24页。

宁。汤乃命伊尹作为《大护》、歌《晨露》、修《九招》《六列》，以见其善。"[103]（"护"，古"護"，即"濩"）今本《竹书纪年》也说殷商成汤"二十五年，作《大濩》乐"[104]。商代在祭祀活动中尤其重视乐，如《濩》，甲骨文中多有提及《濩》的。《周礼·春官宗伯·大司乐》还有"舞《大濩》以享先妣"[105]的说法，说明《大濩》一直影响到后代。

  商代音乐的繁荣还体现在乐器的品种和数量上，这与手工业技术水平的提高密切相关。商代的乐器已经较为丰富，甲骨文和青铜器铭文中都有大量的乐器名称。《吕氏春秋·侈乐》说商纣时已经有乐器大鼓、钟、磬、管箫。鼓的发明很早，殷墟的土层中已经有腐烂了的鼓形器物，鼓皮的花纹也很明显。青铜器中的铜鼓虽然以铜为皮，但铜皮上有摹仿动物的鳞状皮纹。在金属乐器方面，商代晚期除了铜铃外，还出现了编镛，制作也颇为精良、精确。其中铙等大型青铜乐器，大都用兽面纹作装饰。它们使用的地域也是非常广泛的。[106]在石制的乐器方面，商代的特磬从外形到音质，已经较以前更为精致、准确和规范，并且出现了编磬。编磬是要以审辨音律为基础的。这说明商代对音乐已经有了相当的自觉意识。商代后期的青铜乐器镛、镈、埙等，在音程、调式和调性方面，都有了一定的讲究，为十二音律的发明奠定了基础。到了周代的石磬，已经在磬上刻有十二音律的名称了。如洛阳金村出土的三个周磬中，已经分别刻有"古（姑）先（洗）齐犀左十""古（姑）先（洗）右六""介（夹）钟右八"[107]等。

---

103 许维遹撰，梁运华整理：《吕氏春秋集释》上，中华书局2009年版，第126页。
104〔梁〕沈约撰：《竹书纪年集解》，广益书局1936年版，第49页。
105〔汉〕郑玄注，〔唐〕贾公彦疏：《周礼注疏》，载〔清〕阮元校刻：《十三经注疏》，中华书局1980年版，第789页。
106 陈荃有：《从出土乐器探索商代音乐文化的交流、演变与发展》，《中国音乐学》1999年第4期，第127—141页。
107 何琳仪著：《战国文字通论（订补）》，江苏教育出版社2003年版，第138页。

三、舞蹈

舞蹈是与音乐同源的。甲骨文的"舞"字像两人执牛尾舞。远古时代的诗、歌、舞是浑然一体、互相结合的。"投足"是一种舞的姿态。三人操牛尾,投足而歌,正是舞蹈和音乐相结合的说明。原始的舞蹈主要是闲暇时刻的娱乐和狂欢,其中有"鸟兽跄跄""凤皇来仪""击石拊石,百兽率舞"[108](《尚书·夏书·益稷》),类似于今天的化装舞会。

现在所见到最早的舞蹈,是新石器时代的舞蹈纹彩陶盆上的图画。(图1.15)这是在青海大通孙家寨马家窑墓出土的。内壁上端绘有三组舞人的形象,每组五人,牵手摆动,动作整齐划一。每个舞人身后的装饰大概摹拟的是野兽的尾巴。传说黄帝时代就有叫《云门》的乐舞。尧时命质作乐,质作《大章》效山林溪谷之音,用石鼓和石片敲出节奏,增五弦瑟为十五弦瑟。《路史》说,尧时将八弦瑟增为二十三弦。"制《咸池》之舞","以享上帝"。"咸池"本为天上西方的星座,主管五谷。祭祀它,主要是祈求五谷丰收。《吕氏春秋·古乐》中载远古之时,洪水泛滥,于是发明了健身的舞蹈。《大韶》简称《韶》,相传是舜帝的乐舞。《韶》是庆祝大禹治水胜利,歌颂舜的贤德。《大夏》是歌颂夏禹治水的乐舞。

舞与巫也同源,《说文解字》云:"巫,祝也,女能事无形以舞降神者也。象人两褒舞形。"[109] 舞、无、巫,古代本为一字,说明成形的舞蹈后来也成了掌管巫术活动的原始形式。从祖先崇拜的角度讲,舞为事奉玄妙无形之神,故舞、无相通,同时

图1.15 舞蹈纹彩陶盆 中国国家博物馆藏

---

108 〔汉〕孔安国传,〔唐〕孔颖达等正义:《尚书正义》,载〔清〕阮元校刻:《十三经注疏》,中华书局1980年版,第144页。
109 〔汉〕许慎撰:《说文解字》,中华书局1963年版,第100页。

最善舞者为巫。王国维《宋元戏曲史》说:"歌舞之兴,其始于古之巫乎?巫之兴也,盖在上古之世……古代之巫,实以歌舞为职,以乐神人者也。"[110] 陈梦家说:"'舞''巫'既同出一形,故古音亦相同,义亦相合,金文'舞''無'一字,《说文》'舞''無''巫'三字分隶三部,其于卜辞则一也。"[111] 杨向奎说:"巫当然不仅是女人,而舞的确是巫的专长,在甲骨文中'無'(舞)字本来就是巫,也正是一种舞蹈的姿态……"[112] 刘师培也说:"三代以前之乐舞,无一不原于祭神。钟师、大司乐诸职,盖均出于古代之巫官。"[113] 驱傩源于原始社会的崇拜,是腊月举行的一种驱除厉鬼的仪式,到商代便形成固定的祭祀仪式。

夏代后期即有了尚巫风气。禹作为集王权与神权于一身的大巫,在主持巫事跳舞时,迈着细碎的步子,被称为禹步。据说这是由于禹的病足造成的。据尸佼的《尸子》说:"禹于是疏河决江,十年未阚其家。手不爪,胫不毛,生偏枯之疾,步不相过,人曰禹步。"[114] 后《扬子·法言》的李轨注等对禹步的解释也因袭此说。当今巫作法,犹有"禹步"之说。上古的舞蹈不仅为宗教服务,还为政治服务。《大夏》乐舞,就是夏代颂扬自己功德的大型乐舞,主要歌颂禹治水功绩。

商汤灭夏,自立为王,命伊尹作《大濩》歌颂开国元勋。汤死后,它被作为祭祀祖先的乐舞。殷舞《桑林》("桑林"是人们举行祭祀的地方)的内容主要是商族祭祀其先祖和先妣简狄的乐舞。特别是商代后期定都殷后,乐舞不仅早已成为一种专业性的活动,而且发展为表演性乐舞,或庆祝丰收,或祭祀祖先,或崇拜自然,特别是巫舞更为兴旺。商代的乐舞用以沟通鬼神和天地,常常通过"舞"或"奏舞"的巫术仪式求雨。甲骨卜辞中常有"舞,允从雨""舞,雨""甲

---

[110] 王国维著:《宋元戏曲史》,华东师范大学出版社1995年版,第1页。
[111] 陈梦家:《商代的神话与巫术》,《燕京学报》1936年第20期,第537页。
[112] 杨向奎著:《中国古代社会与古代思想研究》上册,上海人民出版社1962年版,第163页。
[113] 刘师培:《舞法起于祭神考》,载刘梦溪主编:《中国现代学术经典·黄侃 刘师培卷》,河北教育出版社1996年版,第790页。
[114] 〔战国〕尸佼著,〔清〕孙星衍辑:《尸子》,中华书局1991年版,第17页。

午奏舞，雨""丁卯奏舞，㞢雨""今夕奏舞，㞢从雨"[115]等记载。商代的求雨巫雩。《吕氏春秋·顺民》："天大旱，五年不收，汤乃以身祷于桑林。"[116]（又见《淮南子·修务训》）

在商代，战争仪式与宗教仪式是舞蹈创作的两大动因。商代"文舞"谓之舞，"武舞"谓之"武"。"文舞"的舞，甲骨文中"舞""無"为一，作人持旄羽状。后期的"巫"字即由"舞"字演变而来。"武舞"的"武"，是持兵器迈步。"武"的甲骨文从戈从止，作人持干戈前进状。舞蹈的道具，最初也是从兵器、日常用具中信手拈来的。据后人考证，商代的舞蹈因其功能和伴奏方式的差异而有多种形式，如：祭祀的《隶舞》和《羽舞》，求雨的《"上雨下皇"舞》和《"上竹下無"舞》，奏乐而跳的《奏舞》和《庸舞》，击鼓而舞的《彡祭》和吹奏而舞的《龠祭》，执干而舞的《伐祭》，以及《龙舞》和《面具舞》等。甲骨文里已经有了专业的舞蹈家"万"或"万人"的记载。

舞蹈是时间与空间相结合的艺术，反映了先民的审美理想。宗白华用"舞"来表述中国艺术的空间意识，认为"'舞'是中国一切艺术境界的典型"[117]，是中国艺术家的精神与意志交融的最直接、最具体的自然流露。它所揭示的最深刻的内容，就是中国人所说的"道"，亦即生命的节奏。

四、建筑

在新石器时代早期，先民们大都仍然是穴居，西安半坡遗址还是半地穴式的。穴居野处是原始人的习俗，"上古穴居而野处，后世圣人易之以宫室"[118]（《周易·系辞下》）。而南方的先民则大都巢居。有巢氏就是他们中的模范。后来的

---

115 陈梦家著：《殷虚卜辞综述》，中华书局1988年版，第599—600页。
116 许维遹撰，梁运华整理：《吕氏春秋集释》上，中华书局2009年版，第200页。
117 宗白华著：《宗白华全集》第2卷，安徽教育出版社1994年版，第369页。
118 〔魏〕王弼注，〔唐〕孔颖达疏：《周易正义》，载〔清〕阮元校刻：《十三经注疏》，中华书局1980年版，第87页。

建筑，正是综合了巢、穴两方面的经验积累发展起来的。吕思勉《先秦史》说："栋宇者，巢居之变，筑墙则穴居之变也。"[119]《淮南子·修务训》载："舜作室，筑墙茨屋，辟地树谷，令民皆知去岩穴，各有家室。"[120]说明在舜的时代就开始造屋了。

但是，在先商的初期，商人多是迁徙游动而居的。随着商人的扩张及商王朝的建立，这种生活方式逐步被淘汰了。政局的稳定，商代国家的根基日益坚固，经济也获得了持续的增长，历代商王逐步建立起了"商邑翼翼，四方之极"的"邦畿千里"。在这样一个固定的政治疆域内，商人已经不再频频迁徙，而开始了定点的居住生活。

到夏代的二里头文化时期，先商开始出现了廊庑式的宫廷、宗庙建筑。二里头先商宫殿是我国目前发现的最早宫殿。该宫殿由堂、庑、门、庭等建筑构成，主次分明，结构严谨。其平面布局，开启了我国宫殿建筑之先河。它按一定的营造设计而建成，宫殿的组合、布局与规模，反映了当时的宫室制度。宫殿居于二里头遗址中部，占地约一万平方米，台基中部是一座宽8间、进深3间的殿堂。堂前是平坦的庭院，南面是宽敞的正门，彼此相连的廊庑环绕殿堂四周，组成壮观的宫殿建筑。晚商望楼建筑，是二里头文化主体宫殿的"翻版和变体"[121]。

从仰韶文化开始的夯土，为商代城池建设所继承。城池具有防御功能，说明当时人们的财富已经有了剩余，已经从游牧向定居过渡。相传夏朝建国之前已有城池建筑，《礼记·祭法》疏引《世本》云："鲧……作城郭。"[122]现今发现的最早的城墙建筑是郑州的商城和湖北盘龙商城，属商代二里岗文化期。它们的显著特征是夯土台基，用层层水平的夯土筑出城垣的主体部分，内侧筑出层层斜行夯土，在两种夯土的交接处有垂直的木板朽痕。这样筑起的城墙，主体高耸而内侧

---

119 吕思勉著：《先秦史》，上海古籍出版社1982年版，第347页。
120 何宁撰：《淮南子集释》下，中华书局1998年版，第1313页。
121 谢崇安著：《商周艺术》，巴蜀书社1997年版，第92页。
122 〔汉〕郑玄注，〔唐〕孔颖达等正义：《礼记正义》，载〔清〕阮元校刻：《十三经注疏》，中华书局1980年版，第1590页。

为斜坡。城内有大面积的夯土台基和大型房基,还出土了大量玉器、铜器等;城外还有手工业作坊的遗址,且已有明显的行业分工,这说明当时的城市已颇具规模。古城的城垣是与宫殿同时建筑的,这既说明城市是城墙建筑以后形成的,也说明了城墙是保卫宫殿、城市的。

商代后期,随着农业、畜牧业、手工业的发展,人们的居住条件也有了显著的改善。尤其到盘庚迁殷以后,商代的宫室建筑技术得到了显著的提高,建筑的规模也得到了极大的发展。《周礼·冬官考工记·匠人》里说:"殷人重屋,堂修七寻,堂崇三尺,四阿重屋。"[123] 可以推想当时的宫室崇楼已具有相当的规模。商代修建宫室,一般是先在地面上筑台,再在台上盖房。《史记·殷本纪》记载商代末年纣王"益广沙丘苑台",又言他修建了"鹿台"并在鹿台处自焚,"走入,登鹿台,衣其宝玉衣,赴火而死"[124]。

从考古发现的商代建筑遗址,可以看出当时的贵族所居宫室的情况和特点。原先有居穴的在居穴处填土并夯平夯实;或在地面挖1米多深,再填土夯实,直至地面以上约1米处止,目的是使房基牢固。接着是埋柱础,先挖一方形或圆形坑,夯打底部,并埋些石料作为垫石。有的宫殿还使用铜础。再后则是立柱、架梁、筑墙和盖房顶。商代宫室的修建有一定的程序。

商代前期王邑的偃师商城遗址,分为内城、外郭与"宫城"三重。(图1.16)内城中部为"宫城",而大型的主体宫室坐北朝南,两侧分别为两座与之相仿的建筑,各自都有独立的正殿、中庭、庑室、门道等,自成一体。两侧又有拱卫小城一座。在宫城北部还发现了当时人工挖掘的一个池苑,这是国内迄今所见到的最早的王室池苑。另一座王邑郑州商城,宫室区坐落于城内北部中央迤至东北部一带,主要由20多座夯土基址建筑组成,大体可分为三组宫室群体。宫室区还发现了水井及专供王室统治者饮用的人工构砌的大型蓄水池。在其附近还有一道北偏东走向的夯土墙,似为宫墙,把宫室区与城区隔开。

---

123 〔汉〕郑玄注,〔唐〕贾公彦疏:《周礼注疏》,载〔清〕阮元校刻:《十三经注疏》,中华书局1980年版,第928页。

124 〔汉〕司马迁撰:《史记》第一册,中华书局1959年版,第108页。

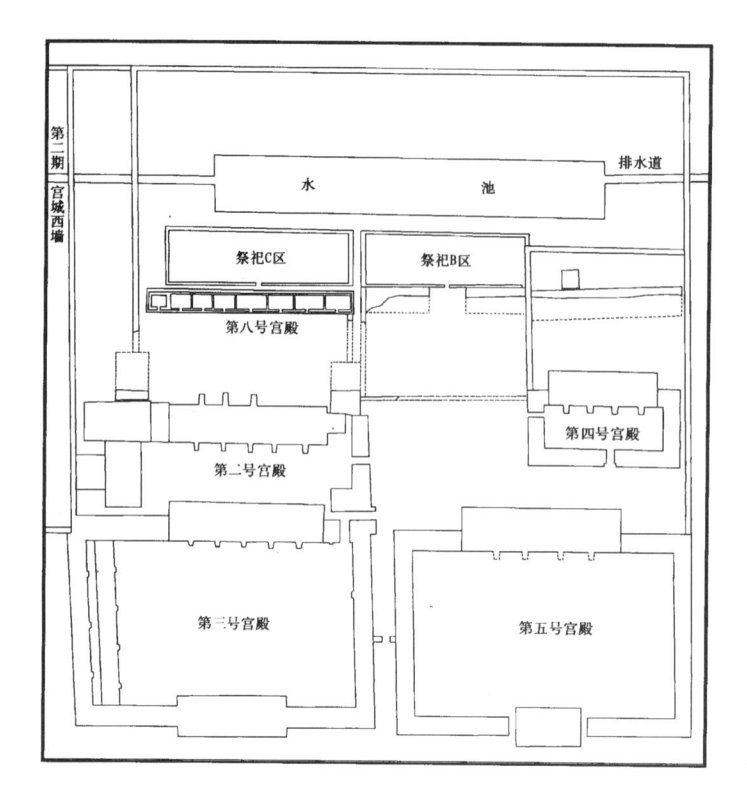

图 1.16 偃师商城宫城第三期主要建筑遗迹平面布局示意图
[资料来源:《河南偃师商城宫城池苑遗址》,《考古》2006 年第 6 期。]

而诸侯臣属或方国一级的邑,其贵族宅落或宫室,亦以错落有致的房屋相组合。像山西曲垣商城、湖北黄陂盘龙城、陕西清涧李家崖商代城邑等,不难想象,商代臣属诸侯或方国邑内的贵族统治者的宅落或宫室,无不以建筑的高规格和群体组合,占据邑内要位,其规模虽不及王邑,但已经明显地接近于王邑宫室群体的格局模式,而为王邑国家级最高建筑层次的缩小版。

商代的地面建筑已完全毁损,无实物可征,但在文献中留下了一定的记载。《说苑·反质》:"纣为鹿台糟丘,酒池肉林,宫墙文画,雕琢刻镂,锦绣被堂,金玉珍玮。"[125]《文选·东京赋》及《吴都赋》注引《古本竹书纪年》:"殷纣作琼室,立玉门。"[126]《史记·殷本纪》:"益收狗马奇物,充仞宫室,益广沙丘苑台,多取野兽蜚鸟置其中。"[127] 张守节《殷本纪正义》:"纣时稍大其邑,南距朝歌,北

---

125 〔汉〕刘向撰:《新序说苑》,上海古籍出版社 1990 年版,《说苑》部分,第 175 页。
126 范祥雍编:《古本竹书纪年辑校订补》,上海人民出版社 1957 年版,第 24 页。
127 〔汉〕司马迁撰:《史记》第一册,中华书局 1959 年版,第 105 页。

据邯郸及沙丘，皆为离宫别馆。"[128] 由此可见当时宫殿之奢华富丽。

与帝王贵族宫室的富丽堂皇相反，商代的平民居室非常简陋。在殷墟外围的晚商遗址中，有一些城市贫民的房屋基址。它们规模比较小，一般不打夯，也不涂"白灰面"，墙上开一小门，房内迎面处是一片烧土地面，也有的在房内挖一火坑。这反映出晚商时期社会的贫富分化已十分明显。

商代建筑仪式用人兽作祭品十分普遍，无论王邑、方国邑、诸侯臣属邑还是普通平民的住宅，甚至手工业作坊，在建造过程中往往用人兽作祭。《尚书·商书·盘庚下》说："盘庚既迁，奠厥攸居，乃正厥位。"[129] 建设殷都王邑的第一件大事就是奠居正位。《诗经·鄘风·定之方中》说："定之方中，作于楚宫。揆之以日，作于楚室。"[130] 城邑或宫室的正位、奠基等建筑仪式，已与商代统治者的宗教信仰、巫术活动密切联系，是"经国家，定社稷，序人民"的"礼以体政"的重要方面。

商代宫廷居室内部的装饰更趋华美。《说苑·反质》云："宫墙文画，雕琢刻镂，锦绣被堂，金玉珍玮。"[131]《古本竹书纪年》亦云："纣作琼室，立玉门。"[132] 盘龙商代方国贵族墓葬，棺椁雕花，色彩斑斓；洛阳东郊商代地方贵族之墓，用红、黄、黑、白四色布幔作居室装饰。居室舒适与装饰美观，是商代贵族奢侈生活的反映，但也体现了商人的审美追求。

五、服饰

服装的发明首先是审美的需要，与纹身同理。对性器官作"欲盖弥彰"式

---

128 〔汉〕司马迁撰：《史记》第一册，中华书局1959年版，第106页。
129 〔汉〕孔安国传，〔唐〕孔颖达等正义：《尚书正义》，载〔清〕阮元校刻：《十三经注疏》，中华书局1980年版，第171页。
130 〔汉〕毛亨传，〔汉〕郑玄笺，〔唐〕孔颖达疏：《毛诗正义》，载〔清〕阮元校刻：《十三经注疏》，中华书局1980年版，第315页。
131 〔汉〕刘向撰：《新序说苑》，上海古籍出版社1990年版，第175页。
132 范祥雍编：《古本竹书纪年辑校订补》，上海人民出版社1957年版，第24页。

图 1.17 残跪坐石人像
"中研院"历史文物陈列所藏
河北安阳侯家庄西北冈出土

1. 残石
2. 复原图

的遮蔽,也是出于审美的追求。人首先不是为了御寒而发明衣服的,而是由于服装的发明,导致了人的体毛的退化从而不能像一般动物那样,以自身的体毛御寒。服装的发明,既使得人通过自身的调节适应环境的能力有所退化,又使得人的寿命有所延长,人的思维能力也有所进化。

衣、裳在商代已有了区别。《说文解字》说:"衣,依也。上曰衣,下曰裳。"[133] 这种衣与裳的区别,古已有之。殷墟发现的跪坐石人刻像,石人所穿的,就是交领右衽的衣。(图 1.17)这是继承了夏代的传统。因为狄夷诸族,往往是"披发左衽"的。而商代的丧服是左衽。当时已经开始习惯于用右手,右衽便于解带。左衽则表示不再解带。商代右衽衣的衣长多到膝盖上下,有的后裾长至足部。外面一般有腰带。上衣的前胸部位,常有上狭下宽的梯形装饰,叫作"韍",或叫"韦韠"。与周代相比,商代的衣服相对狭小。

商代的纺织业有了一定的基础。《管子·轻重甲》就曾说:"伊尹以薄(亳)之游女工文绣,纂组一纯,得粟百钟于桀之国。"[134] 商朝的衣料品种趋于多样,质地亦相当华贵。《盐铁论·力耕》说:"桀女乐充宫室,文绣衣裳。"[135]《帝王世纪》

---

133 〔汉〕许慎撰:《说文解字》,中华书局 1963 年版,第 170 页。
134 黎翔凤撰,梁运华整理:《管子校注》下,中华书局 2004 年版,第 1398 页。
135 〔汉〕桓宽撰:《盐铁论》,中华书局 1991 年版,第 19 页。

062　第一章　商代的社会背景:王权与神权的双重影响

也说商末纣"必不衣短褐,处于茅屋之下,必将衣文绣之衣,游于九层之台",并"多发美女,以充倾宫之室,妇人衣绫纨者三百余人"[136]。这些记载或从正面,或从侧面说明了当时衣料种类的多样与质地的华美。商代衣料以麻、丝织品为主,但编织技术已经大为提高。殷墟王邑出土的衣料,有粗细不一的麻布,未成品的麻线、麻绳及成束的丝和丝绳,可谓商代之集大成。丝织品的种类繁多,仅妇好墓就有六种之多。殷墟还出土了皮革衣料,材料取自家畜和兽类,而且加工技术高超。除此以外,商代还有木棉织物。

商代的衣料,无论麻、丝、棉织物还是皮革制品,都施彩绘及染色。《尚书·虞书·皋陶谟》正义说:"以五采彰施于五色作服。"[137]《礼记·明堂位》说:"有虞氏服韨,夏后氏山,殷火,周龙章。"[138]《礼记·檀弓上》也说:"夏后氏尚黑""殷人尚白""周人尚赤"。[139]这些说法未必准确,但商人服饰尚彩不容置疑。受当时的造型艺术的图案纹饰影响,衣服的领口、袖口和衽边,常镶上花边。这样做,从功能上看也保护了衣边。衣的袖口被称为"袂",商代的衣袖较长,故袂的装饰尤为重要。《周易·归妹·六五》说:"帝乙归妹,其君之袂,不如娣之袂良。"[140]虽然主要是在说娣的魅力喧宾夺主,但也从侧面说明了"袂"的装饰的重要性。

商人冠式与冠饰也趋于审美的追求。常服的冠,殷人称为"章甫"。《礼记·郊特牲》说:"章甫,殷道也。"[141]说明商代就已经有了冠礼。冠虽有御寒避

---

[136]〔晋〕皇甫谧撰:《帝王世纪》,中华书局1985年版,第23、25页。

[137]〔汉〕孔安国传,〔唐〕孔颖达等正义:《尚书正义》,载〔清〕阮元校刻:《十三经注疏》,中华书局1980年版,第139页。

[138]〔汉〕郑玄注,〔唐〕孔颖达等正义:《礼记正义》,载〔清〕阮元校刻:《十三经注疏》,中华书局1980年版,第1491页。

[139]〔汉〕郑玄注,〔唐〕孔颖达等正义:《礼记正义》,载〔清〕阮元校刻:《十三经注疏》,中华书局1980年版,第1276页。

[140]〔魏〕王弼、〔晋〕韩康伯注,〔唐〕孔颖达等正义:《周易正义》,载〔清〕阮元校刻:《十三经注疏》,中华书局1980年版,第64页。

[141]〔汉〕郑玄注,〔唐〕孔颖达等正义:《礼记正义》,载〔清〕阮元校刻:《十三经注疏》,中华书局1980年版,第1455页。

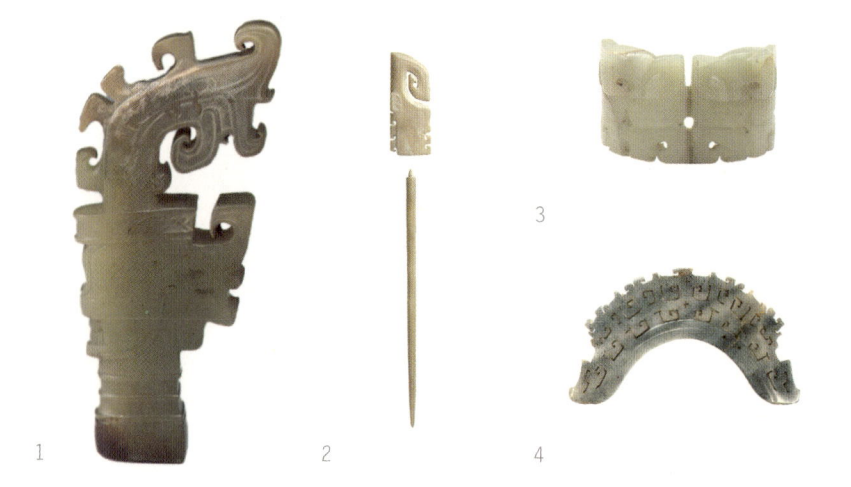

图 1.18 商代头饰 "中研院"历史文物陈列所藏

1. 玉人头饰
2. 玉人首形笄
3. 玉双枭镯形饰
4. 玉头冠饰

暑、保护头发的作用,但更是审美装饰之物。商代的发型饰物不外两类:一是依发为饰,一为戴冠增饰。商代的冠式主要有玄冠、缁布冠、皮弁、爵弁、冠卷、支页、巾帻 7 种;据石璋如《殷代头饰举例》,商代冠饰有椎髻饰、额箍饰、髻箍饰、双髻饰、多笄饰、玉冠饰、编石饰、雀屏冠饰、编珠鹰鱼饰、织贝鱼尾饰、耳饰、鬓饰、髻饰等 13 种。[142] 发型和冠饰,是商朝的服饰礼仪的重要方面。当时平民的发型与头饰,格调寻常。而贵族阶层则好戴冠饰,冠式群出,推陈翻新,并内抑于礼,成为后世等级制服中枢的冠冕制的源头。(图 1.18)

商代已经有了鞋。《事物纪原》卷三在讨论鞋子("履舃")的时候说:"《实录》曰:三代皆以皮为之,单底曰履,复底曰舃。"[143] 商代贵族脚穿翘头船式样的翘尖鞋,而商代武士穿的则是薄底翘尖皮履。从河南安阳出土的商代玉人,也已着履,并有鞋翘。其实,在殷商时,人们已熟练地掌握了丝织技术,丝织物和纺织物已普遍流行。当时在贵族阶层中,除穿皮履外,已经普遍地穿着各种麻鞋和丝鞋了。

---

142 石璋如:《殷代头饰举例》,载中华书局编辑部编:《"中研院"历史语言研究所集刊论文类编·考古编(二)》,中华书局 2009 年版,第 611—670 页。
143 〔宋〕高承撰,〔明〕李果订:《事物纪原》,中华书局 1985 年版,第 114 页。《实录》似指周兴嗣所撰《梁皇帝实录》。该书已佚。

第二章 商代审美意识概述：主体意识的发扬

商代作为一个延续了六百多年的繁盛时代，在中国文明史上写下了辉煌的篇章。远古形成的各种思想观念，包括审美观念，在商代得以总结和保留。其审美意识，也对后世数千年的审美意识产生了深远的影响；系统化的文字，记载了商代人审美意识的轨迹；商代人所创造的各种器皿，也熔铸着当时人的审美趣尚和理想，并使这些趣尚和理想在后人的创造中得以继承和发扬光大。从商代留下的文字和器皿中，我们看到了立象尽意审美传统的渊源，看到了商代人独特的思维方式及其构成因子。商代审美意识从实用到审美的变迁历程，商代人因迁徙和兼并带来的文化交融及其对审美意识的影响，以及商代人创造物中所体现的继承和创新的关系，都对我们有着深刻的启示意义。

第一节 | 商代审美意识的基本特征：观物取象与立象尽意的创作方法

从现存的文字、器皿和文献中，我们可以看到，商代人自发地在进行立象尽意的艺术创造，从中体现出浓烈的主体意识。这种主体意识是在神本文化的背景中孕育起来的，又积极地推动了中国上古文化从神本向人本的过渡。他们从器皿和其他对象的功能中诱发出造型的灵感，强化了线条对主体情意的表现能力和艺术的装饰功能，并从线条中寓意，使作品具有象征的意味。

一、观物取象，立象尽意

在商代，无论是文字的创造，还是器皿的制造，都体现了商代人的尚象精神。他们开始有了"观物取象""立象尽意"的意识，这种意识，经历了一个逐步觉醒的过程。他们观象制器，在审美意识的影响下进行器皿的制造，把对生活的感受衍变成艺术的表象。文字和器物中的均衡、对称，以及节奏、韵律的表现，反映了古人对于自然法则的自觉领悟。同时又受着这种自然法则的启发，凭借丰富的想象力再造自然。于是，在各类工艺品中，既有对现实中物象的摹仿，又有通过想象力重组的意象。

商人的审美的创造既体现了对自然法则的体认，又反映了强烈的主体意识。这种主体意识，既包括政治、宗教和其他社会文化因素对个体的影响，也包括创造者的情感、气质、品格、趣味等个性因素。这是在象形的基础上的"表意"。文字及其书法的象形表意精神，就典型地折射出商代的艺术精神。商代文字"近取诸身，远取诸物"[1]，使对象的神采和韵味在生命主体的创造中得以具象化和定型化，宇宙精神的符号化形成了象形表意的文字。它既是自然万物在人心灵中的折射，更是人类自身情感表达的需要。1/3的象形文字通过对对象感性形态的描摹而表情达意，而会意、形声、指事等其他三种造字方式，也依托于独体的象形字符。这使得具有感性物态形象的文字符号在助忆和交流上具有普遍意义和价值，以致许多象形文字常常可以让人们"望文生义"。许多象形的文字往往捕捉自然物象最富表现力的特征，注入主体的哲理和深情，以形传神。从总体看，甲骨文点画结构的对称、均衡是商代人内心情感韵律的体现，是人眼中的自然形式和宇宙奥秘。它是从人的视野出发，象其形，肖其音，在表情达意的外表下凝结了丰厚的人文内核。商代文字不仅刻写了那个时代人的生命情调，也在调动我们每一个读者进行积极的情感体验。商代甲骨文的文字是先民诗性智慧的双眼对自然物象的"诗意"描绘。

在商代的其他各类艺术中也同样体现了这种象形表意的特点。无论是商代青铜器、陶器和玉器的造型，还是纹饰，都可以分为几何型和仿生型。其中仿生型反映了人们摹仿的本能，几何型则体现了人们抽象的本能。青铜器的许多造型摹仿了动物造型和人形。牛、犀、象、羊、龙、鸮等鸟兽形象成为青铜器重要的艺术原型。自然生态的勃勃生机使厚重僵硬的青铜器也能透露出生命的活力。集中了多种动物造型想象的动物型青铜器尤为体现商代的时代精神。夸张变异的鸟兽纹觥、狰狞怪诞的虎食人卣等，都传达出丰富的宗教意义。在祭祀的烟火中，威严狞厉的神兽具有辟邪降福的力量，引领先民与天地鬼神相沟通。青铜器上的

---

[1]〔魏〕王弼注，〔唐〕孔颖达疏：《周易正义》，载〔清〕阮元校刻：《十三经注疏》，中华书局1980年版，第86页。

写实动物纹、想象动物纹也是以自然界的动物为艺术摹本的。在花、鱼、鸟、蛙等母题花纹的基础上，对于同一母题的反复绘制，使先民脑海中的装饰美的概念逐步定型，并加以几何化和抽象化，最终凝定为先民们审美的心灵图式。商代的陶器的造型和纹饰基本上沿袭了新石器时代和夏代陶器造型和纹饰制器尚象、立象尽意的表现手法。与前代不同的是，商代陶器的造型、纹饰在"创意立体"上走得更远。它们已经不是对于自然界的简单摹仿和修饰，而是对于客观物象颇有装饰意匠的艺术表现。仿生拟人的造型特征在商代的尊、觥、盉中都有体现，被认为是生殖崇拜的象征或是丰产巫术的遗留，具有丰富的象征内涵。陶器的纹饰也由早期的对于蛙、鸟、鱼的形态的写实摹拟，上升到抽象写意的层次。对于自然物象的夸张、变形和省略，使人感受到无穷的想象意味。他们在生动的神态中孕育着丰富的情感形态。简练的情感叙述，写其大意，主要诉诸"意"的表达。而几何纹饰则完全脱离了仿生形态，演变为纯粹的精神和宗教意蕴的象征。

实际上，不论是仿生型还是几何型，它们都是先民观物取象的结果。仿生型与几何型的区别不过是同一观照方式的不同表现形式。几何型虽然在外观上与自然物象的原生形态相去甚远，但详细考辨，其中所律动的生命精神依稀可见。几何型的造型或纹饰的抽象化的过程，实质上仍是写实的精致化。商代和商代以前的先民受到表达能力不足的制约，不能惟妙惟肖，才有了不自觉的变形和抽象。由不自觉到自觉，由制器尚象到立象尽意，自然法则与骨肉情感在中国商代的艺术里开始走向融合。

二、意识形态对艺术的影响

商代人把当时的社会意识倾注在工艺创造中，特别是王权和神权观念。青铜器是商代最富时代特征的宗教使命和政治意义的载体。青铜礼器"能协于上下，以承天休"[2]。商代是"青铜时代"，但青铜器异常昂贵，并非为普通百姓所能

---

2 〔汉〕杜预注，〔唐〕孔颖达等正义：《春秋左传正义》，载〔清〕阮元校刻：《十三经注疏》，中华书局1980年版，第1868页。

消费。青铜器实际上只为少数王公贵族所专有，是庄严肃穆的神权和独断跋扈的王权意识的象征。在敬天地、畏鬼神的商代，美轮美奂的青铜器大量用作祭祀时的礼器，商代人以精美的青铜器贿神。对神的恭敬、虔诚之心促进了青铜器的制造技艺日臻完美。青铜器造型与装饰端庄、雄浑、华美、狞厉，体现出稳固、庄严和神秘、威慑的气氛。庞大沉重的青铜器象征着浩瀚坚稳的王权。青铜器中大量狰狞的想象动物造型和纹饰也使王公贵族附丽上莫须有的神力，营造起无形的威慑力与震撼力，成为王权的守护者。商代陶器的造型纹饰也受到青铜器的显著影响。彩陶质朴文雅的审美风格，在商代独断跋扈的王权面前，已经显得异常纤弱。许多商代灰陶和白陶的造型是对青铜礼器的仿制。特别是商代白陶为绝世珍品，其造型端正凝重，装饰华丽，完全可与青铜器一比高下，尽显商代王公生活的奢华。商代许多陶器造型和纹饰一改新石器时代的自然柔美风格，走向凝重严整。审美意识和审美观念的变迁背后，整个时代的社会意识变迁也得到了具象的折射。

商代艺术起源于因器尚象。宗教的以象沟通人神的方式，丰富了艺术的表现力。"自然崇拜是人将外部自然对象化的起始，是人与自然经过一种符号中介进行交往的最初方式。"[3]而象就是一种中介。在商代青铜器、陶器和玉器中，大量出现了宗教中的摹仿动物或人与动物合一的造型和纹饰。摹拟动物形象的仿生形造型，形象生动，制作精湛，体现出商代人的生命意识。动物造型和人形互为感应，意在拓展人的自我，将兽类强旺的生命力、生殖力传递到人类的身上。动物的形象具有神圣的性质，是先民的一种巫术实践。人化的器形成了人类观照自身的载体，是人类的精神化身。在商代，还有很多将人神化的器形，说明对于人类自身的崇拜已经开始出现。器形人神合一，将神拟人化，也表达了人们想获得神护佑的愿望。仿生的器形，特别是神化的器形，为先民们打开了通向神、鬼、祖先的道路。神形的器形或纹饰赋予器物以超人的力量，集中体现了时代的意志风貌。神化的器形传达了心声，颂扬了天意。

---

[3] 汪裕雄著：《意象探源》，安徽教育出版社1996年版，第65页。

图 2.1　白陶雕刻饕餮纹双耳壶　故宫博物院藏

（局部）

饕餮纹是最具有商代时代特征的纹饰，在青铜器、陶器的装饰中扮演着极其重要的角色。饕餮的形象是羊角、牛耳、蛇身、鹰爪、鸟羽等的复合体。自然物象与理想、幻觉、梦境融为了一体。在饕餮的身上，商代人突破了生物和非生物的区别，打破了时空的局限。它可以引领人们超越生活经验，使有限的自然能力得以延伸和拓展。饕餮纹的巨角令人触目惊心，巨目瞪视着我们的内心，不怒自威。极端夸张变异的外形狰狞恐怖，神秘威严，令人生畏。商代人试图通过饕餮，通天地，敬鬼神，辟邪祈福，有驱邪避祸的功能。它一方面是恐怖的化身，另一方面也是护佑的神祇。对外族来说是威吓的信号，对本族而言是保护的神灵。在商代的文化体系中，它已经不只是一个臆想的动物，而是时代的精神符号，它将先民们指向对于超世间权威神力的顶礼膜拜。（图 2.1）

商代艺术所体现的宗教意味的背后，显示出浓厚的理性意识和教化作用。借助于想象力，利用青铜、玉的不同质地，乃至玉的自然色彩，因物赋形，匠心独具，反映出古人巧妙的构思。《周易·系辞上》："《易》有圣人之道四焉：以言者尚其辞，以动者尚其变，以制器者尚其象，以卜筮者尚其占。"[4] 把制器尚象看成是圣人之道。这实际上是上古尚象制器的实践的概括。"象"是取自然之象，创构器物之象，同时具有象征的意味，以象寓意，以传达时代、政权乃至个人的

---

[4]〔魏〕王弼、〔晋〕韩康伯注，〔唐〕孔颖达等正义：《周易正义》，载〔清〕阮元校刻：《十三经注疏》，中华书局 1980 年版，第 81 页。

深刻的意蕴。在商代人看来，客观物象的生态规律和物理结构为他们提供了艺术创造的框架，但这一框架并没有束缚住自由的心灵。与前代相比，商代的造型和纹饰的显著变化是时代的精神风貌、个人情感、宗教思想和王权意识已经相对凝定为内在的审美规律。商代器皿的形制严整规范，对称均衡，比例匀称，其自然和谐的原则正是商代人对于自然大化和谐原则的体悟。商代纹饰的图案性也得到了空前的强调。纹饰的绘制不再主观随意，没有规律可循。器物的线条、形象、色彩已经形成了有规律的反复、交替和变化，出现了同一母题和不同母题的纹饰对称组合，呈现出纵向重叠和横向连续、二方连续和四方连续的结构形态。纹饰与器形的搭配也有了复杂的定位法，整体纹饰更加规范统一。

《左传·宣公三年》："铸鼎象物，百物而为之备，使民知神奸。"[5] 铸鼎象物也提高了对象审美的表现力。不同器皿之间的造型与纹饰，既有源流之别，又是相互影响的。在新石器时代的马家窑文化时期，陶器造型已趋于完备。青铜器的造型起先受到陶器的影响，二里岗时期的青铜器胎壁薄、纹饰少、体态较小，古朴简单。到后期，商代青铜器发展到了巅峰，上升为传达宗教观念和王权意识的礼器，其造型也自然走向厚重稳健、狰狞凝重。

三、审美的思维方式

商代的审美意识，更偏向于南方的浪漫气质。郭沫若在《〈两周金文辞大系〉序》中说："商人气质倾向艺术，彝器之制作精绝千古，而好饮酒，好田猎，好崇祀鬼神，均其超现实性之证，周人气质则偏重现实，与古人所谓'殷尚质，周尚文'者适得其反。民族之商周，益以地域之南北，故二系之色彩浑如泾渭之异流。"[6] 南方重玄想，北方重实际。鸟兽纹觥受南楚文化的影响，各种动物的形象纵横交错，瑰丽多姿，通过具体的形象，表达了玄远而神秘的色彩，构思缜密、

---

[5]〔汉〕杜预注，〔唐〕孔颖达等正义:《春秋左传正义》，载〔清〕阮元校刻:《十三经注疏》，中华书局1980年版，第1868页。

[6] 郭沫若:《青铜时代》附录，科学出版社1957年版，第312—313页。

深邃。

商代艺术的审美方式首先来源于对于自然物象、自然规律的自发体验。自然大化的生命节律在艺术中具象为对称、均衡、连续、反复、节奏等形式美的法则。观物取象是商代人基本的艺术表现手法。无论是文字还是器皿造型,都要选择富有独特特征和表现力的形态加以描摹,开创了中国造型艺术传神的先河。因此,商代的各种艺术形态始终不能脱离感性形象。商代人从自然物象中感受到其中的生命精神,并从情感上与自然发生诗意的共鸣。他们近取诸身,远取诸物,将躯体自然化,自然躯体化。形式法则的运用,富于节奏感和韵律感,体现了情感节律与自然法则的完美结合。商代的各种艺术形态集中表现了对自然节奏的体认。商代人通过对自然规律的体悟和再现,将自然现象生命化。由自然物象变形、夸张而创造出来的动物形象,体现了丰富的想象力,有着丰富的象征意义。如商代的水盆中饰以鱼,就是具有象征意义的因物赋象。其他如"火以圜;山以章;水以龙……凡画缋之事,后素功"[7]等,认为水器要饰以龙之类的观念,都具有象征的意义。仿生的造型和纹饰抓住对象的主要特征和部位加以刻画,重整体而忽略细节,具有象征意味的写意性。而想象动物的形象,则反映了商代人崇拜自然生灵的巫术信仰,企求神力的作用以沟通神灵、驱邪避祸。

线条在商代的艺术创造中具有特殊的价值。线条是情感韵律的具象化,商代人在艺术创造中寓意于线条之中,使物象获得象征的意味。通过象征和意象的创构实现了具象和抽象、物与我、情与景、形式法则与主观情趣的统一。工艺品中的图案纹饰,常常是对事物感受的抽象,将自然物象从生态环境中抽象出来,折射出人在空间感和平衡感等方面有先验的理想。至于何时表现及如何表现,则有发现与发明的区别。在商代的各种艺术形式中,我们明显地看出他们已经着意按照形式的规律,利用线条、形态和色彩,在各种主观的夸张变形的艺术中注入丰富的内涵。不同的艺术门类在造型和纹饰上是相互影响的,形成了图案化的装饰。动感的线条和图案总体上体现出动态的和谐,由线条体现出生命和运动的生

---

[7]〔汉〕郑玄注,〔唐〕贾公彦疏:《周礼注疏》,载〔清〕阮元校刻:《十三经注疏》,中华书局1980年版,第918—919页。

动节奏。图案的组合对比着重于意的表达，以形写神，形神兼备，生动传神，充满韵味。这在商代青铜器、陶器和玉器中都表现得很明显。具体的艺术造型和形象表达出抽象的情感和情调。

四、抽象与具象的关系

人们由于摹仿的本能，力图逼肖对象，故有具象写实的追求，但传达的限制又使人们力求强化其象征的意味，从而有抽象写意的一路。蝉纹从写实到写意以至到象征的演化过程，就反映了人们对表达效果的这种追求。又如夔龙纹、象纹和鸟纹的演化，通常由分解简化再到夸张变形。而传达技巧的提高，客观上又强化了写实的能力。商代的图形，一是抽象的图案，二是具体写实的形态。因此，艺术造型是从半抽象向具象和抽象两个方向发展。人们因摹仿能力的提高而具象，又因逐步走向完善而抽象。例如：兽面纹在良渚文化时期，是一种半写实的形象，但到了商代的古父己卣（图2.2），已经相当写实，酷似牛头，且非常传神。商代的《豕尊》（图2.3），在礼器中造出具象写实的猪，这是继承了河姆渡文化和大汶口文化的遗存。大汶口文化中的猪形陶鬶（图2.4）已经初具雏形，但写实能力还弱。当然，这种写实也删繁就简，概括传神，如犀牛形的尊等。而鱼纹、鸟纹和蛙纹，则经历了从具象到抽象的过程。在商代的工艺品中，几何型的抽象和动物型的具象互补，共同织成了器皿的纹饰。仰韶文化中的蛙纹图形在商代逐步演变与抽象化为

图2.2　古父己卣　上海博物馆藏

图2.3　豕形铜尊　湖南博物院藏

图2.4　猪形陶鬶　中国国家博物馆藏

对鸟纹彩陶壶　甘肃省博物馆藏　　　　　　　　彩陶蛙纹壶　故宫博物院藏

图 2.5　马家窑文化彩陶

折肢纹、勾连纹、曲折纹和万字纹。马家窑文化的蛙纹中,青蛙的眼睛特别得到强调,有了特殊效果,点和圈单纯的几何图形被赋予了生命和律动。(图2.5)实际上,在基础的层面上,抽象也是人的一种内在能力,但抽象的追求则是后天的,受着文化因素的制约,通过富于想象力的夸张手法的大胆运用而得以实现。

简括而传神的商代兽面纹,在其形成过程中经历了偏于抽象和偏于具象的几次变迁,从中显示出中国古代审美意识渐进突变的特征。王大有说,饕餮"最初是相向凤鸟纹,人面纹,翼式羽状高冠人面纹;而后是翼式羽状高冠牛角人面纹,人面兽角兽爪足复合纹,人身牛首纹,人目牛首牛角兽足纹;然后开始抽象化,转为兽形的几何图案纹,但到了商代的中、晚期又具象起来,并定型化。定型初期的饕餮是侧视人立式牛首夔龙相向并置复合纹,侧视伏卧式牛首夔龙相向并置复合纹;而后舍去龙身,保留头部;再往后,又开始抽象化,只保留龙目"[8]。这种抽象与具象的交互偏重和相互影响,正反映了中国传统审美趣尚发展的历史轨迹。

总之,商代的文字和器皿都体现了商代人尚象制器的艺术精神。其中既包孕了宗教、政治等方面的社会内容,又不乏创造者的情感和趣味方面的个性因

---

[8] 王大有著:《龙凤文化源流》,北京工艺美术出版社1988年版,第126页。

素,是中国传统艺术象形表意的滥觞。其观物取象的独特思维方式,寓意于线条、以抽象形式象征、以具象形态传神的表现手法,对后世的审美意识,特别是造型艺术产生了深远的影响。

第二节 | 商代审美意识变迁的特征：审美、交融与创新

在商代审美意识的历史变迁中,除了宗教和其他意识形态的影响外,从实用到审美的转换过程,多民族的文化交融,以及对待遗产的意识和继承的方式,均具有重要的意义。它昭示了后世中国数千年审美意识的发展方向,确立了中国人审美意识的独特特征。对于它的总结,不仅有助于我们理清审美意识发展的脉络,而且有助于我们强化审美意识发展的自觉意识,推动审美意识顺应规律地向前发展。

一、从实用到审美

生存需要是人类的首要需求,商代的青铜器、陶器、玉器乃至文字的发明都与人类原初的生存需求有关。商代的青铜器、陶器、玉器和文字起先都在商代人日常生活中担负着重要的实用功能。商代人从满足实用的需要到满足精神的需要,并逐渐形成自发的审美需要,从中体现出人们的理想和愿望。在旧石器时代,从元谋猿人用砾石石器开始,艺术就在实用器具中开始孕育了。这样,在工具的制造和使用过程中,审美的意识在游戏心态中逐步觉醒。从新石器时代到夏代、商代,这一审美意识逐渐走向成熟。器皿的装饰最初受偶然现象的效果启发,也受文身的影响,而文身又是受其他动物影响的结果。具有实用功能的感性形态,一旦脱离了实用内容,进入韵律化和节奏化的形式之中,就具有了审美的价值。

实用技术的进步提高了人们驾驭形式的能力。如石器、玉器由打制到磨制,

陶器由手工到轮制，都使得工艺品更为实用，更为精美。到了商代，这类技术在前人的基础上又有了提高。由于工艺技术的积累、传承的因素，形成了许多世代相传的手工艺氏族，这还影响了后来的姓氏。当时的诸侯贵族"以国为姓"[9]，百工以职业为姓[10]。以职业为姓，如陶氏是世代的陶工，樊氏是世代的篱笆工，施氏是旗工，索氏世代以制绳为业，等等。随着分工的越来越精细，工艺制作便越来越精致。其节奏、其对称，都是运用了他们所感受到的自然法则。商代的各类艺术形式都体现着对称、节奏、律动、奇妙、自由、活泼的生命形态，可谓千变万化，从再造的自然中体现出自己的理想。一个文字、一件工艺品，就被当作一个完整的生命形态，一个完整的天地境界。

无论是商代的造型艺术还是文字，其最初的形态都是由实用功能决定的。如有些尊贵的青铜器也有浑圆的腹部、丰满的袋足，和大多数圆形的陶器一样，这种造型可以容纳更多的生产生活物资。早期的玉器也和石器一样，有很多的玉斧、玉刀等实用工具的造型。器皿的实用功能启迪了商代人的审美意识，物质器皿也因此具有了精神的意义。物质材料逐渐为艺术家所征服，成为传达艺术精神的语言。而艺术家灵心妙悟的传达也受制于物质材料自身特征的限制。因而，艺术的构思与（作为物质材料或具有节约物质材料）特征的语言水乳交融，方能创造审美的新境界。商代文字的创造动因也是首先来源于人们交流的需要。人类表情、手势和声音的瞬间即逝性不利于思想的表达和文化的传播，因此就有了对于超越时空的刻画符号和图像的迫切需要。纯粹实用的抽象记事符号，一旦在结构上进入感性化、节律化的状态，使抽象符号具体化、节律化，便进入了审美的状态，体现出人文的情调和生命的意识。

因此，实用、宗教、政治与审美的关系是互动的。很难说明它们与审美是一种单向、必然的因果关系。在宗教礼仪中广泛使用的商代青铜器、玉器和陶

---

9 即"契为子姓，其后分封，以国为姓，有殷氏、来氏、宋氏……"，见〔汉〕司马迁撰：《史记》第一册，中华书局1959年版，第109页。

10 参见〔汉〕杜预注，〔唐〕孔颖达等正义：《春秋左传正义》，载〔清〕阮元校刻：《十三经注疏》，中华书局1980年版，第2134页。

器，实现了动物纹饰和实用器形的完美结合。器皿中的大多数把手、盖纽、耳、脚等，既有实用的价值，又富于装饰功能，这样的器皿不仅易拿易提，造型也灵动富有生机，凝固的物质产品延伸出了巨大的精神意蕴。

二、迁徙与文化交融

在人与人的关系上，古代政治对文化的发展起着重要作用。商代的文化是在夏代的文化中孕育成长的。其间各地域、各部族、各方国之间相互交流、相互渗透、相互融合，形成了商代的文化、心理和习俗等。特别是在征伐、兼并过程中，在商贸交流中，实现了多民族的融合。

商人在前期屡屡迁徙。《史记·殷本纪》说："自契至汤八迁，汤始居亳。"[11] 张衡《西京赋》又说："殷人屡迁，前八而后五。"[12] 说明建国前商曾大规模地迁徙了八次，汤建国后到盘庚迁殷，又大规模地迁徙了五次。前期是部落迁徙，上甲微率商人在黄河北岸崛起后，部落一直在迁徙，后来从先王居，回到故里，开始了灭亡夏王朝的事业。

建国后主要是都城在迁徙。商代神圣的宗庙之都，和世俗的政权之都，有时是合一的，有时是分开的。最早的城市建筑与宗法礼仪有一定的联系，故其都主要指宗庙之都。《左传·庄公二十八年》："凡邑，有宗庙先君之主曰都。"[13]《礼记·曲礼下》："君子将营宫室，宗庙为先……居室为后。"[14]《说文解字》："有先君之旧宗庙曰都。"[15] 而政权之都起初一般在宗庙之都。这是当时的生产力水平和

---

[11]〔汉〕司马迁撰：《史记》第一册，中华书局1959年版，第93页。
[12]〔汉〕张衡撰，张震泽校注：《张衡诗文集校注》，上海古籍出版社2009年版，第90页。
[13]〔汉〕杜预注，〔唐〕孔颖达等正义：《春秋左传正义》，载〔清〕阮元校刻：《十三经注疏》，中华书局1980年版，第1782页。
[14]〔汉〕郑玄注，〔唐〕孔颖达等正义：《礼记正义》，载〔清〕阮元校刻：《十三经注疏》，中华书局1980年版，第1258页。
[15]〔汉〕许慎撰：《说文解字》，中华书局1963年版，第131页。

筑城的成本决定的。故《广韵》说:"天子所宫曰都。"[16]《释名》:"都者,国君所居,人所都会也。"[17]其意义在商代便有了。商代祖先的宗庙之都早期在郑州商城,后期在安阳殷墟,相对比较稳定。政权之都却屡经迁徙,特别是在早期征伐频繁、环境恶劣的背景下。

　　无论是宗庙之都,还是政权之都,其迁徙的原因主要有以下六个方面:一是河流改道,水资源变化;或连年干旱,水资源枯竭;或洪水泛滥,为避水害而迁徙。顾颉刚、刘起釪曾说:"水涝给旧地造成祸患,引起经济、社会问题,不得不迁。这是促使其离开旧都的客观原因。"[18]二是宗教原因。商人信巫,天灾人祸,一定要占卜。卜卦说要迁,当然就迁。三是农业生产。土地耕种一段时间后,肥力下降,庄稼收成也随之下降,土地需要息耕。傅筑夫认为这就是盘庚所说的"殷降大虐"[19]。从《尚书·商书·盘庚上》中"惰农自安,不昏作劳,不服田亩,越其罔有黍稷"[20],以及"若农服田力穑,乃亦有秋"[21]的比方,可知农业已经成了生活的中心。首都居民,特别是手工业者、军人较多,在交通不太便利的背景下,尤其需要靠近丰产地。四是军事原因。由于征伐需要供给,也需要指挥便利。这可能既有主动的征讨,又有被动的外患、内忧(如诸侯或大臣造反、王室内部纷争等)的威胁因素。五是其他资源枯竭,特别是地表铜矿资源枯竭,需要找新的资源。六是环境污染问题。群居集中生活了一段时间后,环境污染、疾病滋生是不可避免的。每次迁徙的原因可能只是其中的部分原因,但客观上造成了迁都的事实。以致有时候,人们为着既有的财富,不肯迁都,而其中的陶器、玉器、青铜器及纺织、酿造等手工业者,又是都城迫切需要的人才,缺之不可

---

[16] 周祖谟校:《广韵校本:附广韵四声韵字今音表》上,中华书局2011年版,第88页。
[17] 〔汉〕刘熙撰,〔清〕毕沅疏证:《释名疏证》,中华书局1985年版,第48页。
[18] 顾颉刚、刘起釪:《〈盘庚〉三篇校释译论(续完)》,《历史学》1979年第2期。
[19] 傅筑夫:《关于殷人不常厥邑的一个经济解释》,《文史杂志》1944年第5、6期合刊,第22—30页。
[20] 〔汉〕孔安国传,〔唐〕孔颖达等正义:《尚书正义》,载〔清〕阮元校刻:《十三经注疏》,中华书局1980年版,第169页。
[21] 〔汉〕孔安国传,〔唐〕孔颖达等正义:《尚书正义》,载〔清〕阮元校刻:《十三经注疏》,中华书局1980年版,第169页。

的。于是有盘庚的那次重要的演说，动员大家迁徙。这是一次宗庙之都、政权之都同时迁徙的重大工程。后来，由于交通的发达、生产力的进一步提高和政局的稳定，才在安阳定居下来而不再迁徙。商代审美意识的变迁显然在一定程度上受到了迁徙的影响。

　　商人的屡屡迁徙、战争及其兼并在客观上带来了民族融合，也带来了各民族文化和风俗的融合，包括造型艺术的形制和纹饰的融合。根据《诗经·商颂·殷武》的记载，当时殷王武丁曾经南伐荆楚，商代的青铜器也随之进入了南方。南方文化的丰富的想象力也影响到了商代工艺品的形制，包括当时被认为是敌人的羌人的审美意识也影响了商人。当时的羌人、姜人等以羊为图腾，人戴羊角为装饰之美，是美的本义。后来又以美形容美味。其中对羊由热爱而崇敬，本来是北方游猎和畜牧民族间兴起的，后来为商代的艺术所继承和发扬。《山海经·东山经》："自尸胡之山至于无皋之山……其神状皆人身而羊角。"[22] 羊人合一，使人获得神异。妇好墓中男女阴阳合体的玉人，有着羊角似的发髻，北方多牛羊，中原多养猪，祭祀和供品多采用当地常见之物，后来便融为一体。（图 2.6）这在随葬品及相关的艺术品中均有所反映。至今，羊还是作为吉祥的形象出现于各种社会场合之中。吉祥物的选择，是图腾意识思维方式的体现。这说明不同时期的审美意识的变迁，明显体现了地域环境的影响。商代的文化和艺术的风格，体现了当时多民族的融合的特征。在商代的艺术作品中，中原文化、淮夷文化、荆楚文化和北方文化是相互融合、相互影响的。

　　商代人屡屡迁徙、"不常厥邑"的生活，客观上带来了对各

图 2.6　玉阴阳人　中国国家博物馆藏

---

[22] 袁珂校注：《山海经校注》，上海古籍出版社 1980 年版，第 113 页。

部族文化的吸收。而不断的征伐,疆域的扩大,又把商代的艺术和文字,带到了黄河、长江两岸等地的部族。可以说,商代完成了中华民族共同文化心理的系统奠基工作。

三、继承与创新的关系

文化传统有自己延伸继承的内在规律,常常不以人的意志为转变。《史记·殷本纪》载:"汤既胜夏,欲迁其社,不可,作《夏社》。"[23] 社神是远古共工氏之子句龙,能平水土,夏代祭祀社神。商代人取代夏代人,本想变易社神,但考虑到远古传统,便依然保留了。这说明商代人对夏代乃至远古传下来的文化传统的重视,也说明了远古文化逐年的传承关系。《论语·为政》说:"殷因于夏礼,所损益,可知也;周因于殷礼,所损益,可知也。"[24] 正是从礼的角度总结了这种继承与创新的关系,而审美意识的发展也不例外。

张光直曾说,河南龙山文化、偃师二里头文化、郑州商城文化和安阳殷墟文化,作为一个序列,具有两个特点,"一是一线的相承,二是逐步的演变"[25]。他曾引述《论语·八佾》中三代社祭的差异,"哀公问社于宰我,宰我对曰:'夏后氏以松,殷人以柏,周人以栗。'"[26] 和《孟子·滕文公》关于学校名称的差异,"夏曰校,殷曰序,周曰庠,学则三代共之"[27],认为三代大同而小异。

在二里头文化时期,日用陶器朴实无华,青铜礼器中有着浓重的仿陶痕迹,器身也没有装饰纹样,这表明中原的本土风格是从夏代继承下来的。而礼仪性的玉器与陶器,乃至廊庑式的宗庙宫殿,其奢华庄严的仪式,则是从东夷文化带

---

23 〔汉〕司马迁撰:《史记》第一册,中华书局1959年版,第96页。
24 〔魏〕何晏注,〔宋〕邢昺疏:《论语注疏》,载〔清〕阮元校刻:《十三经注疏》,中华书局1980年版,第2463页。
25 张光直著:《中国青铜时代》,生活·读书·新知三联书店1999年版,第101页。
26 〔魏〕何晏注,〔宋〕邢昺疏:《论语注疏》,载〔清〕阮元校刻:《十三经注疏》,中华书局1980年版,第2468页。
27 〔清〕焦循撰,沈文倬点校:《孟子正义》,中华书局1987年版,第343页。

来的。商代人将自己的传统融进了华夏传统，并在新的历史时期推动了文明的演变和发展。东夷文化的风格是商代文化和艺术发展的新的增长点。王国维在《殷周制度论》中说："中国政治与文化之变革，莫剧于殷周之际。"[28] 这是在强调变的一面，但损益相因、一脉相承依然是主要的。

  器皿的艺术性也是如此。仰韶文化的鸬鹚捕鱼的创作题材，代表商人同时也把鸬鹚作为表现对象，如妇好墓的石鸬鹚，表明艺术的继承关系。商周文化的雕塑，继承了史前艺术中的鸟兽之形，把它运用到青铜礼器的创造中。如小臣艅犀尊（图2.7），在技法上继承了仰韶的鹰鼎（图2.8）和大汶口文化的动物形陶器。兽面纹装饰的手法与主题，形成了长期相对固定的模式，这是商代器皿与龙山文化中的许多器皿在形式上相似的重要原因。龙山文化晚期石锛上的兽面纹图案，狰狞恐怖，影响到商代的兽面纹青铜器。当时的工艺匠师世代相传，工艺品创作的技艺及其程式也是代代相传并形成传统的。

图2.7 小臣艅犀尊
美国旧金山亚洲艺术博物馆藏

图2.8 陶鹰鼎
中国国家博物馆藏

---

28 王国维著：《观堂集林》第二册，中华书局1959年版，第451页。

第三节 | 美学思想的萌芽：
人高于物的人本精神

在商代，先民们已经有了审美观念的自发意识。他们从现实的生活中不断地加以总结，并且诗意地加以引申和生发。他们所创造的艺术品以少象多，以抽象的形式规律，象征着更为丰富的感性世界。他们从功能的角度去领会生命的节奏和规律，又从装饰、美化的意义上理解美，并以阴阳和五行的范畴加以体悟，将其推广到视觉、听觉、味觉和社会生活的一切领域。从认知的意义上看，其中的许多比附性的体会是荒诞不羁的，但从审美的意义上看，这种领域又是诗意盎然、饶有兴味的。因此，尽管商代的阴阳五行思想从现有的材料上还很难概括，我们还是对它们给予了足够的重视。而商代恢诡谲怪的神话虽然已经被融进了后代的众多的神话之中了，但是商代的造型艺术和思想观念里，无处不深深地浸染了当时的神话意蕴，以至我们根本无法将其从审美意识中加以剔除。因此，虽然我们对精致美妙的器皿中的神话意蕴不能作明晰的领悟，但是透过商代神话的吉光片羽，我们依然可以朦胧地领略到器皿中所包孕的神话的韵致。

一、"羊人为美"与"羊大为美"

"美"在甲骨文中是上羊下人，是把羊角、羊皮用作巫术活动时头上的装饰物，人的头上戴着羊头或羊角跳羊人舞，这可能是羊崇拜的民族的礼仪舞蹈，是一种装饰的美。把这个民族指为羌族，也可作一说，因为羌人即是羊族徽的民族。实际上，羊是人类最早饲养的动物，是先民们的主食和祭祀的牺牲。我国大约在八千年前裴李岗文化中就出现了陶塑羊的形象，大约在七千年前的河姆渡文化中也出现了陶塑羊。陈梦家《殷虚卜辞综述》认为炎帝所属姜氏和羌族都属羊族徽部落。[29] 据王献唐考释，"上古游牧时期，炎族之在西方者，地多产羊，以

---

29 陈梦家著：《殷虚卜辞综述》，中华书局1988年版，第282页。

牧羊为生，食肉寝皮，最为大宗。其族初亦无名，黄族以其地为羊区，人皆牧羊，因呼所处之地为羊，地上所居之族亦为羊。"[30]又说："其以羊名族者，凡得六支：曰羌，曰羝，曰羯，曰达，曰羖，曰挈。炎族初居黄河流域，西部以游牧为业，游牧羊为大宗，羊非一名，居非一地，各牧其羊，各以其羊名称族，各以其族名称地，游牧无定，迁地亦仍其名，故同为一名。"[31]叶舒宪认为"羌人戴羊角的习俗当出于该族对羊图腾祖先的信仰，是对其动物祖先形象的象征性模仿"[32]。甲骨文中，"牺""牲"两字也常用羊旁，商代的甲骨文中有大量的用羊祭祀的记载。《帝王世纪》："汤问葛伯何故不祀，曰：'无以供牺牲。'汤遗之以羊。"[33]商代的先民们继承前人的做法，以羊为祭祀，把它作为沟通鬼神的灵物。

"美"字或作上羊下大，大也是人，原形是伸展的人。王献唐认为"美"字："下从大为人，上亦毛羽饰也。"[34]李孝定也认为："契文羊大二字相连，疑象人饰羊首之形，与羌同意。卜辞……上不从羊，似象人首插羽为饰，故有美意，以形近羊，故伪从羊耳。"[35]萧兵则从巫术文化的角度进一步加以申说："'美'的原来含义是冠戴羊形或羊头装饰的'大人'（'大'是正面而立的人，这里指进行图腾扮演、图腾乐舞、图腾巫术的祭司或酋长），最初是'羊人为美'，后来演变为'羊大则美'。"[36]徐中舒在《甲骨文字典》中释"美"字时，说人首之上，或为羊头，或为羽毛，皆为装饰。商代中叶以降的甲骨文诸"美"字字形虽有几种不尽相同，但都有"羊"或类似饰物和"人"的上下排列。这是一个象形而兼会

---

30 王献唐著：《炎黄氏族文化考》，齐鲁书社1985年版，第223页。
31 王献唐著：《炎黄氏族文化考》，齐鲁书社1985年版，第252页。
32 叶舒宪著：《中国神话哲学》，中国社会科学出版社1992年版，第292页。
33 〔晋〕皇甫谧撰：《帝王世纪》，中华书局1985年版，第20页。
34 王献唐：《释每美》，载《中国文字》第35册，台湾大学文学院中国文学系1970年版，合订本第9卷，第3935页。
35 李孝定编述：《甲骨文集释》第四、五卷，台北"中研院"历史语言研究所1974年版，第1323页。
36 萧兵：《〈楚辞〉审美观琐记——〈楚辞文化〉的一节》，载中国社会科学院哲学研究所美学研究室、上海文艺出版社文艺理论编辑室合编：《美学》第3期，上海文艺出版社1981年版，第225页。

意的字。这也说明装饰在商代人审美意识中的重要意义。甲骨文和青铜器铭文中的"每"字,则是"美"字的异文,这是一个象形的会意字,下面是一个婀娜多姿的女子,上面是美丽的头饰。王献唐认为甲骨文的几个"每"字,"皆象毛羽斜插女首,乃古代饰品"[37]。又说"毛羽饰加于女首为每,加于男首则为美"[38]。说明"每""美"体现了同一个造字原则,含义相同,读音也同,只是装饰主体的性别不同而已。这也说明,当时的人们已经有了美化和装饰的审美意识。

许慎《说文解字》释"美"为"甘",并望文生义,附会为羊的体型大,"羊在六畜主给膳也"。以"美"形容鲜美的味道,显然是后起之义。《史记·殷本纪》有伊尹"以滋味说汤"的记载,美味、滋味作为美字的后起之义,乃至道德等一切美好的东西都用美字来形容,这种字义引申的本身,就体现了审美的思维方式,并在周代日渐盛行。这可能是许慎误解的重要原因。(马叙伦《说文解字六书疏证》卷七斥徐铉"羊大则美"为附会,而他本人的音同转注说也显得牵强。)而以美形容味道鲜美的这种用字方法本身,体现了审美的思维方式,即通过比拟、通感来拓展和丰富感受。

总之,无论是"羊人为美"还是"羊大为美",抑或作为美字异体的"每"字,其本义都是装饰的意思。至于这种装饰到底是为原始宗教的目的还是为了吸引异性,则与美字的本义没有直接的关系。而以美这一视觉感受的字来形容味觉感受乃至伦理道德等,这反映了中国古代字义引申的规律。这说明富有审美情趣的中国文字在字义的引申上也体现了审美的情调。

二、阴阳五行观念

阴阳五行观念是先民们从现实生活的节律中,日积月累归纳总结出来的。

---

[37] 王献唐:《释每美》,载《中国文字》第35册,台湾大学文学院中国文学系1970年版,合订本第9卷,第3934页。

[38] 王献唐:《释每美》,载《中国文字》第35册,台湾大学文学院中国文学系1970年版,合订本第9卷,第3935页。

他们从寒暑交替、日夜变更和男女对立等现象中获得启发，最终总结出了阴阳对立的观念，又从五材并用和相生相克的观念中归纳出五行。到了商代，先民们在音乐和图画中自发地体现了阴阳五行的观念。作为中国文化的重要逻辑框架，阴阳五行最初是通过抽象的符号表达系统思想的产物。

阴阳二字起源甚早，甲骨文中已见"阳"字，青铜器铭文中已经有了阴阳连用。《虞伯子宧父盨铭》载："虞伯子宧父，作其征盨，其阴其阳，以征以行。"[39] 最初是指自然现象，阳光照射为阳，背阳为阴。"其阴其阳"，意即不管白天黑夜。阴阳对立的和谐，对于艺术生命节奏的把握无疑产生过重要的影响。中国传统的和谐观念中所体现的相反相成的生命节奏在青铜器、玉器、陶器制造中都有展现。商代器皿的造型和纹饰中，直线和曲线、阴线和阳线交替变化，是先民阴阳观念的具象化。

五行起源于商代。褚少孙补《史记·历书》说："盖黄帝考定星历，建立五行，起消息。"[40] 把五行的起源归为黄帝，未必可靠。《尚书·夏书·甘誓》说："有扈氏威侮五行，怠弃三正。"[41] 但此篇所出年代及五行所指均不明确。明确提出水、火、木、金、土五行的，最初是《尚书·周书·洪范》，该篇由商末贵族陈说五行起源于大禹时代，其中说："天乃锡禹洪范九畴。"[42] 其一即为五行。"一曰水，二曰火，三曰木，四曰金，五曰土。"[43] 并且从性能的角度加以阐释，并由此生发出五味。"水曰润下，火曰炎上，木曰曲直，金曰从革，土爰稼穑。润下

---

[39] 参见上海博物馆商周青铜器铭文选编写组：《商周青铜器铭文选》二，文物出版社1987年版，第602页。

[40] 〔汉〕司马迁撰：《史记》第四册，中华书局1959年版，第1256页。

[41] 〔汉〕孔安国传，〔唐〕孔颖达等正义：《尚书正义》，载〔清〕阮元校刻：《十三经注疏》，中华书局1980年版，第155页。

[42] 〔汉〕孔安国传，〔唐〕孔颖达等正义：《尚书正义》，载〔清〕阮元校刻：《十三经注疏》，中华书局1980年版，第187页。

[43] 〔汉〕孔安国传，〔唐〕孔颖达等正义：《尚书正义》，载〔清〕阮元校刻：《十三经注疏》，中华书局1980年版，第188页。

作咸，炎上作苦，曲直作酸，从革作辛，稼穑作甘。"[44]后来又逐步推及五色、五声等。虽然这些到春秋时代的《左传》里才有记载，但是它的思想无疑来自商代，甚至更早。传《尚书·夏书·甘誓》："威侮五行，怠弃三正。"[45]这些说法都很含糊，但五行在商代就已经出现确实有事实的依据和甲骨文作为佐证的。甲骨文之中，还常有"五方""五臣""五火"，表明商代有尚五的习惯。而殷人尚白也是五行观念的一种体现。《礼记·檀弓上》云："夏后氏尚黑，大事敛用昏。戎事乘骊，牲用玄；殷人尚白，大事敛用日中，戎事乘翰，牲用白；周人尚赤，大事敛用日出，戎事乘骝，牲用骍。"[46]《史记·殷本纪》亦云："孔子曰：殷路车为善，而色尚白。"[47]其他如《淮南子·齐俗训》所云："殷人之礼……其服尚白。"[48]以及《论衡·指瑞》所说的："白者，殷之色也。"[49]都在强调商代人尚白。在文字上，物之杰者、令人敬畏者，右文皆用白字旁。如柏树，树之杰者；伯，父之兄，长者，尊贵者（爵位第三等），霸等；怕，让人心生敬畏。文字形成系统是在商代，造字的方法中显然突显了商代所崇尚的"白"。这些都表明五行在商代人的观念里已经形成系统。庞朴在《阴阳五行探源》中说："以方位为基础的五的体系，正是五行说的原始。"[50]又在《先秦五行说之嬗变》中说："在殷商时代，不仅已经有了五方观念，而且五方配五时的把戏，也的确已经开始了。"[51]这是一个非常恰切的说法。虽然五色和五声的思想，到了春秋时代才开始有记载，但文化的发展是一个渐进的过程，五行从商代起源的意义无疑是不可忽略的。中国音

---

44 〔汉〕孔安国传，〔唐〕孔颖达等正义：《尚书正义》，载〔清〕阮元校刻：《十三经注疏》，中华书局1980年版，第188页。

45 〔汉〕孔安国传，〔唐〕孔颖达等正义：《尚书正义》，载〔清〕阮元校刻：《十三经注疏》，中华书局1980年版，第155页。

46 〔汉〕郑玄注，〔唐〕孔颖达等正义：《礼记正义》，载〔清〕阮元校刻：《十三经注疏》，中华书局1980年版，第1276页。

47 〔汉〕司马迁撰：《史记》第一册，中华书局1959年版，第109页。

48 何宁撰：《淮南子集释》中，中华书局1998年版，第789页。

49 〔汉〕王充撰：《论衡》，上海古籍出版社1990年版，第169页。

50 庞朴著：《稂莠集——中国文化与哲学论集》，上海人民出版社1988年版，第363页。

51 庞朴著：《稂莠集——中国文化与哲学论集》，上海人民出版社1988年版，第453页。

乐中的五声和绘画中的五色乃至五行对整个审美意识的影响都应该把源头追溯到商代。

三、神话与意象创构

谭丕模说："甲骨文记载着许多人格化的神，如浚、契、土、季、亥，都有很朴素的、简单的神话记载，为后代神话传说储藏了一些素材。因为殷商时代的社会生产力还很低，人们对自然界和社会形态有一定的认识力和幻想力。"[52]这种说法，既有一定的道理，也有一定的偏颇。这是把甲骨文当成了当时传向后代的唯一媒介。实际上，当时传到后代的，除了仰仗集体记忆的口耳相传外，还会有一些我们今天无法见到的竹木简。我们说，甲骨文中记载了当时神话的一鳞半爪，给我们后人的研究提供了可贵的资料。

商代创造活动中的审美思维方式，在神话中也可以见出。商代人对一些自然现象的看法，有时也体现了神话的思维方式。如把雨后彩虹看成龙蛇一类的动物，说它们自河中饮水。如："〔亦〕虫虹，自北饮于河。""亦又虫虹自北，饮于河。"[53]这一富有诗意的神话观念一直在民间流传至今。郭璞在《注〈山海经〉叙》中，认为宇宙群生，乃是"游魂灵怪，触象而构"的产物，"圣皇原化以极变，象物以应怪，鉴无滞赜，曲尽幽情"[54]。实际上，在原始宗教的"万物有灵"的思维方式中，已经有了象与神相分离的特点，而且被拟人化了，尽管这时还是不自觉的。

在宗教的意义上，无论是神话还是许多工艺品，都是用以"绝地天通"的。在《尚书·周书·吕刑》《国语·楚语》《山海经·大荒西经》等都有着"绝地天通"的记载。宗教是通过感性的方式打动人的情感。而从形式上讲，神话的宗教意义与其所具有的审美价值则是相通的。

---

52 谭丕模著：《中国文学史纲》上册，人民文学出版社1952年版，第22页。
53 胡厚宣主编：《甲骨文合集释文》，中国社会科学出版社1999年版，10405反、10406反。
54 袁珂校注：《山海经校注》，上海古籍出版社1980年版，第478、479页。

商代人的意识虽然还未达到可以进行系统性概括的层次，但已经具有了美学思想的萌芽。"羊人为美"与"羊大为美"的造字方式，体现了商人自发的审美意识；阴阳五行观念在商代更是已经相对系统地、多方位地表现在商代的艺术生活中；甲骨文中记载的简短神话，也显露了商代象、神分离，丰沛的想象力和拟人化的思维方式，说明了商代人已经具备一定的审美意象的创构能力。而美学思想在商代的崭露头角，则为周代美学思想的系统性发展奠定了基础。

　　总之，作为夏代的一个方国发展起来的商代，以武力征伐为重要发展动力，并实施强权政治，政权在神权的支撑下日益威严。商代的农业、手工业、纺织业都得到了迅猛的发展，特别是商业的出现，标志着区别于自然经济之外的另一种经济形态的萌芽，为工艺创造、工序的提高与普及奠定了基础。商代的宗教特别繁琐，其程序复杂，仪式名称划分也尤为细致，说明宗教生活已经完全渗透在商代先民的日常生活中，使文化显露出更多的宗教特色，这也同样深刻地影响了商代的艺术创造。商代王权与神权的相互影响，为商代艺术的庄严、神圣增添了神秘和狰狞。不过，商代所孕育的人高于物的人本精神，也为艺术创作带来了浪漫之风，促进了商代艺术的发展，并促成了美学思想的萌芽。

第三章 商代陶器的审美特征

陶器艺术经历了新石器时代的发展和繁荣，到商代已经达到它的巅峰。商代是陶器开始向瓷器过渡的时代。商代的陶器不仅在普通百姓的生活中占据着重要的地位，而且出现了一批堪与青铜器相媲美的陶器精品。在造型上，陶器虽然沿袭了新石器时代的基本特征，但在细节上却显得更加规整和精致。而且受青铜器的影响，商代的一些陶器在造型上改变了过去自然、柔美的特征，走向严峻和刚直。在纹饰上，完全写实的陶器纹饰已逐渐少见，而以抽象的想象动物纹和几何纹居多。陶器中的精品如白陶，已经显示出中国传统思想中"虚实相生"观念的端倪，其纹饰也更加重视气韵和意趣的表达。

第一节 | 概述：商代陶器工艺快速发展

夏、商、周是"中国青铜时代"，但商代工匠们制作的各种陶器却不失为青铜文化的重要内容。商代的青铜器制作成就辉煌，但因其贵重稀少，主要为统治阶级和王室贵族所垄断。普通民众的日常生活器皿主要仍是陶器。因此，商代的陶器与青铜器一同获得了空前的发展。

一、商代陶器的变迁

偃师商城、郑州商城、安阳殷墟考古发掘出土了大量商代的陶瓷器、石器、骨器、青铜器、玉器，其中以陶器数量为最多，构成了独具时代特征与风貌的"商代陶瓷器群"。就目前出土的中原及其周围广大地区的陶瓷器的特征看，"商代陶瓷器群"是在承袭先商陶器和融合部分夏代制陶工艺的基础上，又吸收了周围其他地区制造陶瓷工艺的一些因素综合发展而成的。[1]

---

1 安金槐：《夏商周陶瓷概述》，载安金槐主编：《中国陶瓷全集·第2卷·夏、商、周、春秋、战国》，上海人民美术出版社2000年版，第14页。

商代陶器的繁荣进步首先得益于制陶手工业的分化和陶器烧制工艺的提高。偃师二里头先商早期遗址中包括了烧制陶器、铸造青铜器和制作骨器的各种手工业作坊。可见，商代的早期制陶业已从农业中分化出来，成为独立的手工业生产部门，而且与其他手工业有了明确的分工。郑州商城发掘出的一处烧制陶器的手工业作坊遗址，分布面积达一万多平方米。从出土遗物看，当时已有专门烧制泥质灰陶和专门烧制泥质夹砂灰陶的不同作坊。商代陶器的制法，主要是轮制，兼有模制和手制。商代的陶器烧制温度与质量也已较夏代有了明显的提高，这与烧陶窑炉的改进有关。虽然商代承袭了前代的馒头形窑炉形制，馒头窑仍是商代的主要窑型，但火膛增高、箅孔加大，窑炉的结构已经有了较大改进。在江南地区则新出现一种比馒头窑更为先进的陶窑——龙窑。浙江上虞、江西吴城发现的商代龙窑，依山势而建，窑身呈长条形倾斜砌筑，形似苍龙依山而下，故名龙窑。龙窑依山而建，呈倾斜向上状，窑炉本身就有自然抽力，窑炉火势大，通风能力强，升温快，同时可根据生产需要和技术条件增加窑的长度，提高装烧量，还比较容易维持窑内温度。与夏代相比，商代陶器质量提高，品种增多，烧成温度提高，并且火候均匀。技术的突破使商代陶器发展成为可能，并在商代中期开始了我国由陶到瓷的过渡。

大量各种类型陶器的烧制，为先民们积累了大量的经验，器型和纹饰的不断翻新启迪了他们的审美意识，直接为青铜器的冶炼和装饰提供了完善而又可资借鉴的技术储备、艺术模本。反过来，在青铜时代巨大光环的照耀下，陶器的造型和纹饰也必然受其影响，折射出商代人独特的审美风格和文化意蕴，乃至能使得一个时代的精神风貌易帜。

二、商代陶器的类型

按系类区分，商代陶器主要可分为灰陶、白陶、印纹硬陶、原始瓷和红陶等。灰陶是商代制陶工艺的主流，产量最大，和人们日常生活关系最为密切，陶质以砂质灰陶和泥质灰陶为主，另外包括一些棕陶与黑皮陶。灰陶大量采用轮制法，造型和器表修饰工艺精湛，艺术性与实用性高度融合。（图3.1）到商代后期，灰陶制作日益粗陋，呈下降趋势，白陶和印纹硬陶则有了很大的发展。

白陶的出现可以回溯到距今六千多年前的马家浜文化早期和大汶口文化时期，如大汶口文化的白陶背水壶、龙山文化的白陶鬶。与灰陶不同，白陶以瓷土或高岭土、坩子土为原料，胎质细腻，坚硬度较灰陶要高。到商代晚期，白陶烧制数量和工艺达到巅峰。河南、河北、山西、山东的广大区域都有白陶出土，以安阳殷墟为最多。这时的白陶胎色纯白、选料精细、质地细腻坚致、制作讲究，造型相当规整、精致，纹饰由较简单的人字纹、斜线纹、横竖线纹和三角纹发展为兽面纹、云雷纹、曲折纹、夔纹等多种精美的图案。白陶的造型和纹饰极具青铜礼器的风韵，一些精品可与同期的青铜器相媲美，是商代陶器中不可多得的珍品，为上层贵族专用。白陶费工大，产量小，在瓷器出现后的西周便迅速衰落消失，最终成为我国陶瓷器中的稀世瑰宝。（图3.2）

印纹硬陶是商代新出现的重要的陶器制品，早期仍很少见，到了中期和晚期逐渐增多。因其含铁成分高，胎质坚硬，色泽呈紫褐、红褐、灰褐和黄褐色。印纹硬陶的胎质比一般陶器坚硬，器表纹饰多是拍印的排列密集的云雷纹、人字纹等几何纹样。印纹硬陶坚硬耐用，烧成温度较高，有些接近烧结程度并且不透水，诞生后迅速得到商代先民的喜爱，制作工艺不断提高，精品众多。（图3.3）

在印纹硬陶烧制技术不断提高的基础上，原始瓷器在商代应运而生。从严格意义上说，原始瓷器是瓷器的早期和低级阶段，还不能称其为瓷器。但是原始瓷的出现却揭开了其后数千年我国瓷器发展的序幕。与陶器相比，原始瓷是使用瓷石做坯而非易熔黏土，质地坚硬；烧成温度在1200℃，高于陶器、低于瓷器；表面施釉但不均匀，多呈青灰或黄绿色，易剥落。（图3.4）商代红陶以砂质和泥质红陶或橙黄陶为主，承袭马家窑文化和齐家文化发展而来，器表施以泥质陶衣，并绘制有以黑色为主的各种纹饰。红陶数量不多，但不乏造型别致、纹饰华丽的精品。（图3.5）

图 3.1 商代灰陶器

1. 灰陶刻划三角纹双系罐　故宫博物院藏
2. 灰陶夔纹斝　河南省文物考古研究所藏

图 3.2 商代白陶器

1. 白陶刻几何纹瓿　故宫博物院藏
2. 白陶刻纹豆　故宫博物院藏
3. 白陶双系壶　故宫博物院藏

图 3.3 商代硬陶

1. 商代印云雷纹硬陶鬶形壶　福建博物院藏
2. 商代印纹硬陶锥刺纹单把杯　福建博物院藏

图 3.4　青釉弦纹尊　上海博物馆藏

图 3.5　红陶双耳罐　澄城县博物馆藏

第二节 | 造型：
　　　　　因物赋形与圆型意识

　　中国陶器造型艺术的基础，在新石器时代的陶器造型中业已奠定。商代陶器造型在此基础上向着多样化和精致化方向演变。在形制演变上，陶器造型的细分越来越多，造型细节的修饰愈加精细，同一器皿从商代早期到晚期，造型也会发生极大的变异。商代在与新兴的青铜器相互映射、相互融合、相互促进的过程中，在实用性向艺术性的迈进中走得更远。在"有限变异原则"的指导下，一些陶器逐渐超出实用功能性的目的，形式美得到了强调。

一、造型的类别

　　商代早期的陶器以泥质陶为主，主要器型有炊器类的鼎、罐、甗、鬲。鬲替代鼎逐渐成为这个时期的主要炊具。饮器类有觚、爵，食器有豆、簋、三足盘，盛器有瓮、盆、大口尊、缸等。其中圈足盘是新出现的器型。在早商文化早期，"陶器器壁一般较薄，绳纹较细。鬲、甗的实足根较瘦长，裆较高，鬲的器高大于器宽。鬲、甗、盆口多作卷缘圆唇。大口尊体较粗短，口径约与肩径相等。斝多作敞口。真腹豆较多"[2]。这些都使得早商文化早期的陶器充满了古朴的原始气息。

　　至早商文化晚期，"陶器器壁一般较厚，绳纹略粗。鬲、甗的实足根稍较粗短，裆亦较高，鬲的器高大于器宽，或两者相等。鬲、甗、盆口多作翻缘方唇。大口尊体较瘦长，口径都大于肩径。斝口收敛。假腹豆较多"[3]。与早商文化早期相比，这时的陶器外观发生了明显的变化，器壁由薄变厚，绳纹由细变粗，实足根由瘦长变粗短，鬲、甗、盆口造型由卷缘圆唇变为翻缘方唇等，均给人以沉稳、厚重之感。

2　北京大学历史系考古教研室商周组编著：《商周考古》，文物出版社1979年版，第31页。
3　北京大学历史系考古教研室商周组编著：《商周考古》，文物出版社1979年版，第31—32页。

商代中期的陶器器型有鬲、甗、鼎、罐、爵、觚、盉、钵、盆等20余种，是实用陶器品种数量最多和发展最快的鼎盛时期。其造型特征是，陶器的口沿以卷沿为主，底部以圜底为多，袋状足次之，圈足器较少。

到商代晚期，日用陶器品种比商代中期有所减少，并且一般灰陶器实物制作工艺也不及商代中期，而白陶、原始瓷器、印纹硬陶却有了较大发展。造型上，陶器中的平底器、圈足器比中期明显增多，袋状足仍然很多，但圜底器有所减少。

晚商文化早期以"殷墟文化二期"为代表，大体相当于甲骨文第一、二期，约为武丁、祖庚、祖甲时代。这个时期的"陶器以灰陶为主，红陶较少，刻纹白陶已很盛行。陶壁一般较厚，粗细绳纹并存。鬲的外形一般呈方体，即器高约与器宽相等，足根较粗肥，裆较高，并盛行圜络纹鬲。簋腹较深，口沿剖面呈倒钩状，圈足较矮。真腹豆与假腹豆共存，圈足都较粗。大口尊体甚瘦长，口径大于肩径"[4]。

晚商文化中期大体以"殷墟文化第三期"为代表，大体相当于甲骨文第三、四期，约为廪辛、康丁、武乙、文丁时代；晚期以"殷墟文化第四期"为代表，大体相当于甲骨文第五期，约为帝乙、帝辛时代。在中晚期，"陶器中的泥质红陶显著增加，刻纹白陶继续盛行。陶壁厚，绳纹粗。盛行三角形划纹，晚期又兴起网状划纹。鬲绝大部分呈扁体，即通高小于最大宽度，晚期的口沿加宽。鬲、甗的裆低近平，实足根矮小，晚期有的实足根已趋于消失。簋多作浅腹圈足。真腹豆增多，假腹豆少见，圈足变细。大口尊中期已极少见，晚期乃至绝灭。墓葬中常见的陶觚、陶爵，中期的形制已开始变小，晚期的更小，已成为象征性的明器"[5]。与晚商文化早期相比，晚商文化的中晚期在刻纹白陶流行的基础上，红陶的数量逐渐增多，而划纹的出现提升了陶器的整体装饰效果和欣赏价值，体现出商人对形式感的追求。因此，从陶器造型的发展演变中，我们也可以看到商代审美意识的变迁脉络。

---

4 北京大学历史系考古教研室商周组编著：《商周考古》，文物出版社1979年版，第33页。
5 北京大学历史系考古教研室商周组编著：《商周考古》，文物出版社1979年版，第35—36页。

二、因物赋形与圆型意识

  商代陶器的器型沿袭了早期的因器尚象、因物赋形的造型手法，只是外观上不似新石器时代明显，但更重视细节的表现。商代的陶器造型已经不是一种简单的、摹仿自然界的、稚拙的修饰，而是先民对客观景物颇有装饰意匠的艺术表现。商代灰陶中出现很多的鸟、兽、龟、鱼等陶塑制品，形制生动，有较高的工艺价值。浙江出土的灰陶提梁壶、鸭形壶和鹰口形罐既实用又别致。商代的陶鬲是最具商代时代特征的炊具。（图3.6）陶鬲在早期多敛口、深腹、鬲足稍高。晚期则宽沿、浅腹、矮裆，有的实足根已趋于消失。器型重心下垂，三个乳凸轻轻触地更加牢固，粗壮的空心足不仅传热快，而且容量更大，沉重的器型在安定中不乏灵巧。同时，外廓流畅圆转的曲线和纹饰自然协调。这种仿生拟人的造型特征在商代的盉、鬶、尊、觚上都有体现，被认为是生殖崇拜的象征或是丰产巫术的遗留。"这种只有三只像是牛的乳房那么饱满的袋足鬶……全身那种圆浑的美，与马约尔的女体石雕似有共性。包括那三只胖腿，全身的每一局部的形体都有一种向外突出、向外扩张的力。"[6]人形陶器的特征与女性身体的功能特点对应并且互渗，具有相同的象征涵义。这种巫术操作是对母亲创造万物这一壮举的摹拟和仿作，是对人类的生命摇篮和生命容器的礼赞。陶器虽小，有容乃大。（图3.7）

  与新石器时代一样，商代的陶器仍以圆形及其变形器皿为主。在圆形器皿的发展过程中，圆形的外凸、内敛、延伸、收缩、升高、压低等形态的夸张变异使商代陶器张扬着巨大的形式意蕴，体现着商代先民心灵的变迁。商代的大口尊是独特的器皿，早期口径小于肩径，后来口径逐渐外张大于肩径，直到肩径彻底消失，夸张成大喇叭状。圆口朝天敞开，吐纳天地。陶豆也由直壁圈足发展成假腹豆，进而变形为矮喇叭形、圈足豆。商代其他器皿也基本是圆形的卷沿、圜底、圈足、腹鼓。"从审美视角看，制作圆形器皿在造型结构的形式美中，比其

---

[6] 王朝闻：《无古不成今》，《中国工艺美术》1982年第4辑，第7页。

图 3.6　商印纹陶匜　浙江省博物馆藏

白陶鬶　河南博物院藏

绳纹灰陶鬲　河南博物院藏

图 3.7　商代陶器

他形器更易获取形体衡式比例鲜明的艺术效果。"[7]

不只如此，这还显示了原始先民的一种圆型意识。圆具有非常单纯的视觉形式，体现先民朴素的审美观。圆周上的终点也是起点，生死轮回，周而复始。夏商时代是一个尊神敬祖的时代。根据历史文献，夏代贵族阶级不仅动用大量珍贵的动物殉葬，而且有残忍的"人殉"。到了商代，明器开始替代实物殉葬。"之死而致死之，不仁而不可为也；之死而致生之，不知而不可为也。是故竹不成用，瓦不成味，木不成斫，琴瑟张而不平……其曰明器。"[8]安阳大司空村 124 座殷墓出土陶器 293 件，基本是随葬明器，实用器物很少。在商代人的心目中，圆形的陶器是他们的灵魂借以返本复始之器。圆形的彩陶造型在先民心中逐渐形成了超越生死的心理积淀。生命形态的轮回就包容在圆形陶器的时空之中。圆形的陶器在空间节奏中蕴含着时间节奏，具有空间的无限流动性。

三、造型的风格

在"青铜时代"的光辉照耀下，商代陶器造型的审美风格呈现出自然轻快与凝重严整交相辉映的

---

7 董贻安：《试析河姆渡文化原始艺术的审美特征》，《宁波大学学报（人文科学版）》1991 年第 1 期，第 35 页。
8 〔汉〕郑玄注，〔唐〕孔颖达等正义：《礼记正义》，载〔清〕阮元校刻：《十三经注疏》，中华书局 1980 年版，第 1289 页。

时代特征。阴阳、刚柔的对立统一和相反相成在商代陶器身上达到了新的和谐。新石器时代造型自然和谐的风格一直绵延到了商代，商代陶器总体上依然遵循这一造型原则。

商代陶豆与陶壶，在圈足上都饰有对称的十字镂孔装饰。灰陶斝敞口直肩，口沿前部有两个蘑菇形柱，与双柱相映成趣的是在后部颈和腹间有一个缠绕着附加堆纹的拱形鋬。商代陶器对称和谐原则正是自然人化的和谐原则的体现。

到了商代晚期，由于受青铜时代鼎盛风貌的精神折射，出现大量仿制青铜器的陶器礼器，出现了前代未有的服务于专门用途的陶器制品。如规模宏伟的列鼎，形制优美的仿铜簋、陶豆，蔚为壮观的陶尊、陶罍，新颖精致的陶觚、陶爵，等等。陶器原初的自然和谐之美与商代陶器特有的严整狞厉之美共生共荣，交相辉映。有限的造型空间蕴含了工匠们无限的智慧和创造的激情。

大量仿制青铜器的陶器，其造型原则也由自然和谐逐渐趋向严整、规范、狞厉、凝重。商代的灰陶采用了快轮制作修整工艺，造型一般都较规整、均匀、庄重。其中郑州出土的陶爵、陶盉则更加严整，与同时期青铜爵、青铜盉形制相似或完全相同。其制作之精完全可与青铜器相媲美。郑州出土的另一件细砂质乳钉灰陶鬲形制与同期一般陶鬲略同，但为仿制青铜器而在口沿加上两个对称的拱耳，颈部粘贴由两周乳钉纹组成的带条，并在每两个袋足间饰人字形附加堆纹。

商代晚期，白陶制作工艺达到鼎盛状态，多数白陶器的造型已经基本和同期青铜器造型相似或相同。商代白陶胎质洁白细腻，造型端正凝重，装饰华丽，制作精细，与商代青铜器的制作工艺可谓并驾齐驱。可见，仿制青铜器造型的直线轮廓在大量商代陶器中开始出现，商代陶器不再只给人以浑圆流畅之感。直线造型与曲线造型动静相成，刚柔相济。抽象的阴阳化生的和谐规律体现为具象的刚柔相济。"阴阳合德，而刚柔有体，以体天地之撰，以通神明之德。"[9]同时我们还看到，在商代陶器中刚与柔不是绝对的偏废，同一件陶器造型既有刚劲的轮廓，也有柔婉的边缘，刚柔之间只有相对的偏胜。柔中有刚，刚中寓柔。这是自

9〔魏〕王弼、〔晋〕韩康伯注，〔唐〕孔颖达等正义:《周易正义》，载〔清〕阮元校刻:《十三经注疏》，中华书局1980年版，第89页。

然节奏在商代陶器中的敲击,更是那个时代人们身心中流动的节奏。

第三节 纹饰:威严狞厉的类型与抽象化特征

在商代陶器的纹饰世界里,我们看到了一个时代的背影。商代陶器的纹饰已经逐渐失去"彩陶时代"自由、天真、轻快、活泼的风貌,大量出现的兽面纹、回纹、云雷纹、夔纹等严整规范乃至狞厉的纹饰成为陶器新的外衣,也是一个时代新的外衣。在等级森严的商代社会,彩陶纹饰秀丽纤弱、质朴文雅、工整细腻的审美风格,已经不能负担起独断跋扈的王权意识。新时代的统治阶级需要狰狞跋扈、粗犷豪放、严酷威严、张扬狞厉的新的艺术风格,来夸耀他们的野性和霸气。"青铜时代"的陶器自然也成为这种审美意识和审美观念的具象表现。

一、纹饰的变迁

商代早期的陶器纹饰以印痕较深的绳纹为主,约占这一时期纹饰的五分之四。另外有一些磨光素面,及在磨光面上拍印有云雷纹、双钩纹、圆圈纹,附加堆纹运用较前代大为减少。到商代中期,绳纹所占比重更大,达98%。陶器纹饰受青铜器纹饰影响日趋明显,出现了大量新兴的、带有明显时代特征的纹饰图案。

在商代中期制作精细的簋、豆、盆、罐、壶、瓮的腹部、肩部和圈足上,常有由纹饰图案组成的条带,其纹饰主要有:兽面纹、夔纹、方格纹、人字纹、花瓣纹、云雷纹、漩涡纹、曲折纹、连环纹、蝌蚪纹、圆圈纹、火焰纹等。其中以典型的青铜纹饰兽面纹组成的条带最多,一般三组兽面纹组成一个条带。在陶器上拍印兽面纹仅在商代中期极为盛行,到后期则很少见到。

在商代晚期的纹饰中,绳纹依然占据主要角色,另有一些刻划纹、凹线纹、弦纹、附加堆纹、镂孔等。商代中期盛行的纹饰,除兽面纹外,云雷纹、方格纹等组成的带条状精美的图案纹饰在晚期已很少见到。值得一提的是,商代晚期的白陶纹饰与同时期青铜器基本雷同,兽面纹、夔纹、云雷纹、曲折纹等纹饰的制作异常精美,甚至出现了炫目豪华而富于立体感的浮雕画面。

二、纹饰的类型

受青铜器的影响,商代陶器的纹饰主要有想象动物纹和几何纹。在商代陶器纹饰中,新石器时代的蛙纹、鸟纹、鱼纹等完全写实的动植物纹饰已很少见,富于图案美的装饰性因素得到前所未有的强调。对于自然形体的摹写和简单的线条描绘,已不能满足商代人的审美需求和心灵延伸的需要。因此在商代陶器纹饰中,自然万物的性质被自然万物的关系因素彻底淹没,服务于装饰目的的想象动物和几何图案更多展现的是商代人内心丰富的情感色彩、强烈的节奏和旋律的对比跳跃中蕴含着流动的气势。单位纹样的造型和相互关系的绵延,在新石器时代表达的是自然和谐的静态美,而在商代则表达了商代人试图用整体的动态气韵来把握复杂的外在世界,与宇宙之道"灵气往来"。彩陶的纹饰俯视时是一个完整的纹样,而商代很多陶器的纹饰在俯视时却支离破碎,只有人们把陶器尊敬地捧持到相当于水平视线高度时,纹饰的全貌才完整地展现在眼前。由此看来,陶器特别是白陶还充当商代人"事神致福"[10]的礼器。

想象动物纹主要有:兽面纹、窃曲纹等。其中最具代表性和艺术价值的当数兽面纹。在二里岗灰陶器中有很多带条兽面纹图案,如郑州出土的兽面纹罍,在腹部两周弦纹之间,有三个精美醒目的兽面纹环绕一周,与同期青铜罍无二。商代的一些白陶器满身饰有兽面纹。兽面纹是青铜器上普遍拍印的想象动物纹,它在陶器上也大量出现,是商代陶器受到青铜器纹饰影响的显著例证。各式各样的兽面纹样"都在突出这种指向一种无限深渊的原始力量,突出在这种神秘威吓面前的畏怖、恐惧、残酷和凶狠。……它们呈现给你的感受是一种神秘的威力和

10〔汉〕许慎撰:《说文解字》,中华书局1963年版,第7页。

狞厉的美。它们之所以具有威吓神秘的力量，不在于这些怪异动物形象本身有如何的威力，而在于这些怪异形象为象征符号，指向了某种似乎是超世间的权威神力的观念"[11]。于是，这些符号化、抽象化的兽面纹给人以无穷的想象空间，其所营构的神秘、威慑的氛围不仅传达了浓厚的宗教意味，而且增强了陶器自身的表现力与震撼力。（图3.8）

即使是一些写实动物纹，包括鹰纹、兔纹、羊纹、蛇纹、雏鸟纹等，也被加以变形，塑造成狰狞可怕的形象，体现出狞厉之美的风格。鹰纹多为直线和较单纯的弧线造型，直线的"冷静"和弧线的"紧张"给人以勇猛矫健的力的感觉。其中鹰纹的造型瑰丽多变，种类繁多。有些鹰纹形状整个纹样左右对称，双翅展开上卷，翅上有鳞纹，足部有折线纹，头部变形极似鹰；有的双翅展开，翼稍下卷，爪部毛羽翻卷；有的似鹰纹的简化，形同"亚"字；有的似鸷鹰伫立的侧影，有足、身、翼等；有的似鹰的侧视，有钩状嘴和夸张的眼睛，颈部羽毛翻卷；有的则环目怒睁，呈左右对称的三角弧线纹，鹰翅的翎毛显得劲健有力。蛇纹不求外形的酷似，而以展现蛇的性格特征为主，多以连续的形式装饰在陶器上。蛇纹主要有躯干三折形，上饰瓦鳞纹，张口有舌，有目或无目；躯干五折，上饰三角鳞纹，舌外吐，卷尾；躯干盘曲，绘双曲瓦鳞纹，主要装饰于器盖。羊纹除有全侧目、有目或无目造型外，抽象的羊角图案更具形式美感，如角颠倒相连若云雷纹和四方勾连羊角云纹。兔纹是一个极有特色的纹样，柔和多变的曲线线形于温顺中露出狡猾，多以适合构成的形式装饰在陶甄上。[12]

图3.8　灰陶饕餮纹罍　河南省文物考古研究所藏

11　李泽厚著：《美的历程》，中国社会科学出版社1984年版，第44页。
12　王小勤：《先商图案艺术举隅》，《南京艺术学院学报》1983年第3期，第19页。

第三节　纹饰：威严狞厉的类型与抽象化特征　　105

商代陶器的想象动物纹体现出强旺的想象性和严整的图案性。由于陶器造型的需要，同时也受商代人审美趣味的影响，千变万化、自然立体的动物形象被平面化、抽象化，形成变形的、首尾相接的、有规律的连续纹样。按照形式美的规律组合而成的形、色和结构更富于装饰性，给人以丰富的联想和启示。想象动物纹的夸张变异是商代人对情感的夸张表现，虚拟的、非理性的、反常识的想象动物纹集中体现的是商代人心中图案形式美的规律。在想象动物的身上，商代人突破生物与非生物的区别，打破了时空的限制，超越于生活经验之上，把自然物象与理想、幻觉、梦境融为一体，采用省略、添加、夸张、变形、颠倒、反衬、反复、循环等艺术手段，浓缩、黏合、转移、强调了不同属性的各种生物的特征和特有形象，根据需要在想象作用下配置成理想综合物，如饕餮便是羊角、牛耳、蛇身、鹰爪、鸟羽的复合体。在香气氤氲的祭祀烟火中，严肃、静穆、神秘的怪兽很自然地将我们引向对于超世间的权威神力的膜拜。

可见，想象动物纹中所体现的想象性表现为狰狞外表掩盖下的理性内容。商代人已经敢于跳出客观物象的生态规律和物理的天然结构的束缚，按照心灵的图景和诗性的智慧组合画面，其自身内在的审美规律得到了空前的强调。"夸而有节，饰而不诬"[13]，心中理想的形象更为突出、更为鲜明、更具情感的冲击力和装饰意味，着力地反映出物象的特征和动势，而不是单纯地追求透视和比例。想象动物被夸张、简化、省略的部分，可以让人们的思想和心灵在其中自由游戏、流连回味。夸张变形是主、客观的融合，外在的客观本质在商代人内在的主观思维中浓缩。想象动物纹的不可言说的意蕴，是商代人在眺望完美和真理的彼岸。

几何纹主要有绳纹、圆圈纹、云雷纹、四瓣纹、轮焰纹、曲折纹、方格纹、方圈四瓣纹、回纹等，其中尤以绳纹占大多数。商代陶器的几何纹饰更加重视通过点、线、面等构成因素有规律的排列组合，体现出图案美和节奏美。云雷纹、圆圈纹、四瓣纹、轮焰纹、曲折纹不再是一个基本单位的单独纹样，而是由一个基本单位的花纹形象，作上下、左右或上下左右无限的重复排列组合，二方连

13〔梁〕刘勰著，范文澜注：《文心雕龙注》，人民文学出版社1962年版，第609页。

续、四方连续的艺术化的纹样配置极富规律性,与陶器造型的整体效果相得益彰。方格四瓣纹方形的边缘中间套以放射状的花瓣纹,边缘的方形和中心的曲折线条动静相成,在动与静的反复节奏中造成雄伟的气魄,大方且安稳。回纹本应略显呆滞,但在统一协调的整体的大前提下,错落有致的上下间隔排列的几何纹样,在丰富多样并且互相联系的局部,产生出生动的韵味。曲折纹虽在动感力度上较新石器时代的旋涡纹要弱,但它更显灵巧流利,"S"形曲线变化更为繁复,多个方向的"S"形曲线交叉配置,表现自由,有些甚至没有固定的骨骼,而只有量的均等,"S"形曲线的来回运转、往复、舒展,在运动中又保持了重心的平衡关系。(图3.9)

图 3.9　编条纹黑陶甗　河南博物院藏

在纹饰的排列上,商代出现了大量的不同几何纹饰之间以及几何纹饰和想象动物纹饰之间的组合排列。很多灰陶的表面就饰有两种或三种纹饰的。郑州出土的兽面纹罍,在腹部的两周弦纹之间衬托出三条醒目的兽面纹带条。在中国历史博物馆的一件白陶豆上,豆盘外壁有两排并列的云雷纹带条,圈足上除装饰有云雷纹之外,还有圆圈纹、圈内四折角纹和菱形纹的带条。有些白陶器则在器表满饰着兽面纹、夔纹和云雷纹。很多的印纹硬陶器表也是排列密集的云雷纹、人字纹,配以少量的绳纹和叶脉纹。在兽面纹、夔纹等适合纹样的周围加上弦纹、绳纹等边饰纹样,又在陶器的口沿下加上辅助的连续纹样,大小不同的几何纹饰和想象动物纹饰之间以一定的比例关系排列,在错位变化中有统一,在对比中显协调。这种主次对比的纹饰组合,突破了商代以前的纹饰装饰形式,影响了青铜器的纹饰规范,也是青铜器纹饰风格在陶器纹饰中的折射。

三、纹饰的特征

无论是想象动物纹饰还是几何纹饰,商代的陶器纹饰最显著的变迁之一便是直线明显增多,从中反映了商代人心境和心灵图式的变化。新石器时代的陶器纹饰大多富丽繁复，线条流畅，充满动感，这是那个时代先民天真、自由、稚拙、轻快、和谐的心态的折射。商代陶器纹饰直线增多，严峻细致的直线条、直角代替了彩陶的弧线和波纹，并创造了典型而庄严的云雷纹、夔纹、兽面纹等。在商代的陶器上，回纹普遍地饰有网纹，鹰纹是直线和单纯的弧线造型，蛇纹大多是生冷的直角折线。尤其值得注意的是，兽面纹的直线造型使"巨睛凝视、阔口怒张"的神秘动物跃然"器"上，"在静止状态中积聚着紧张的力，好像在一瞬间就会迸发出凶野的咆哮"[14]。陶器中的曲线往往给人恬静、缓和、安宁的心理感受，而商代陶器纹饰中大量直线条的运用则传达出一种庄重威严的情绪和狞厉凝重的心态。直线条象征着空间的割断、时间的转换，都最终导致情感的变化。生命的有限，现实的严峻，往往引起主体忧患意识的产生。"彩陶时代"所描绘的天真世界已然终结，一个威严的集神权、王权于一体的时代沉重地向我们走来。

　　商代陶器还有一种更深层次的对比协调，这集中体现在制作精湛的白陶器纹饰中。老子所谓"知其白，守其黑"[15]说，庄子的"虚室生白"[16]说，在商代白陶中已有所表现，反映了相反相成的生命节奏。白陶一般"运用这些单体印捺纹的连续开展，在器表的不同部位排列成条带状的连弧纹、曲折纹、波浪纹、工字纹、日字纹及各种编织纹的连续图案。通过各部位不同的图案带，最后使整个器表成为严密多层次、绚丽豪华而又富有立体感的浮雕画面。其装饰效果并不是那些印捺的阴线图案，而是由这些阴线减地勾勒而形成如同高出器表的阳纹凸雕"[17]。美轮美奂的白陶纹饰正是商代人的鬼斧神工所造就的"阴阳相成、虚实相生"的生命境界。白陶纹饰中的虚实相生体现了生命运动的和谐节奏。实由虚生，虚因实而成。唯虚实相生，方能体现出陶器空间的生命形态。无实则不能表

---

14 马承源著：《中国古代青铜器》，上海人民出版社1982年版，第34—35页。
15〔明〕薛蕙撰：《老子集解（附考异）》，中华书局1985年版，第17页。
16〔清〕郭庆藩撰，王孝鱼点校：《庄子集释》上，中华书局2016年版，第157页。
17 牟永抗：《试论我国史前单色陶器的艺术成就及社会意义》，载安金槐主编：《中国陶瓷全集·第1卷·新石器时代》，上海人民美术出版社2000年版，第47页。

现出虚的生命力，无虚则实也无以生存。白陶器在阴纹和阳纹的虚实相生里流动着不尽的生气。

从总体特征上看，这个时代陶器纹饰的时空世界，孕育着中国传统哲学"风"与"骨"相辅相成、有机协调的整体气象。商代陶器纹饰中的连续纹样多以舒卷自如的曲线或行走自然的直线构成。如羊角云纹的羊角颠倒相互勾连或四方勾连，环环相扣，恰到好处。蛇纹躯干或三折，或五折，以立意和气韵取胜。窃曲纹复杂的线条勾连形成一种起伏又连贯的情感节奏。其他如漩涡纹、云雷纹、轮焰纹、回纹等，无一不在水平、垂直、不同角度的折线、弧线和曲线的变幻中，表现出一种飞动的美。它们已经不单纯是几何形的机械排列，而是富于弹性的轨迹运动、变化复杂、动静相协、意趣盎然，颇具视幻效果，犹风行于水上，与天地同呼吸。纹饰之"风"依体而用，在寂然无形中，显现为一种动势，一种不粘不滞的波动。商代人正是将自然物象、生命整体都视为一种奇迹，由物我交融的不尽生气抽象成纹饰的境象，意脉贯通，不可肢解。在造型和纹饰的直线条与曲线条的虚实对比里，骨是内在生命力及其特质，风则使外在形态具有感染力。气足而后风行。骨因风而有生机，风依骨而有生气。骨可以从其功能角度作静态的感受，风则须因受感染而致动态的把握。骨反映了商代人强劲的生命体魄，风则表现出那个时代感人的精神风貌。

总而言之，商代的陶器制造更进一步地从日常生活的实用性向审美性过渡，并逐步达到两者的完美融合与和谐统一。在造型上，商代陶器崇尚圆形，重视细节的营构，仿生元素使陶器的造型栩栩如生、趣味盎然，呈现出刚与柔、动与静、自然轻快与凝重严整相辅相成、相得益彰的风格。在纹饰上，商代陶器主要有抽象的想象动物纹和几何纹，表意性和象征性得到强化。直线纹饰的增多使商代陶器进一步发展了夏代陶器庄重规整的风格，并走向威严狞厉，传达出当时社会森严的等级制度和王权意识。同时，青铜器的造型和纹饰在借鉴陶器的基础上，也以自己的探索影响到陶器的造型和纹饰。

第四章 商代玉器的审美特征

玉器最初是从石器演变而来的。商代的玉器直接继承了红山文化和良渚文化的玉器艺术，在夏代玉器的基础上得到进一步的发展。虽然在商代早期，由于青铜器的发展方兴未艾，玉器的发展暂时相对地受到了遏制，但到了商代后期，玉器又从青铜器艺术中受到启发，获得了极大的发展，进入商代玉器的高峰期，取得了辉煌的艺术成就。在形制上，玉器同样能够巧妙地做到应物赋形，并在仿生造型方面体现了玉料质地和色彩的独特优势。而纹饰上的线刻和浅浮雕更进一步突显了装饰的功能，对后世的雕塑艺术产生了重要的影响。

第一节 ｜ 概述：商代玉器发展的三个阶段

在商代，从早期的石器，一直延续到后来的玉器、陶器、青铜器，都体现了先民们对世界的情感体验。其中，玉器由于其原材料的难得和易碎，因而比起其他类型的器物来，较早地扮演装饰的角色，因而更具有审美的价值，同时也日益成为财富、权力、等级的象征。作为上古玉器史上的高峰，商代的玉器尤其如此。

一、商代石器

考古发掘发现，红山文化石器造型多以动物的仿生为主，良渚文化则显然朝着抽象化方向发展，而商代则是两者之集大成。石器在商代依然具有重要的实用功能，作为生产工具的职能依然在日常生产活动中发挥着巨大的作用。殷墟出土的除了大量的玉器、青铜器、陶器外，最引人注目的石器工具就有石刀、石斧、石镞等。显然商代社会中生产工具的大量使用还离不开石器。究其原因，即青铜器的硬度显然不及石器。

郭沫若说,"在商代的末年可以说还是金石并用的时期"[1],"商代是金石并用时代"[2],唐兰反对这种说法,认为商代"已是青铜器时代了"[3]。其实,这只是两人看问题的角度不同。当时的青铜器还属于先进的器物,而且被赋予宗教和政治的意义,如鼎和爵等都是权力和等级的象征。而这时的石器,则在民间被广泛使用着。准确地说来,商代是一个"青铜器方滋,石器未退"的时代。而且整个商代较为漫长,其早期是青铜器兴起的时期,而晚期则青铜器已经开始流行,这就不能用一句话来概括。

在商代的石器中,最有审美价值的是石雕。石雕是商代的一门重要的雕塑艺术,被广泛地运用于祭祀、丧葬和礼器等领域,主要为人和动物的雕像。殷墟妇好墓出土了多件用作礼器的石雕器皿。其中器型较大的豆、觯、瓿等,既具有宗教的意味,也具有实用性;而罍和罐等器皿,则因形体较小,不大可能作实用器皿。它们都是白色大理石雕成的,雕刻得十分精美,具有很高的艺术性。受青铜礼器的影响,这些石雕的器表装饰有线刻或浮雕的兽面纹、云雷纹和三角纹等图案。

商代的石雕人像,主要有妇好墓的跪坐人像、安阳四盘磨的仰首箕坐人像、安阳小屯村的抱膝人像,以及安阳侯家庄的跽坐人像和蹲坐人像等。这些人像生动传神,显示出雕刻者熟练的艺术技巧。有的用线刻,有的用浮雕;有的连衣饰都作了细致的描绘,有的身上则饰满了云雷纹。(图4.1)

安阳侯家庄出土的石鸮和兽首人身石雕等,则是宫殿等大型建筑的装饰和守护神,所以造型粗犷雄浑,神秘而狞厉,通体雕镂各种装饰纹样。独体雕塑图案化,形成庄严而豪华的气氛。殷墟商墓出土的许多动物雕塑,反映了人们恬淡的生活情趣和对自然的向往。如妇好墓所出的石鸱鸺,形象概括生动。小屯中型

---

[1] 郭沫若著:《中国古代社会研究》,《郭沫若全集·历史编》第1卷,人民出版社1982年版,第18页。

[2] 郭沫若著:《中国古代社会研究》,《郭沫若全集·历史编》第1卷,人民出版社1982年版,第217页。

[3] 唐兰:《卜辞时代的文学和卜辞文学》,《清华学报》1936年第11卷第3期,第659页。

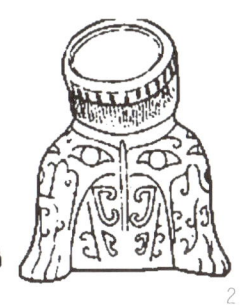

图 4.1 商代石雕人像

1. 妇好墓"跪坐人像"
2. 安阳四盘磨箕坐人像（线稿）
3. 安阳小屯村残大理石抱膝人像
4. 安阳侯家庄西北冈蹲踞状玉人（拓片）

墓中的大理石水牛，敦厚而单纯，注重整体感，删繁就简，抽象的形体上都加上匀齐富丽的刻线纹，以增强形象的艺术感染力。（图 4.2）

二、商代玉器的分期

图 4.2 妇好墓出土石牛
中国国家博物馆藏

商代玉器处于玉器发展的鼎盛时期，正是汲取新石器时代玉器的制作经验并向前发展的必然结果，从玉料的质地到玉器的形制及纹饰等方面，都打上了深刻的时代烙印。

商代玉器的发展可分为三个时期。处于夏代的先商时期是商代玉器的萌芽期，其玉器以河南偃师先商二里头中三、四期文化为代表，此时的玉器属于夏代玉器，但对后来

第一节　概述：商代玉器发展的三个阶段　115

的商代有重要影响。从出土的以兵器、礼器为主的玉器，如璋、圭、钺、琮、璜以及玉柄形器、玉筒形器等来看，装饰不多，仿生器型也很少见，但此时的玉器制作工艺已达到了相当高的水平，阴刻、阳凸、浮雕配合，同时继承了夏代玉器上出现的锯齿状扉棱、成组的阴线图以及一直在沿用的"勾撒法"，使造型和纹饰在夏代的基础上，取得了出色的成果。纹饰的线条极为流畅，细密清晰，构成了人面纹、花瓣纹、弦纹等，如二里头文化出土的玉柄形器，为四方柱之形状，其表面所刻的人面纹以玉柄的四棱柱为鼻梁，由相邻的两侧的半面人面构成整体人面，从而使形体和纹饰巧妙配合，体现出玉柄形器所独具的外形特征。这时期玉器的纹饰基本上以直线刻为主，成组出现，具有平行感，如在鱼的背部和尾部，阴刻数条平行斜直线而勾勒出鱼尾和鱼背，尽管刻法简单，但只是寥寥数刀，一条仿生形的玉鱼神态就活灵活现地展现在眼前，表现出艺术家们对感性形态的独特颖悟和别出心裁的情感体验。同时，他们还开始运用较复杂的勾撒法雕刻。以上述二里头文化出土的玉柄形器为代表，显示了技法的成熟，如璋、圭、钺、琮、璜等玉器的局部纹饰均以此为主。从中也可见出，商代早期玉器纹饰的发展尚处在不成熟的阶段，还不能大量地在璋、圭、琮等上自由地琢刻纹饰，其多数还深受前期文化的影响。

商代中期的玉器以郑州二里岗文化为代表，这时玉器的发展总体上不太明显。这是因为青铜器的繁荣和备受尊崇，压抑了玉器的发展。除了玉兵器外，佩饰玉渐多，说明玉器的装饰化功能较之礼仪、宗教功能有所增强。这一现象表明，商代玉器日渐向装饰玉发展，而作为装饰玉，除了玉质本身之外，更加要求其外在形式的美观。由于商代中期发掘的玉器为数不多，也就无从考证玉器的实际发展情况。在目前已经出土的商代中期玉器中，礼器中的大玉戈较为典型，其体积较大，表面无纹，形似兵戈。

商代晚期玉器集中于河南安阳的殷墟，数量极大，甚至连平民墓中也有发现。饰玉的品种已经大量出现，由于玉器很多，所以普通平民也能佩挂。其他如礼器、仪仗器、工具、用具等也有长足的发展。与前期相比，这时的玉器表现出更高的水平，这可能由于青铜器介入的原因。玉器的纹饰日见繁缛，线条也更加流畅。我们从妇好墓出土的大量玉器中可以见出当时玉器纹饰的基本情形。

图 4.3　商代片状玉

1. 龙形玉玦　中国国家博物馆藏
2. 玉虎　中国国家博物馆藏

图 4.4　玉熊　中国国家博物馆藏

图 4.5　玉跪人　中国国家博物馆藏

妇好墓玉器大体上可分为两类：一类是片状玉，如璧、璜、玦等，以及各种片状动物型玉器。其手法以镂刻为主，其外轮廓多呈圆弧状，在整片玉上镂空局部，表现出动感效果。（图 4.3）另一类是圆雕品，即在立体的材质上雕刻出立体的造型，多以动物为主，兼以少数玉人。由于是立体形状，故在琢制过程中，仍然从立体的各个面来进行。如妇好墓出土的玉雕坐熊，侧面就用阴线刻出上肢，正向刻绘头部纹饰，其技巧较之片状玉有所提高。（图 4.4）再比如商代玉人，殷墟妇好墓出土的玉跪人，其外表显然刻着衣服的纹饰。（图 4.5）其他象动物形，其外形多刻有形象生动的装饰纹样，这是需要高度的技巧的。

第一节　概述：商代玉器发展的三个阶段　117

第二节 | 造型：
因物赋形、仿生与形式规律

在商代，青铜器得到了迅速的发展。青铜器工具的广泛使用，影响到社会生活的各个领域。由于青铜器的介入，玉器的制作技艺得到了更精细的发展。人们在玉器的制作中对锯割、琢磨、钻孔等技术的运用日益得心应手，特别是青铜砣子以及管钻、桯钻等手段的应用，加之作坊式的生产，使玉器制造获得了迅速的发展和长足的进步。这主要表现在玉器不仅造型更为多样，而且也更为精细。目前已出土的商代玉器就充分地证明了这一点。多样化的造型，使得玉器在既有玉料美的质地的基础上，体现出先民们对情感的深刻关注。

一、因物赋形

与普通的石头和制造陶器的黏土相比，玉料要难获取得多。早期的人们在制玉时常常为取料而不断迁移，故新石器时代及商前期的玉器多为就地取料。由于玉料的稀少，一方面使玉器显得更加珍贵，另一方面也使玉器艺术家们在制玉时更加精心地选取玉料，不敢轻易浪费。人们在制造玉器时备加慎重小心，也更加重视制玉技巧的提高。这些玉器的造型，一方面是出于对现实原形的摹仿；另一方面，玉器艺术家们在选料、用料时，非常珍惜玉料，因料而赋形。由于玉料珍稀，商代艺术家们对于管钻、敲击玉料的过程中落下的零星的碎玉和边角料，也给予了充分的利用，将其制成了小型玉器、镶嵌玉和其他装饰品，以致有些玉器小到不及厘米之距，如很小的玉片、小玉饰等，反映了他们对玉料的珍惜。殷墟的数量众多的玉器，很大程度上都是玉器艺术家们因料施艺的杰作，即我们通常所说的因物赋形。

因物赋形显示了玉器艺术家们的匠心独运和制造技艺的高超。殷墟出土的很多玉器均体现了这一点。如妇好墓出土的一件回首状伏牛，玉器艺术家们巧妙地利用玉料高出的前端雕琢成回望的牛首，而在较低的部分琢制成牛身及牛尾，使造型显得端正得体，精美绝伦。（图 4.6）其他如殷墟出土的各种玉鱼、玉鸟、

图 4.6　玉回首牛　中国社会科学院考古研究所藏　　　图 4.7　玉象　中国社会科学院考古研究所藏

玉凤、玉象等动物也无不如此，特别是玉象，其长出的鼻梁显然是玉料的形状本身凸起的一端，玉器艺术家们充分地发挥了自己的想象，构思成象的长鼻，进而琢出玉象的形状，使大象之形惟妙惟肖。（图 4.7）

因物赋形，从商代社会制玉条件而言是节省原料，但从玉器形成的角度而言，却极大地反映了造物之美，是无意识中的必然生成物，说明当时人类具有很高的智慧与创造才能。从玉器这一方面来讲，融合了质地与创造的双重价值，是造型艺术得以尽现美的有力证明。

二、仿生

中国器物的仿生从石器开始，最初受到象形石块的启发。这些象形石块刺激了他们摹仿的本能，也唤起了先民们丰富的想象力，引发了他们仿生加工石器的浓厚兴趣，从而逐步从自发地进行仿生造型到自觉地进行仿生造型，乃至受到陶器、青铜器的影响，表现、再造甚至创造出神话中虚拟的动物。

而玉器的仿生造型是在石器的基础上进一步发展的。同时，由于当时的艺术家，在其艺术创造中注入了体现时代精神而又具有独特个性的情感，其艺术创造便具有了活力。早在 5000—6000 年以前的红山文化，仿生造型的玉龟、玉鸟、玉猪龙，就以其栩栩如生的形象及感染力，让我们充分地感受到了这一点。

商代的玉器在继承红山文化和良渚文化的基础上，又进一步发展了仿生造型的玉器。从很小的装饰品到大型的礼器、仪仗器等，商代的玉器有许多惟妙惟

第二节　造型：因物赋形、仿生与形式规律　119

肖的仿生造型，如玉虎、玉鸮、玉蝉等，都似乎是对原形的再现，其逼真的程度，体现了艺术家们精湛的艺术技巧，令人们慨叹不已！这一方面反映了商代的艺术家们仿生技巧的进步，另一方面也是商代人审美体验深化的结果。

商代玉器的辉煌，表现在造型风格的多样性上。而商代玉器的造型特征不仅仅体现在形制的多样性上，而且也反映了人类主观情感的深刻。那艺术性的仿生，因物赋形的手段，即使今人看来也惊叹不已！它为我们审视上古中国文化的灿烂，树立了一面镜子，折射出我们民族的伟大，表现出先民们情感世界的丰富和审美体验的深邃。

商代的仿生玉器，包括写实动物的仿生和想象动物的仿生。写实动物的仿生，是对现实中习见的动物作逼真的摹刻，反映了艺术家们对具体动物的形象和神态的悉心观察与体悟。例如鱼形玉器的雕刻，关键是对现实中鱼类的本身形态的把握，艺术家们通过对大量的鱼的观察和体悟，塑造了一个个活泼可爱的鱼的形象，既摹其形，又传其神。这些玉鱼神态各异，而并不雷同。（图4.8）艺术家们在玉石的一端稍稍开口，就是一条栩栩如生、吐水换气的玉鱼，尾部弯曲，其势欲出，活蹦乱跳。所有这些，首先是摹仿，其次在原形基础上进行艺术化的加工，这种仿生的创造活动，必然地体现了艺术家们摹仿再现原物的快感，充分展示了艺术家们的内在生命情调。想象动物的仿生玉器，主要是根据当时的神话和族徽，以及多民族融合的综合性的复合体族徽，借助于大胆的想象而摹写创构出来的。商代的玉龙多呈盘曲状，躯体很长，以曲折的造型显示出一种神秘感。（图4.9）

商代的仿生玉器，具有装饰和贿神等多重功能。它们起初被用作装饰。这主要以佩饰为主，如玉鹰、玉鹦鹉等片状玉雕佩饰。（图4.10）这类的仿生玉器从红山文化时期就有了，如玉勾云鸟形器、玉兽形佩、玉鹰形佩、玉鳖形佩、玉猪形佩等。到了商代，这种仿生技术更加成熟，不仅可以制造出新石器时代各种类型的玉器，而且在此基础上，更赋予玉器以艺术的品位。同时，王公贵族不但在生前享用这些玉佩，而且由于他们信仰灵魂不灭，试图在死后也享用这些仿生玉佩。从墓葬中摆放的位置可以看出，这些玉佩有置于死者的两耳旁的，有置于死者的胸前、额头及其他身体部位的，并且大多数玉器都是和墓主人在一起的。

图 4.8　商代玉鱼

图 4.9　玉龙　中国国家博物馆藏
1976年河南安阳小屯村妇好墓出土

图 4.10　商代片状玉雕配饰

1. 玉鹦鹉　故宫博物院藏
2. 玉鹰　中国国家博物馆藏

在信仰至上、盛行占卜和祭祀的商代，仿生造型的玉器作为杰出的艺术品被用来贿神。在商代中后期，王公贵族出于人道的考虑，也出于经济上的节约，逐步改变了以大量的人或牲口祭祀的做法，而代之以各种仿生器皿作为祭祀的牺牲，其中仿生造型的玉器以其质地和色泽而更具优势。以妇好墓里的玉人为例，"商代妇好墓的跽坐人俑，有的衣着华丽，有兽面纹饰，形同贵族，它事实上就是远古时代的族葬制在艺术形式中的曲折反映"[4]。

运用高度的艺术技巧对玉的仿生制造，当然不仅仅是对原物的简单再造，

4　谢崇安著：《商周艺术》，巴蜀书社1997年版，第186页。

更多的是形象的抽象化,也即上面提到的在原实物的基础上大胆地虚构,这是仿生高度发达的产物,也是商代玉器出现高峰的有力证明。单纯从对原物的摹仿上看,仿生手段只是制造技术形成的原始依据,而商代众多的玉器,其大部分又是抽象化的。这说明制造技术也日臻完美与发达,也说明玉器的其他功能在人们的生活中的重要性。商代的玉器不仅仅是装饰品佩饰,发展到后来,更多地被用于礼仪中,其权力的象征色彩也更加明显。

三、形式规律

先民们尤其重视造型艺术的视觉效果,这在玉器中同样有所体现。商代的玉器不仅像其他造型艺术那样重视形式规律,而且还因玉料独特的色泽而讲究形与色的统一,从而在因料制形的过程中能够最充分地体现出玉料的优点。这也使得玉器在遵循一般造型艺术形式规律的基础上,还有自己独到的形式规律。

首先,商代的玉器体现了比例适当、形体匀称的特点。这是造型艺术具有审美价值的关键。早在新石器时代,人们已经自发地意识到玉器造型的比例了。对于璧、瑗、环,《尔雅·释器》说:"肉倍好,谓之璧;好倍肉,谓之瑗;肉好若一,谓之环。"[5]这是后人对商代及其以前的玉璧类造型规律的总结。肉即边宽,好即孔径,边与孔径的比例,是分辨璧、瑗、环的标准。当然,这只是较为简单的比例关系,即倍数关系,但玉器艺术家们对倍数关系的运用,说明了数量比例在造型艺术中的重要性。

商代玉器的结构,从整体到局部,以及局部与局部之间,其数量的大小关系,无不给人以协调感。如礼器中的璜,基本上是半圆形玉片。艺术家们在这样的扇形玉片上,采用磨、刻、钻等工艺,进行适当的"剪裁",就可以制成比例得当的玉璜。(图4.11)再如钺,其状如斧,是仪仗器,刃部的长度明显地宽于背部,而背部的厚度也明显是厚实的,这种比例关系是得当的,类似于等腰梯

---

[5]〔晋〕郭璞注,〔宋〕邢昺疏:《尔雅注疏》,载〔清〕阮元校刻:《十三经注疏》,中华书局1980年版,第2601页。

图 4.11　商晚期玉鱼形璜
美国弗利尔美术馆藏

图 4.12　商代玉琮
故宫博物院藏

形,所以看起来极具美感。殷墟玉器中恰当的比例关系在玉人身上表现得较为明显。玉人根据玉料的大小,确定不同身体部分的比例,这种造型显然受到了人体比例关系的影响。在大小不一的玉人身上,体现了人体的比例关系,雕刻出玉人的形象。因此,比例是商代玉器艺术家们所必须掌握的规则。

而对于匀称这一点,自然更得到了体现,如上述玉璜,除了一定的比例外,其势极为匀称,有的玉璜两端刻两个对称的兽头,其造型完全相同,或略加变化,均衡感极强。商代的玉琮外方内圆,匀称得体,前后左右为两两相对的平行线条构成的方形,上下势体对应,每节四角八面,均有变化,这种变化却又统一在外方内圆的形体内。(图 4.12)这充分显示了商代玉器艺术家们的匠心独运。他们将玉琮的器型与纹饰相配合,于变化中见统一,统一中见变化。琮之间大小、高矮排列在一起,显示出明快的节奏。另外像玉连环、玉佩等更多的冠状饰,以及双孔形器等装饰品,其形态无不是对称均匀的,显示出匀称的韵律美。

其次,体现了形与色的统一。玉料本身的质地是晶莹温润的,主要有半透明、微透明两种形式。在玉器的早期制作中,玉器艺术家们常常不加粉饰地运用玉料的自然质地,这与陶器人工地加以纹饰是截然不同的。出土的玉器基本上都

第二节　造型:因物赋形、仿生与形式规律

是天然的色质。这一方面说明玉石天生丽质的魅力,另一方面说明人们已经深谙自然本色之道。玉器的色泽实为天然玉料之本色。在商代社会中,大量的玉石得以开采,涌现出像岫岩玉、南阳玉、和田玉等不同产地的玉料,其中每一产地的玉,其色彩是不同的。如新疆的和田玉,就有质纯色白的白玉,名贵的色泽纯正的黄玉,有透明感的碧玉,黑灰色的墨玉,以及糖玉和青玉等。这些天然的色彩被玉器艺术家们巧妙地利用在造型艺术中,使所出土的大量玉器无不显示形与色的统一。如《周礼·春官宗伯·大宗伯》说:"以玉作六器,以礼天地四方,以苍璧礼天,以黄琮礼地,以青圭礼东方,以赤璋礼南方,以白琥礼西方,以玄璜礼北方……"[6]这里的苍璧、黄琮、青圭、赤璋、白琥、玄璜,并不是在玉器上着色,而是其本质上的天然之色,玉器艺术家们以天然玉之本色,制作璧、琮、圭、璋、琥、璜等玉礼器,使其具有神秘化礼仪的功能,这是巧妙利用形色统一的杰作。

玉的各种天然之色,可以通过色与形的统一来表现特定的情感,而这对艺术家们来说,具有较高的难度。这不仅要求艺术家们能够得心应手地征服玉料来表现自己的构思,而且要求艺术家们要有卓绝的审美情趣。黄玉琮、黑玉圭等,用同色的玉琢成,既体现了琮、圭等礼器的庄重,更说明玉器艺术家们对色彩的独特选择。这是他们多少代多少年艺术实践的结晶。商代的玉器艺术家们堪称造型艺术的大师。

商代的"俏色玉",就是形与色统一的玉器的典范之一。"俏色玉"也称为"巧色玉",《释名》说:"巧者,合异类共成一体也。"[7]高手集色与形为一体,创制了像玉鳖这样的艺术品。"俏色"工艺是利用玉料的不同天然色泽纹理,刻意安排,使雕出的造型各部位自然显现出不同的颜色,使其造型富有特别的情趣。如玉

图 4.13 商代晚期俏色玉鳖
中国社会科学院考古研究所藏

---

[6]〔汉〕郑玄注,〔唐〕贾公彦疏:《周礼注疏》,载〔清〕阮元校刻:《十三经注疏》,中华书局1980年版,第762页。

[7]〔汉〕刘熙撰,〔清〕毕沅疏证:《释名疏证》,中华书局1985年版,第104页。

鳖，选用墨、灰二色相间玉料，雕刻时把墨色部分安排在背甲部位，灰白色部分雕刻成鳖头、颈及腹部，使所成造型色泽自然天成，极富造化之美。这种看似天成，实则为独具匠心之作，体现了艺术家们形、色高度统一的技巧。（图4.13）这种对浑然天成的自然美的艺术表现，说明了商代的艺术家们在审视材质时所表现的独特的审美情趣。后世的大量仿生玉器无不深受这种方式的影响，体现了古人的高度技巧和智慧。

比例得当和形、色统一，是古代玉匠长期经验的结晶，也是他们制玉的基本标准。正是因为这样的标准，玉器的制作才趋向繁盛，形态才显得多样化，并且在造型上体现复杂的制作技巧。商代的玉器品种繁多，造型多样，显示了玉器艺术家们高度的艺术技巧。众多的圆雕、浮雕玉器，用"错彩镂金"来形容也毫不过分，这在商代之前是极少见的。而玉人、玉鸟种种，则既有阴刻，也具圆雕，使造型生动，形象鲜明。另外，商代还涌现出大量新品，如形神兼备的玉凤、玉虎、玉鹦鹉、玉鸮等动物玉雕；龙形玉璜、鱼形玉璜、1/3环形玉璜以及玉鞢等；体形较大的摹仿青铜器的玉簋、玉盘等；以及工艺精美的各种动物或人物的圆雕作品等。可以说，商代玉器在装饰艺术上确实有了很高的水平，也体现了高度的美感。

商代玉器的造型是其前代的集大成者。作为一个统一的多民族的国家，商代已经有了雄厚的国力。而作为财富、权力象征的玉器，在商代进入了鼎盛时期。商王好玉，贵族佩玉，祭祀用玉，使玉器生产规模空前，大规模的制作并没有降低玉器的制作技巧，反而使工艺水平更加杰出。可以说，商代的玉器艺术家是那个时代的真正的造型艺术大师，是他们在商代造就了中国上古玉器艺术的高峰，也是他们向人们展示了琳琅满目、美不胜收的玉器世界。商代出现的镶嵌在青铜器上的玉器镶嵌工艺，既体现了青铜器的庄重肃穆，也展现了玉器的灿烂夺目。

总之，商代的玉器既有对传统的承袭，又有自身的独创。它受石器和陶器的影响，并且影响了青铜器的造型。而青铜器制作技术成熟后，反过来又影响着玉器的制作。人们曾经经历了石器、陶器、青铜器的时代，随着时代的发展，石器、陶器、青铜器都先后退出了历史舞台。而惟有玉器，依然凭借其温润的质地，纵横于古代，又一直延续到现代。玉器正是造型艺术这一历史演变历程的有力见证。

第三节 纹饰：纹饰的精密化与平面化

商代的玉器在继承前代玉器和其他器物的基础上，内蕴不断地得到了深化，使其物态形式负载了深刻的精神内涵，从而作为文化的载体，成为人的生命的象征。商代玉器的成熟，主要体现在其形制、功能及纹饰上。纹饰使质地和色彩上本来就具有审美价值的玉石锦上添花，具有妩媚动人的外表。由于有了纹饰，玉器的发展掀开了崭新的一页。在陶器纹饰的基础上，玉器的纹饰有了进一步的发展和深化。在商代中后期又显然受青铜器的影响，互相作用，相得益彰，这使商代玉器在集前代大成的基础上达到前所未有的高度。"商代玉器除少数武器及礼仪玉没有全部纹饰外，其余玉器都披上了华美的装饰外衣，商代是纹饰玉器唱主角的时代。"[8] 商代玉器的审美发展，主要体现在纹饰上，由于锯割、琢磨、钻孔以及砣具等技能和工具的使用日渐熟练，使玉器的饰刻纹饰向高度复杂化发展成为可能，从而使玉器的审美价值在商代获得了质的突破。

一、形式特征

商代玉器的成就主要体现在纹饰上。商代玉器大多以纹饰命名，如各种仿生形饰玉器，龙纹、鸟纹、兽纹等形象生动，具有一定的气势。云雷纹由连续回旋形线条构成，其中云纹为圆形，雷纹是方形，表现出磅礴的气势和雄壮的审美效果。菱形纹由线条组合刻成菱形状，使图案繁密，加深渲染效果，优美而富有

---

[8] 殷志强编著：《中国古代玉器》，上海文化出版社2000年版，第156页。

图 4.14　红山文化玉龙
1971 年内蒙古翁牛特旗赛沁塔拉出土

情趣。云龙纹如腾飞在云中的龙，气韵流动，形象逼真。龙纹是一足或两足形的怪兽，圆眼，方嘴，方形卷尾。兽面纹则侧重于表现怪兽的头部。

纹饰是玉雕艺术的重要表现形式。在玉器上琢刻纹饰，自新石器时代的红山文化即已开始，如被誉为"中华第一龙"的红山文化玉龙（图 4.14），其头部的阴刻线勾勒出的龙头，就是纹饰的印记，到后来的良渚文化"琮王"上具有"良渚神徽"性质的神人兽面图案，其细密的阴刻线条已表现了纹饰的高度成就。但这两种文化所代表的新石器时代玉器饰刻纹饰的玉器还只是其中一部分，而不是整体。由于受到生产力发展水平和纹饰装饰技术水平的限制，纹饰在新石器时代的玉器中还很少见，当时的纹饰也只是玉器的外在装饰，但我们也不得不承认，在新石器时代的部分玉器中，局部的纹饰已显露出人类对玉器装饰的较高要求。正是在此发展基础上，商代玉器才显露灿烂的光芒，不管是装饰品还是礼器、仪仗器及用具，其饰纹、造型及制作技艺均有重大的突破。它兼容并蓄，巧妙地运用线刻、浅浮雕及圆雕等手法，绘制出一幅幅绚丽夺目的玉器纹饰图，使玉器成为商文化的一种象征，以及商代人丰富情感的表达。

商代的纹饰首先以线条为主，采用线面结合的方法，构成整个玉器纹饰图形。这里的线刻，主要有阳线和阴线两种。阳线的具体制法为，先沿纹样两侧边缘分别刻出阴线（双线阴刻），再将阴线外侧磨成一斜面，磨去纹样周缘的玉面，变成真正的浅浮雕。而阴线则是沿纹样直接刻入，再将阴线两侧微加修磨，使线条加宽形成凹陷阴线纹。这两种方法刻制的花纹在殷墟出土的玉器中多有出现，成对的线条构成整块玉面，线、面构成饰纹装点玉器。这些玉器多为神人兽面纹、双钩线纹等。其中双钩线纹为商代艺术家的独创技巧，即两条阴线相交，使阴线之间自然显现阳纹，阴阳相错，富于立体效果。如商代中期龙纹，其纹乃双钩阴刻线，构成重环纹、云雷纹、菱形纹等，使所刻龙形形象生动，风格多样，体现不同形态。商代玉器多数纹饰均以此为基础，反映了商代玉器艺术家们构思

第三节　纹饰：纹饰的精密化与平面化

的精巧和技法的成熟。

其次，商代人还采用浅浮雕、圆雕的方法雕刻纹饰。浅浮雕在阴线刻纹的基础上凸出阳纹而具有立体的表现效果，而圆雕多为造型动物的雕刻技巧，是整体形象的立体雕刻，商代人往往将两者有机结合起来构成整个玉器的纹饰及造型。如商代出现了大量动物、人物玉器的造型，整体上是立体的，而在立体的表面，用浅浮雕技法琢出表面的纹饰，从而使整个动物或人物造型栩栩如生。殷墟出土的玉人，显然是用圆柱形玉器雕成的，先大致勾勒出玉人的头部、躯干，然后采用阴刻线，在头部刻出头发，在身上刻上服装纹饰，从而使玉人的形象立体地呈现在世人面前。其高度的技巧、独特的构思，尽现在玉人的雕刻手法上。

商代玉器多为上述两种雕刻手法的结合。其线条演变的规律，乃由写实到写意、再到象征，即先有具象夸张的写实，然后再分解或简化躯体，最后变成抽象的动物形乃至面目全非的几何形，从中反映出审美意识的不断深化。

二、纹饰特征

商代玉器纹饰的发展是渐进的，从早期局部纹饰到晚期的整体着装，表现出了技艺的娴熟。尽管商代玉器仍然带有复杂的内涵和社会功能，如盛行的神人合一、人兽合一的图案造型等，但许多图案的玉饰，往往是人们用来表达对祖先的崇拜的。同时，大多数商代玉器的纹饰，已经朝着装点外在世界的方向发展了。这些饰纹的玉器，渐渐代表了古人对艺术的追求，对审美理想的倾注，更多地表明了人们高度的审美思想。

具体说来，商代玉器的纹饰主要体现了以下三个特点。

首先，雕饰细腻、精致。商代的玉器向追求雕饰化方面发展，表现在纹饰上以精密化倾向为主。商代的大多数玉器纹饰装点精致，呈现出繁缛、绚烂的特点，为各类造型成功地作了烘托。如鸟纹，"采用写实与夸张相结合的手法雕琢，轮廓简练，重点突出，刀法简单，造型［型］构图闭口瞪目，高冠卷尾，昂首凝视，规矩严谨，眼睛多'臣'字形眼，器型以薄片状多，器身多孔穿，玉鹦鹉是商代玉鸟的代表作,器身满饰双勾云雷纹"[9]。另外像鱼纹等,着力刻画了眼部和嘴部、尾部,以增强装饰效果。商人爱装饰玉,妇好墓出土玉梳用鹦鹉作装饰。玉匠们的工具上也多以鱼、鸟、龟、龙等形状作柄部装饰。

其次,因形刻纹,因材施艺,为玉器的造型烘云托月。由于玉器的形制是固定的,而其上的纹饰则可据造型而饰刻,如要绘制在龙形玉器上,其纹饰多为重环纹、云雷纹,以显其势。再如在璧、璜上刻龙纹,其纹饰多以环形为主,具有圆、半圆形状,以凸显弯曲的龙形。这种根据不同的材质和造型琢刻不同纹饰的技艺手法,体现出商代玉匠独到的想象力和非凡的审美倾向。

第三,图案平面化。即以整体装饰为特色,纹饰繁而密,体现平面化的特点。立体的实物被绘制成平面图形,表现了商代人的抽象能力,即"立体空间作平面处理"。这种手法需要掌握卓越的抽象概括和构图的能力,用简洁明快的图案语言去表现对象最基本的特征,做到形神兼备,以适应各种装饰功能的需要。这也是商代玉雕较为突出的特色之一。平面的几何形纹饰往往有着人为改造的痕迹,体现了人工韵律与自然法则的完美结合。他们往往能利用一切可利用的玉器表面空间,去绘制具有高度概括力和想象力的图形,从而在整体上体现形式美。同时,也为后世玉器工艺的发展奠定了基础。从某种程度上看,玉雕工艺品在时间上比青铜工艺品以及其后的铁制工具更有持久性。这是由于其质地持久不变,从而能使其跨越数代而不衰,保持相当的魅力。另外,纹饰平面化的构图和静态化造型,也能使玉器艺术具有锦上添花的表现力。

这些抽象的纹饰蕴含商代人丰富的想象力和创造力,体现了他们独到的感应外部世界的思维。它们均以线条为母题,表现商人的奇思妙想。"事实上,商周时代的艺术家则是把线条作为一切造型艺术的基础和最为普遍的表现形式,所以他们才能表现出事物的本质及其内在的运动规律,那是一种跃然于观者眼前,不带任何摹仿痕迹的自由创造。"[10] 从中也反映出先民们在玉器创造中不受预设观念制约的自由精神。

---

9 陈健:《古代玉器的装饰纹样》,《南方文物》1997年第4期,第118页。
10 谢崇安著:《商周艺术》,巴蜀书社1997年版,第147页。

第四节 | 艺术风格：
崇尚自然与宗教色彩

作为有高度艺术成就的商代玉器，因其风格的多样性而保持持久的艺术魅力。其中既有前人的积累，也包含了商代人杰出的智慧与独特的趣尚。商代玉器的风格也表现在集先代及各部族的风格之大成上，从而最终汇集为商代乃至整个中华民族的艺术风格。

一、时代性

商代是中国上古社会的鼎盛期，经济相当发达，社会分工更加细化，出现许多专门的技术种类，有专门从事农业生产的体力劳动者，也有从事手工业生产的艺术工匠等，因而商代的各项事业在前代的基础上取得了突飞猛进的发展。而作为贵族精神象征的玉器，就明显地反映了当时的时代风格。

商代玉器的时代风格是从其作为社会形态的表征中加以展现的。特别是在意识形态和精神领域，商人已经有了尚玉的传统。"以玉比德"在商代已经有了明显体现。商代的礼玉正是这种时代风格的表征。早在5000年前，红山文化和良渚文化中的大量玉器，就已经具有了高度的艺术性。这种已成艺术品的玉器，体现在其精致的造型以及成熟的技艺上，也表现了史前玉器开始走向神秘化、礼制化的特点。商代继承了史前玉器的这些特点，将礼玉作为宗教和礼仪等精神活动的工具。

商代玉器的时代因素主要体现在两个方面：首先因功能的多样，而使玉器的风格独具时代特色。殷墟妇好墓出土的大量玉器包括礼器、仪仗器、工具、艺术品等七大类。这些不同功能的玉器，是和特定时代对玉器的要求相联系的，特别是其中为数众多的动物形玉器，其风格更是具有独到之处，其势欲出，其态欲现。其次，由于技术的进步、工具的革新，殷商玉器的纹饰得以琢制并日益走向完善，出现了前世所未有的大量饰纹玉器，如盛行于商代的神人形纹、人面纹就有明显的殷商时代风格，这样纹饰反过来又成为殷商社会的时代特色，即商代人崇神敬神的特色。从这两点来讲，商代玉器的时代风格明显代表了那个时代的发展要求，总体上呈现凝重、宗教化以及神化的特征。

二、崇尚自然

崇尚自然是造型艺术返璞归真的艺术风格的体现，商代玉器在造型艺术上正是这种追求的表现，各种仿生形的具象性玉雕动物和玉人，都追求一种切近自然真实的美。这当然与玉质本身有关，由于玉本来具有晶莹、温润之质，因而其造型力求不破坏玉质本身的美，而是切合自然，因材施艺，使玉质与造型完美结合。商代玉器继承了红山文化和良渚文化治玉的传统，特别是良渚文化，商代文化与其有着直接的传承关系。史前玉器不着细饰，如早期红山文化的玉龙，仅在头部刻饰，而龙尾部根据玉质原来特征，不加任何修饰。虽然在良渚文化各种局部的纹饰中，出现了如玉璧上刻制"神徽"、斧钺上刻划神兽人面纹的做法，但都是整体中的局部，大多数表面均光素无纹，说明原始人重视自然之质。这一特点影响到了商代。商代玉器的形制保留了这种自然本色，特别是后期浅浮雕、圆雕技法的运用，使玉器在未脱质地之基础上稍加装饰，如殷墟妇好墓出土的一件长11.7厘米的玉虎，在圆柱形坯材上逐步展开刻描，体现了形象美，在玉料、形象和风格的自然逼真方面，都有着独到的魅力。商代后期的玉器虽然纹饰繁缛，造型各异，但追求一种与原始玉料相配合的自然美，这是商民族直至以后整个华夏民族取法自然的肇始，这一民族风格一直到现在还在发生着影响。商代玉器的这种崇尚自然的民族风格显然受各地玉器发展的不同程度的影响，是融合其他民族风格的产物。商本为东夷民族，入主中原后，吸收了夏代玉器探索的成果，同时也受南方良渚文化的影响，有一种兼容并包的风格。

三、宗教色彩

商代是信神祀鬼的朝代，从其信仰神鸟为发端，鸟是商民族的崇拜物，因而商代以鸟作为宗教崇拜的一类，造型在玉器上多有体现。这种风格也是承袭前代并甚于前代的表现。如良渚文化的神人兽面纹玉器，当时是良渚文化时代古人的一种信仰，影响到商代，琢刻了大量具有类似纹饰的玉器。

商代各种玉器造型、纹饰都在表现相同的主题，有明显的宗教色彩。至于神人合一、虎食人卣等，则表明商代重视祭礼、回报，在不同祭祀场合，象征性地接受人畜牺牲的祭祀，即"食人未咽，害及其身，以言报更也"[11]。报更即报偿的意思，这种民族化宗教风格在商代的这类玉饰形器包括礼器、佩器上多有体现，从而形成特定的宗教礼仪、宗教传统，进而影响商代的大多数玉器造型艺术，即体现为商代玉器中的"人兽母题"。"这种艺术形式的嬗变，恰恰是反映了中国历史上，从原始礼俗（仰韶时期）演化到神权政治初现（龙山时期）和王权得到完全神圣化的文明进程。"[12]商代玉器将这种浓厚的宗教色彩渗透在玉器的创造中，通过温润的质地和典雅的方式加以表现，显示出独到的风采，这与青铜器的狞厉之美是不同的。

商代玉器是整个造型艺术的一部分。因为玉石工艺在时间上更具持久性，故商代玉器的发展依然较前代更有进步，并进而成为商代非常成熟的艺术形式之一。尽管后来的青铜器分担了玉器的一部分职能，而且由于商代青铜器在礼仪祭祀中占据主导地位，导致玉器的相关功能明显下降，但两者相互影响、相互补充，使商代的整个艺术呈现着辉煌的气派，其造型、纹饰、风格都明显印刻着商代的特色，具有商代的时代风采。商代的玉器和其他器皿一起，对于后世艺术风格的形成起到了定形发展的作用。研究商代玉器正是研究灿烂中华文化的一部分，它带给我们的是无尽的畅想、重大的责任以及继往开来的进取精神。

商代后期，青铜工具的成熟运用，赋予玉器制造以新的动力，使商代玉器不仅在质量上日趋上乘，而且在数量上极其庞大，《逸周书·世俘解》载武王伐商时"商王纣取天智玉琰五环身厚以自焚……焚玉四千……凡武王俘商旧玉亿有百万"[13]。这里的"亿"虽然有些夸张，但数量也不会少的。可见商代王室用玉是

---

11 许维遹撰，梁运华整理：《吕氏春秋集释》下，中华书局2009年版，第398页。
12 谢崇安著：《商周艺术》，巴蜀书社1997年版，第57页。
13 〔晋〕孔晁注：《逸周书》第二册，中华书局1985年版，第116—117页。

极盛的。20世纪发掘的大批商代墓葬，基本上都是王室墓葬，墓葬的规模是巨大的，出土的玉器非常多。这说明商代社会玉器基本上为王公贵族所有，平民是很少有用玉的，即使有也主要是些小型饰物，说明玉器的贵重与稀少。所以商代玉器虽然达到巅峰，但是也只能是王室玉器的巅峰，它不可能在全社会普及，故有人认为商代前期有一个夹在石器、陶器与青铜器之间的"玉器时代"显然是不妥的，因为玉器不可能像石器、陶器以及青铜器那样在全社会普及，但采用此说法却能说明商代玉器的成就，说明玉器与尊贵可以相提并论，是高贵的美、珍稀的美。

总而言之，玉器由于本身原料的珍稀和取料的困难，其装饰性价值备受推崇。商代玉器在造型上注重因物赋形、因料施艺，注重对动物的仿生写实性摹刻和虚拟性创造，讲究玉器比例的协调、形体的匀称和形与色的高度统一，既使玉料得到恰如其分的运用，又体现出艺术家们丰富的想象力和高超精湛的技艺。在纹饰上，商代玉器强调因形刻纹、因材施艺，将图案的平面化与立体化有机结合，力求雕饰的精致与细腻。在风格上，商代玉器洋溢着礼制化的时代气息，返璞归真的自然之质和浓厚的宗教色彩。商代玉器制造中体现的造物原则和审美标尺推动了后代造型艺术的发展和成熟。同时，商代玉器服务于主体情意的表达和权力的表征，成为时代精神风貌和人们审美趣尚与理想的物质载体。

第五章 商代青铜器的审美特征

商代是中国青铜器的辉煌时期。青铜器在商代获得最充分的发展，以至"青铜器"三个字也成了商代的代名词。肇端于夏代、鼎盛于商代的青铜器，在中国文明史上，甚至在世界文明史上都具有不可忽略的价值。在中国审美意识的历史变迁中，特别是在造型艺术的发展历程中，青铜器的审美价值有着举足轻重的影响：其一，商代各类青铜器的造型不仅继承了此前的石器、玉器和陶器造型的技巧和风格，而且具有鲜明的时代特征，包含着神圣的宗教意蕴；其二，商代的青铜器纹饰，在中国器物的发展史上更是出现了质的飞跃，尤其是兽面纹这一包含着原始宗教意味的纹饰，带着深层的时代气息，贯通在远古与后世的文化血脉之中。

第一节 | 概述：
辉煌的"青铜时代"

从 20 世纪上半叶开始，中国的学者们如郭沫若、郭宝均、张光直等人借用西方的"青铜时代"这个名称，来指称夏、商和西周时代，以强调青铜器对于商代及其前后时期的重要意义。商代的屡次迁都，在一定程度上也与青铜的矿源等方面的问题有关。"青铜时代"一词，起初由丹麦人汤姆森（Christian Jurgensen Thomsen，1788—1865）在 19 世纪上半叶率先使用，本来指人类社会中用红铜或青铜为切割器的时代。而中国的"青铜时代"，则以大量使用青铜制作的兵器、礼器和青铜生产工具为特征。

一、基本功能

商代的青铜器门类齐全，现存的主要有礼器（又包括食器、酒器、水器等）、乐器、武器、生产工具、双轮马车或木制品上功能性或装饰性的金属制品以及陪葬的明器等。各种青铜器皿都有自己专门的名称，如食器有鼎、鬲、甗、簋、盨、簠、敦、豆等；酒器有爵、角、斝、觯、觚、觥、尊、卣、盉、彝等；水器有盘、匜、盂、缶、瓿等；兵器有戈、矛、戟、钺、剑、刀等。青铜器种类繁多，形制缤纷，其中尤以礼器数量最多，制作最精美，是整个"青铜时代"的最高典范。

虽然青铜器因其铸造复杂，需耗费大量的人力物力，但从问世那天起，它就以其独特的物质价值和艺术价值成为贵族阶级的专有物，被统治阶级所享用，而普通人也许一辈子都无缘目睹它的风采。但这并不意味着青铜器就只是纯粹用来炫耀身份的观赏品，它的实用功能与其审美功能、宗教功能、政治功能等是同时并存的。早期的青铜器曾逐步普及到贵族的实用器皿中，在食器、水器、酒器中大量存在。《周礼·天官冢宰·亨人》有所谓"亨人掌共鼎镬，以给水火之齐"，郑玄注："镬所以煮肉及鱼腊之器，既熟，乃蒸于鼎。"[1]镬为锅，鼎为祭器。许多青铜器生活用品是对已有的其他材料器皿的部分替代，如簋、鬲、甗、豆等，起初都是用竹和陶制作的。到了商代，既然国家高度重视祭祀与战争，那么，青铜这种当时贵重而又耐用的物质材料，便主要被使用在祭祀的"彝器"和战争的"兵器"中。统治者自己生前占有的青铜器，死后还要随葬入土，并逐渐将想象中神的需求放在第一位，可见商代社会"尊鬼重神"的程度。当然，除了祭天祀祖和铸造兵器外，还有宴享宾朋、赏赐功臣、记功颂德、部落歃盟和死后随葬等功能。这一点，我们从青铜器内部常用来记载其所有者情况及铸造目的的铭文中，就可以清楚地看出。

在祭祀与实用功能之外，青铜器还体现着沉重的王权观念。从夏代开始，青铜铸就的钟鼎彝器，首先是王室建邦立国的重器，被看成法统传承的象征。《左传·宣公三年》载楚子问鼎中原，王孙满对曰："昔夏之方有德也，远方图物，贡金九牧，铸鼎象物，百物而为之备，使民知神奸。"[2]《墨子·耕柱》也有铸鼎的

---

[1] 〔汉〕郑玄注，〔唐〕贾公彦疏：《周礼注疏》，载〔清〕阮元校刻：《十三经注疏》，中华书局1980年版，第662页。

[2] 〔汉〕杜预注，〔唐〕孔颖达等正义：《春秋左传正义》，载〔清〕阮元校刻：《十三经注疏》，中华书局1980年版，第1868页。

记载:"夏后开……而陶铸之于昆吾。"[3]这些记载都说明青铜时代从夏代铸鼎就开始了。鼎以其材料的耐久和昂贵的特点,在实用中被当作炊具和容器,在祭祀中又被赋予神性。彝器的意思就是被视为珍宝的宗庙礼器。《左传·襄公十九年》:"且夫大伐小,取其所得以作彝器。"晋杜预注:"彝,常也,谓钟鼎为宗庙之常器。"[4]又《左传·昭公十五年》注:"彝,常也,谓可常宝之器。"[5]在上古的背景下,青铜器被当作宗庙礼器,当然也就是国之重器。它与宗教意识、权力观念密切结合,常被用作"明尊卑""别上下"(董仲舒《天人三策》,见班固《汉书·董仲舒传》)。而鼎的易手就意味着政权的更迭。商灭夏得夏之九鼎,周灭商后鼎又迁入周王室,秦一统天下后也一心探寻周鼎的下落。这个传统在商代表现得尤其充分。

青铜器虽然主要是祭祀用品、礼仪用品和日常器皿,但同时又具有观赏的价值。它们不是一堆堆死气沉沉、承载了太多功利内容的象征符号,而是一件件美轮美奂、庄重典雅,又有着丰富的感情内涵与文化底蕴的艺术品。青铜器是有血有肉有骨的,它们的生命体现在形制、纹饰、光泽(虽然如今已被岁月无情地侵蚀)以及铭文中。商代早期的青铜器还未脱离木器、陶器的约束而自成一统,常常显得比较轻巧、简朴乃至稚嫩,似乎是加大、加厚、加重的陶器。而商代后期的青铜器,则已在自己的道路上昂首阔步、游刃有余了。无论是千姿百态的造型,还是华美繁缛的纹饰,都昭示着它已发展到登峰造极、几近完美的程度。青铜器在形制和纹饰上继承了其他形器如玉器,特别是原始陶器所积累的艺术特点,是史前艺术传统的综合,如陶器的形制和玉器的纹饰在青铜器中得到了巧妙地结合,但又有了很大的变革和发展。青铜器的各类造型和纹饰为着共同的宗教与政治目的服务,却又有着不同的分工:造型主要为突出青铜器的庄严沉郁,纹

---

[3]〔清〕毕沅校注,吴旭民校点:《墨子》,上海古籍出版社2014年版,第217页。
[4]〔汉〕杜预注,〔唐〕孔颖达等正义:《春秋左传正义》,载〔清〕阮元校刻:《十三经注疏》,中华书局1980年版,第1968页。
[5]〔汉〕杜预注,〔唐〕孔颖达等正义:《春秋左传正义》,载〔清〕阮元校刻:《十三经注疏》,中华书局1980年版,第2078页。

饰则重在营造神秘与诡异的氛围。它们通过线条显现为高度抽象的视觉形象,从中体现出生命的韵律和人们对世界的情感体验,具有凝重、高古等特征。这是人类心灵之舞的物态化。青铜器有着清晰的线条,对称而规整的格式,其装饰多为静穆、狰狞的兽面纹,表现了商代人所具有的对自然的敬畏之心和统治者的威严,并且具有护身辟邪等功能。

二、铸造技巧

商代已有了一套较成熟的青铜铸造法。青铜的质地决定了它不可能像泥土那样被直接捏成陶器的胚胎,也不可能如玉石一般直接雕琢、打磨。铸造青铜器首先要制模,先用泥土做出器具的初胎,以朱笔在模上画出花纹,花纹的层次则或用刀深刻使其凹入,或补贴上已琢好的泥使其凸出。然后便是翻花,即将澄滤过的细泥均匀地拍在范模上,压出花纹、铭文,等泥片半干后取下作为外范,再浇注铜液,待铜液凝固后取出器物,稍予打磨加工,一件沉郁而典雅的青铜器便以高贵的姿态问世了。在配制各金属间的比例时,商代的铸造者也已经有了高度的技巧。《周礼·冬官考工记》:"六分其金而锡居其一,谓之钟鼎之齐(剂);五分其金而锡居一,谓之斧斤之齐;四分其金而锡居一,谓之戈戟之齐;参分其金而锡居一,谓之大刃之齐;五分其金而锡居二,谓之削杀矢之齐;金锡半,谓之鉴燧之齐。"[6]这虽是周代的归纳,但其规律却是商代的青铜器制作的长期实践经验的结晶。商代晚期的青铜器尤其如此。以菱格乳钉纹鼎为例,它是商代晚期小型铜鼎中的精品。装饰龙纹和内套乳

图5.1 菱格乳钉纹鼎 大英博物馆藏

菱格乳钉纹鼎(局部)

---

[6] 〔汉〕郑玄注,〔唐〕贾公彦疏:《周礼注疏》,载〔清〕阮元校刻:《十三经注疏》,中华书局1980年版,第915页。

丁纹的菱格纹，形体略小，铸造精良，造型美观，纹饰谨严。（图5.1）

在创造过程中，青铜器体现了匠人们丰富的想象力和高超的艺术技巧，同时也是当时人们社会文化心理和精神生活的反映。由于青铜器在当时的贵重程度和使用的重要性，因而也把当时最优秀的工匠和最灵巧的技艺集中到了青铜器器皿的制造上。因此，青铜艺术是商代艺术的典型代表，研究商代的审美意识，必须要研究青铜器。青铜器特有的厚重稳健的质地，对其艺术风格所产生的影响同样是重要的。即使不了解青铜器在商代所承载的宗教使命与政治意义，面对它们时我们也会在其威仪之下产生由衷的敬畏与赞叹，能立即与之联系在一起的是雄浑、威严、凝重、粗犷等词语。这钦佩与折服不是献给青铜器本身的，更不是给予当时它们的所有者的，而是为了一个时代，为了那个时代青铜器的制造者们独特的灵心妙悟。

第二节 造型："制器尚象"的铸造思路

商代青铜器种类繁多，形态各异，每一类器具都有相对固定的形制。到了后期，商代青铜器造型的形式美的地位逐渐上升，最终使严整、凝重的青铜器造型淹没在巨大的形式意蕴中，并成为商代人重要的"礼器"。庞大的青铜器透露出威严跋扈的王权意识，也寄寓了商代人欲通天地、祈福除邪的宗教理想。商代青铜器造型"制器尚象"，描摹自然物象而又不凝固呆滞，处处体现出对称均衡的美感和活泼灵动的气韵。厚重狰狞的青铜器也因此成了商代人鲜活的生命精神的象征。

这里主要以食器和酒器为例，展现商代青铜器美丽多姿的造型世界的一角。

一、形制与时代精神

青铜器的造型有着明显的时代精神。在夏代二里头时期，青铜器形制较小，

图 5.2　妇好青铜偶方彝　中国国家博物馆藏　　　图 5.3　三羊尊　故宫博物院藏

器壁轻薄，形制稚气，但造型已基本定型，为商代青铜器的发展奠定了坚实的基础。二里冈时期的青铜器还明显地留有陶器的痕迹，一般胎壁薄，纹饰少，体态也较小，古朴简单却不失凝重，看上去轻灵流畅，整体性强。商代后期青铜器虽继续传承着陶器的某些造型特色，如有着浑圆的腹部、丰满的袋足等，但已自成一家。它们更加厚重稳健，往往胎壁较厚，纹饰繁多，体积增大。商代后期青铜器造型具有了鲜明的层次感，而制作技艺的高超又使得青铜器曲线流畅，各部位浑然一体，一派浑然天成的气象。这时还出现了一些新的品种，如罐鼎、方彝、鸟兽尊等，也带着明显的时代气息。（图 5.2、图 5.3）

　　形制的变迁并不仅仅是简单的审美观念的转换，它与时代及民族的心态紧密地联系着。早期青铜器在很大程度上还是日常生活用品，是新材料发明后对部分陶器的替代，因此它更加侧重于实用，讲究轻巧、方便、耐用。但即使造型朴素、形体较小，质地的厚重仍使得青铜器常常呈现出稳固庄严之势，人们发现这与祭祀场合的威严肃穆十分合拍。另外，虽然早期青铜器的造型还比较粗糙幼稚，但由于铸造工序复杂，需耗费大量的人力物力，使得青铜器变得昂贵难得，实非普通百姓所能使用，因而青铜器实际上只为少数统治者所占有，是权力与地位的象征。于是，在敬天地、畏鬼神的商代，统治者推己及神、鬼、祖先，并不断制造精益求精的完美器具，以示恭敬和虔诚。这样，青铜器便逐渐由日常用具转化为祭器，其实用性开始从属于宗教性、观赏性，青铜器的造型因而朝着厚、

图 5.4 商前期兽面纹鼎
故宫博物院藏

图 5.5 商前期乳丁纹青铜方鼎
中国国家博物馆藏

图 5.6 商后期青铜鼎
中国国家博物馆藏

重、实、大的方向发展。实用和祭祀的功能加强了人们对青铜器的质量和美观的要求，而社会生产力的空前发展，以及铸造技术的熟练、进步，又使青铜器造型的演变成为可能。体态的变化，使得沉重、神秘的时代特征获得了合适的艺术传达。

青铜器处处透出权力与地位意识，形制也不例外。庞大的鼎象征着浩瀚坚稳的王权，这表现在青铜器的以大为贵的价值尺度和审美趣尚中。而由于质地的限制，青铜器很难如玉器、金器那样精雕细琢，故精致小巧的青铜器亦被归入珍贵的行列。

二、几何型与仿生型

商代青铜器种类繁多，其造型也千姿百态，主要可分为几何型和仿生型两大类。

几何形态包括方形、球形、柱形、椭圆形、I 形、不对称形等。商代青铜器的造型基本上已固定化、模式化，相应的器具有着基本相同的形状。如鼎作为个人地位与国家权力的象征，其造型应以庄严安定取胜，因此几何诸形中的正形——刚健的方与畅达的圆成为鼎之造型的首选。而富有变化与生气的不对称形，凸现纤长轻巧的 I 形，以及周正与矜持不足的椭圆形等，必然无法成为鼎的定型范式。另外，从功能的角度考虑，鼎在平时被用来盛放祭祀的鱼肉，其造型还应从实用性（如鼎足是便于将鼎体支撑于火上，敞口则使鼎容量大、易于捞取、散热均匀）等方面考虑，过于"花哨"的造型则不适于实用。故圆鼎与方鼎是商代鼎的两种主要类型，其中又以圆鼎的数量居多。商代早期的鼎多为圆腹尖足（图 5.4），也有柱足和扁平足的方鼎（图 5.5）；后期圆腹柱足鼎（图 5.6）

第二节 造型："制器尚象"的铸造思路 143

图 5.7 商代酒器

1. 兽面纹斝　故宫博物院藏
2. 兽面纹觚　故宫博物院藏
3. 兽面纹卣　中国国家博物馆藏
4. 友尊　故宫博物院藏

占多数,方鼎数量增加,尖足鼎基本消失,其威武凝重感日渐加强。

在几何形的青铜器中,方形器皿多用四足,而圆形器皿多为三足。这说明商代的艺术家在总结前人经验与实践的过程中,已经自发地掌握了审美与力学规则相协调的原则。四足与方形器皿的四条边相对照,上下连贯,自然而稳健。而既然三角形已构成稳固之势,以三足与圆形器皿搭配便显得稳重而美观了,无须画蛇添足再加作四足。

商代的酒器多为几何形。斝、尊、卣、觚等作为酒器,其本身所承载的威仪与责任相对较弱,且商人嗜酒纵欲,盛放美酒的器皿便相应地少了几分冷峻板正,造型灵巧奢华。如卣的造型常常是圆腹或方腹,长颈稍细,侈口,提梁纤长弯曲,重心不在器物中心而是明显靠下,通体宽度不一,于端庄中透出灵动。觚则形体修长,腹部纤细,口和底均呈喇叭状,且侈口的直径常常大于底,呈"I"形。其造型、比例不甚庄严,却多了几分奇巧。(图5.7)

图 5.8　四羊方尊
中国国家博物馆藏

图 5.9　鸟兽纹觥
美国弗利尔美术馆藏

仿生型青铜器的仿生形主要指其造型摹仿了生物的自然形态，其中主要是生动丰富的动物造型。商代仿生型青铜器有动物形、人兽形等。庄重不足的形状既然与鼎无缘，那么仿生形态的青铜器皿主要存在于酒器之中，其中又以鸟兽尊为最多。动物形的青铜器主要为牛、犀、豕、象、羊、鸮、龙等对鸟兽状的摹仿，形态生动、逼真，富有情趣。（图 5.8）如妇好鸮尊，其整体形象为一只站立的鸮，器皿宽大的腹部为鸮之躯体，鸮首后半部打开即为器盖，扇形尾巴扁平下垂，与粗壮的两足构成三个支点，正与器皿通常的三足造型吻合。鸮神态安详，重心后倾，体态丰腴，显得趾高气昂，志满意得，已绝非凡鸟。从中我们仿佛可以看出商代人的精神气质。

仿生形青铜器常常集中了多种动物的造型，设计出一些趣味盎然的细节。如豕尊的总体造型为一只硕大强壮的雄野猪，猪吻扁长，獠牙突出，双目凸起，躯体健壮，四肢有力，颈部的扉棱恰如其分地表现出鬃毛的坚硬。位于豕背的器盖上铸有一只悠闲娇小的立鸟捉手。鸟兽一大一小，和谐并处，相得益彰，使豕尊没有凶悍狂野之感，而是透出一些生活的气息。还有奇异的鸟兽纹觥（图 5.9），其前部为有着粗壮卷曲的大角、口露利齿的兽状。它引颈咆哮，似有扑出之势，而恰似兽足的锥形觥足向外倾斜，加强了器身的稳定牢固，使兽的爆发力有所收敛。觥后部的鋬为立鸮状，昂

第二节　造型："制器尚象"的铸造思路　145

首、挺胸、翘尾，足部粗壮，与兽的去向相反，二者的力量相互牵拉、相互制衡，充满动感却又稳定均衡。妇好鸮尊脑后的器盖上也别有一番天地：盖前饰一立鸟，盖钮饰为龙状，仿佛龙正匍匐向前觊觎着鸟，随时准备腾空扑去。这些造型为原本稳固神秘的青铜器注入了活力与意趣，有移步转景、处处皆景之妙。

仿生性是青铜器造型的显著特点，形神俱备、栩栩如生的仿生造型建立在铸造者对世界细心观察、精确把握与用心熔铸的基础上，它们为青铜器增加了趣味性与观赏性。然而这并不是仿生造型发展的纯粹目的。在形态各异的仿生型青铜器之中，还蕴含着更为丰富的观念与目的。

图 5.10　司母辛觥
河南博物院藏

在商代仿生型青铜器中，似乎很少有完全写实的兽形出现，多是局部怪异，总体写实的动物形制。如司母辛觥（图 5.10），兽身有着卷曲的牛角，前两足为兽形蹄，后两足却又是马蹄，奇特而又亲切。在纹饰中最重要的兽面纹，却没有出现在已出土的青铜器的造型当中。一种可能是因为饕餮已在纹饰中占据了主导地位，不必再在器型中重复出现；二则可能饕餮的形状不适于铸器，而更宜于用线条刻画。

商代青铜器中，还有一类器皿是人兽混合型的器皿。在商代，兽被神化了，人们认为人力不及兽力。因此，在青铜礼器中，很少单独出现人的造型，而常常是人兽组合。这样做既带有明显的自然崇拜的痕迹，又表达了人试图借助于兽力的愿望。王公贵族们本想通过庄重的形式与肃穆威严的兽形结合，营造出威慑力与震撼感，但由于青铜器本身质地的厚重，形体又较一般材料的器皿庞大，因此却在不经意间透出了一些憨厚可爱之态，鸟兽形的形制甚至尚不及某些纹饰那样神秘狰狞。如著名的虎食人卣（图 5.11），其造型为蹲坐的虎形，虎尾下卷撑地，与两只粗壮的后爪构成三足，牢牢地支撑住卣身。虎的两前爪紧紧抓持一人，张大口作欲食状，人头已入虎口。人物粗眉大眼、蒜鼻长发，人体与虎相对而头侧

146　第五章　商代青铜器的审美特征

向一边，以手抓住虎肩，脚踏在虎后爪上。虽然人物面部表情还比较平定，但整个造型令人触目惊心。还有一件人面蛇身盉（图5.12），其盖作人面形，粗眉，臣字目，巨鼻大嘴，额上有三道皱纹，头顶两侧却生有瓶形角，躯体为蛇形，双臂如虎爪，人面兽身显得神秘怪异。人的形象常常与兽同时出现，或借用兽的某些器官，这样已不是现实中的人，而是亦神亦人亦兽，已经异化了。

各种动物造型亦与其本身在商代所具有的地位有关，其中有自然崇拜的意味，如玄鸟的出现，就是对祖先的怀念和对神灵的感恩。在商代人看来，玄鸟是上天派来的使臣，它将商民族的种子带到世间。玄鸟虽是自然崇拜的对象，但这敬畏实际上还是指向神灵，这也说明了为什么玄鸟并不在青铜器造型中占主要地位。有些青铜器的造型还取材于各方国或被征服的部落文化，如四羊方尊中羊的造型取材于羌人的部族族徽，"羌"即为因崇拜而戴羊饰的部族。

除了作为沟通神灵、祖先的工具以外，青铜器中的仿生造型还具有维护王权统治的功能。如引人注目的虎食人卣便是统治阶级王权威严的象征。青铜器造型的仿生性特征体现出商代人对周围世界的细致观察和对生活的热爱，显示出他们热烈地探索自然却又有着种种不解的求知心态，还透露着他们渴望开拓却又被自身能力所限制，故转而去求助于神秘力量的无奈。

几何形和仿生形并非水火不容，而是有机结合的。鸟兽形常常局部出现在几何型器具的足部、提梁、牺首、錾、捉手、盖纽、柱等部位，如卣的提梁常常呈龙首、兽首、犀首等，觥常有鸟錾，肩饰羊头、龙头、兽头或牛头等。连最庄严持重的鼎，有时也将足铸为扁平的夔形或鸟形。鸟兽造型赋予几何型器具以生机，简单流畅的几何型器具又使鸟兽感

图5.11 虎食人卣
日本泉屋博物馆藏

图5.12 人面蛇身盉
美国弗利尔美术馆

第二节 造型："制器尚象"的铸造思路 147

染了肃穆优雅的气息,二者动静互补,构成了一个无声似有声的多彩的青铜器造型世界。在青铜器造型中,最不规则的爵更体现出青铜器形式的生机。爵实际上是几何理念与仿生理念的完美融合,它没有明确的动物器官,却又是传神的雀状。《说文》谓之为"象雀之形",段玉裁《说文解字注》作了进一步申说:"首、尾、喙、翼、足具见,爵形即雀形也。"[7] 这主要是从文字上讲的,文字象形于现实器皿,故青铜酒器爵也是雀的象形。拿任何一个商代的青铜爵来看,以其流为喙,两柱为上扑的翅,尖足为鸟足,尾为悠长的鸟尾,一只栩栩如生的雀便翻飞于眼前,写意中蕴含着真实的生命。(图5.13)面对这样一件充满了动感的器具,谁能说青铜器只是一堆程式化的宗教陈设呢?

图5.13　𤕟爵　上海博物馆藏

三、灵动与生机

青铜器造型还呈现出严整而灵动的特征。为适应神秘庄重的祭祀气氛,青铜器几乎都均齐对称,用板正的姿态承载神的威严与人的真诚。青铜器多有一定模式可寻,风格一致,具有稳定性。而大部分青铜器都可以找出一条中线,顺着这条中线切割的话就能将青铜器分为均匀的两部分。而圆形器具上的扉棱又分割出一块块看似矩形的

图5.14　双羊尊　大英博物馆藏

---

[7]〔汉〕许慎撰,〔清〕段玉裁注:《说文解字注》,上海古籍出版社1988年版,第217—218页。

空间，方圆结合，视角多变。如双羊尊（图 5.14）由两只相背的羊的前半身构成，两只羊的神情、姿态完全相同，甚至没有一些细节上的区别。之所以如此，既是出于铸造的方便，易于刻范、复制，也使青铜器往往呈现出肃穆的静态，有利于器具安放的稳固，从中折射出的是中华民族追求对称、均衡、完满、中庸的审美心态。

图 5.15　羊父丁方鼎
故宫博物院藏

但青铜器并非一丝不苟、中规中矩地体现着整齐划一的模式，商代的青铜器展现在我们面前的是稳中有变，几乎每一件都在相似的外表下，利用微妙的空间调度，形成造型上的虚实相生，透露出凝重的青铜器富有变化与生机的一面。例如，无论多么稳重而又显得压抑的方鼎也不会像一根中空的、严格符合几何形状的方柱，它会口宽而下部渐收，微微倾向于梯形，四只粗壮的足常上粗下细，或干脆就变作卷尾的夔或鸟，再稍稍倾斜作八字形，仿佛一个宽肩窄臀分腿而立的大汉，稳健而不呆板，处处透露出线条美却又不张扬。（图 5.15）又如觚，其发展趋势是口放大，座缩小，腰收细，愈显细长之美，但这并无头重脚轻之感和既倾之虞，相反，口底间留出的广阔空间更显出腰肢的纤细灵动与口径弧度的优美。青铜器还常常利用虚实空间的对比来调节其质地的厚滞之感。如鼎足间形成的大片空间留出了开阔的视觉空白，它与鼎身虚实结合，拉长了视线，冲淡了鼎的笨重感。觚的底座常开有数洞或作精心的镂空雕刻，由此形成的小小空间也与觚器的实体相呼应，增强了器具的轻巧感，为掩饰器身上的铸痕发展而来的扉棱也具有视觉调节之妙。它将器身在同一空间中划分为几个部分，造成视觉上的分割、跳跃，淡化了因对称而造成的僵硬感。

也许在贵族的授意下，商代人在青铜器的铸造过程中主要着意于神秘的宗教主题的传达,更多地去揣测神灵、祖先的心理。"兽之大者莫如牛象,其次莫如虎蜼,禽之大则有鸡凤,小则有雀。故制爵象雀,制彝象鸡凤,差大则象虎蜼,制尊象牛,极大则象象。……皆量其器所盛之多寡,而象禽兽赋形之大小焉。"[8]青铜器具的大小与现实中动物的身形相符合,又在写实的基础上进行变形与夸张,这正是现实世界与虚幻世界沟通、融合的物态表现。

对宗教性、观赏性的过分追求有时会使一些青铜器的造型华而不实。如虎食人卣的造型根本不利于取酒;觚的口径过大而腰肢过细,既盛不了多少酒液,又不利于饮用时液体舒缓地流出;有些爵的体型也很厚,温酒时传热缓慢。这样的器具,人们用起来极为不便,自然不是出于实用目的。但在商代人看来,正唯此方能让超人的神灵满意。因为在商代人看来,即使是先祖君王,在天地神鬼面前都渺小卑微,不值一提。

商代青铜器的造型与中国传统的"制物尚象"指导思想密切相关。《周易·系辞上》:"《易》有圣人之道四焉:以言者尚其辞,以动者尚其变,以制器者尚其象,以卜筮者尚其占。"[9]所谓"制物尚象",就是通过具体的器型表达一定的象征意义。青铜器被铸成仿生形态,是想借助一些生物的形象传达宗教信息,"用能协于上下,以承天休"[10]。当人智渐渐苏醒,神仙世界便渐渐远去,人们无助地发现自己已陷入"绝地天通"的境地,与神、鬼、祖先直接沟通的道路消失了,只能借助媒介的力量向上传达心声,向下颂扬天意。而这媒介,便是人类同样无法与之沟通的动物。因此,在祭祀活动中,商代人以与自己生活休戚相关的牛、羊、豕、鸡等为牺牲,供奉神灵、祖先,同时又希望这些动物带去自己的崇敬与祈祷。在祭祀中,扮演重要角色的牺牲所附带的神秘性与庄严性日益增强,最终被融入青铜器的造型之中。这样,用来祭祀的动物在一定程度上也成了被祭祀的

---

8 〔宋〕郑樵撰:《通志》卷四十七,中华书局1987年版,志六〇七上。
9 〔魏〕王弼、〔晋〕韩康伯注,〔唐〕孔颖达等正义:《周易正义》,载〔清〕阮元校刻:《十三经注疏》,中华书局1980年版,第81页。
10 〔汉〕杜预注,〔唐〕孔颖达等正义:《春秋左传正义》,载〔清〕阮元校刻:《十三经注疏》,中华书局1980年版,第1868页。

对象，它们被用来贿神，又因之沾染了神性，在商代人眼中具备了辟邪降福的力量。至于那些对各种动物形象进行分解和再创造组合而成的神兽，更寄寓着商代人欲与天地沟通和祈福除邪的理想。

神圣庄严的商代青铜器，如今虽已没有了三千多年前那炫目的、与灯火烟雾交相辉映的光泽，但它们始终如一的形制仍坚韧而忠实地执行着宗教的使命，凝聚着商代人复杂的情感世界。只是其中的内涵随着血与火时代的远去，有些已失落了可追究的根据，只能靠我们用共通的民族情感去体味商代青铜器特有的力量与壮美。

第三节 │ 纹饰："狞厉美"的形式特征

纹饰是青铜器美丽的着装和语言，又是商代青铜器的灵魂。它们可以在青铜器的腹部、圈足、顶盖、扉棱、牺首等几乎任何部位生根发芽。纹饰以其奇妙的想象、生动的表现、精巧的构思和高超的艺术技巧，把青铜器装扮得光彩照人。它们以严谨的结构，巧妙而又生动地与器皿的造型相适应，是一种有意识的装饰。作为一种约定俗成的、抽象化的符号，青铜器的纹饰可以传达出丰富的情感，是当时的人们进行心灵交汇的桥梁。通过这些美丽的纹饰，青铜器本身也成了丰富的文化意蕴的象征。

青铜器纹饰既有对彩陶纹饰和玉器形制的继承，又有着显著的扬弃和发展，并且打上了时代的烙印。宗教和政治的因素，使得青铜器在当时受到空前的重视，使得青铜器在制作技巧，特别是纹饰方面得到了飞速的发展。正是在这种背景下，商代青铜器的纹饰达到了中国古代器皿纹饰此前难以企及的高峰，又反过来影响到后来的陶器和玉器纹饰，以及其他后起的造型艺术。这些纹饰主要有动物纹和几何纹等。它们通过线条的有意味、有规律地飞动，趣味盎然地传达出丰富的象征意味。这些纹饰不仅代表了当时的艺术高度，更充分地反映出商代人的精神风貌。

一、纹饰的变迁

青铜器纹饰来源于河南和山东的龙山文化，成型于夏代的二里头文化时期。它的形成与发展显然受到了石器、陶器和玉器纹饰的影响。如商初青铜戈内部所饰的变形的动物纹饰，其最早渊源可以追溯到龙山文化遗址中石器上的兽面纹饰。早期玉器的形制，如夔形、鸟形、兽形等，在青铜器上获得了更充分的发挥，而绳纹、三角纹、圆圈纹等亦经过陶器而影响到青铜器。

在商代早期的二里冈时期，青铜器的壁面相对素朴，装饰纹样少而单纯，多为粗犷而抽象的兽面纹与乳钉纹；且画面构造相对简单，各纹饰间泾渭分明，为单层凸起纹饰，古朴肃穆。中商时期纹饰渐渐复杂，不仅花样翻多，还出现了二重花纹，即常以动物纹为主题花纹，以雷纹等几何纹为底纹，神秘庄严。到了殷墟中晚期，则出现了细致、繁密的抽象兽面纹，并与刻画精致的细雷纹和排列整齐而密集的羽状纹相交织，构成繁丽诡秘的三重花纹。不仅图案的组合呈现出繁缛之势，动物纹中动物的特性（如兽面纹的角，鸟纹的羽）亦被突出夸张，千变万化。这时还出现了以鸟配兽、以夔配兽等复合纹样。到了殷商中晚期，动物纹饰进一步形象化，如兽面纹除其固有的两目、抵角外，鼻梁、爪子、兽体、卷尾、利齿等部位逐步发展成熟。特别是想象中的动物，能通过丰富的想象和组接，给人以栩栩如生的感觉。（图5.16）

商代青铜器由简朴到繁缛的发展，除了经验的积累有利于人们征服传达媒介、提高传达能力外，还有两个原因：一是与当时的社会生产力的发展有一定的联系。专制社会在商代发展兴盛，王公贵族占有大量的财产，穷奢极欲。物质生活的富足极大地刺激了人们对于精神生活的需求，王公贵族不再只满足于青铜器的实用性而要求加强其观赏性，并在财力与人力完全许可的情况下，大力发展纹饰艺术。二是虽然对神灵无比崇敬，商代人还是自发地将神与人对照，以人度神，认为至高无上的神应以世间精品与之相配。于是，人们求新求变，充分发挥自己的想象力，其创造性受到想象中的神的感动，通过精美的器皿与纹饰来达到敬神的目的。

原始艺术是从写实与抽象两个方向向前拓展和演进的。早期的纹饰是准具

图 5.16　商代纹饰变迁
[资料来源：上海博物馆青铜器研究组编：《商周青铜器文饰》，文物出版社 1984 年版，第 55、34、26 页。]

1. 商二里冈期　兽面纹鼎　腹部
2. 殷墟中期　先壶　腹部
3. 殷墟晚期　父辛尊　腹部

象、半写实的。这是由于受到传达能力与传达媒介的限制。当人们逐步征服传达媒介并提高了表现能力以后，写实的一路便得到了发展。不过，由于传达能力与传达媒介的限制而带来的抽象化、线条化，却能更自由地表达作者的主观情意，也更能体现事物的内在节奏和生机。青铜器纹饰发展最重要的趋向是抽象化、线条化。在青铜器的纹饰中，线条作为最适宜表达当时艺术家们的体验和情趣的手段而受到青睐。青铜器厚重、坚固的质地毕竟不利于纹饰在细节处作纤巧的刻画，青铜器作为祭器的身份亦决定了它需要凝重神秘的气氛，这样显然就剥夺了写实纹饰发展的空间；加之人们的写实能力和写实水平的限制，无法逼肖地传达具体事物的形象。同时，商代人在创造实践中又为抽象线条偶然创造的神奇效果所吸引，因为抽象化的线条，更有利于人们超越有限的现实的束缚，充分发挥自己的想象力，去追求理想的体验。这样，纹饰便在这几种原因的合力作用下自发地向抽象化方向发展。

在青铜器中，灵活的线形纹饰弥补了青铜器体块形状的不足，赋予凝重的青铜器以生命的气息。抽象化、线条化的纹饰具有更大更自由的表现空间，并在青铜器与现实生活之间营造出了某种距离感。尽管抽象的线条及其发展历程仍是自发而非自觉的，但客观上却有利于表现主观的意味。它显示出人对事物本质把握的深入，是人的理性思维能力发展的表现。商代人将深刻的哲理融于线条之中，使纹饰获得更为丰富的意蕴。

第三节　纹饰："狞厉美"的形式特征

在青铜器的发展历程中，纹饰的样式具有多样性的特点，其中主要有阳纹和阴纹、宽条纹和细条纹等。兽面纹的边常由多种线条组成，这有助于突出各部分器官和塑造流畅的身体。早期的兽面纹尤其重视线条的运用。为保证整体形状和谐流畅，绝大部分图案中的兽角为线条感较强的"T"形角，并采用与身体类似的线条，身首和谐相处，融为一体。这种纹饰发展到后来，连本应最为大放光彩的巨目圆睛都以线条一带而过，这使得兽面纹逐渐演变成了带状的装饰。另外，夔纹、龙纹的身躯亦由蜿蜒扭动的线条构成，至周代，最终逐渐演化为几何意味强烈的窃曲纹。

　　随着青铜器纹饰自身的逐步演化，青铜器纹饰的制作方法也在发展变化。早期的纹饰多直接雕在模壁上，即以平雕为主，但个别主纹已采用了浮雕模文法。后来，艺术家们多在模壁上另加泥片，再进行雕刻，形成浅浮雕的效果，主纹与底纹层次分明。在中国古代雕刻艺术的发展过程中，在繁缛的艺术风格发展历程中，青铜器的纹饰艺术产生了重要影响。

二、兽面纹[11]：青铜器纹饰的主要类型

　　商代的青铜器纹饰主要有写实动物纹、想象动物纹和几何纹三大类。写实

---

11 兽面纹，常常是由两个或两个以上的动物如牛、羊、虎等纹样重组拼合起来的纹样。原来又称饕餮纹，其实饕餮纹只是兽面纹的一种。"饕餮"一词，本于《吕氏春秋·先识览》中对周鼎的描绘："周鼎著饕餮，有首无身，食人未咽，害及其身，以言报更也。"（许维遹撰，梁运华整理：《吕氏春秋集释》下，中华书局2009年版，第398页）马承源说它"以鼻梁为中线，两侧作对称排列，上端第一道是角，角下有目，形象比较具体的兽面纹在目上还有眉，目的两侧有的有耳。多数兽面纹有曲张的爪，两侧有左右展开的躯体或兽尾。"（马承源：《中国古代青铜器》，上海人民出版社1982年版，第325页）陈公柔、张长寿认为兽面纹大体上可以分为四类：独立兽面纹，即只有独立的兽面图案，没有爪及躯干；歧尾兽面纹，即兽面两侧各连有躯干，尾部分歧；连体兽面纹，即兽面两侧连接躯干，尾部卷扬而不分歧；分解兽面纹，即没有兽面的轮廓，角、眉、眼、耳、鼻、嘴等器官的位置与独立兽面纹相同。（陈公柔、张长寿：《殷周青铜器上兽面纹的断代研究》，《考古学报》1990年第2期）

图 5.17 商代鸟纹
[资料来源：上海博物馆青铜器研究组编：《商周青铜器文饰》，文物出版社 1984 年版，第 192、173 页。]

1. 殷墟中期　兽面纹簋　圈足
2. 殷墟晚期　🐦父丁卣　腹部

动物纹以自然界的动物为原型，包括象、鸟、鸮、蝉、蚕、龟、蛙、鱼等。想象动物纹变形奇特，是想象中的动物纹样，主要有兽面纹、夔纹、龙纹、凤纹等。几何纹因其几何形态而得名，多为抽象的纹样，如雷纹、云纹、绳纹、圆圈纹、四瓣花纹等。一般以动物纹为主纹，而以几何纹为辅纹。由于质地的厚重、线条的洒脱、形态的质朴、图案的对称，使得纹饰沉稳刚健；几何纹的点缀、线条的变形夸张、图形的连续跳跃，又使得纹饰流动着灵气与活力。

　　在商代的青铜器上，写实动物纹主要是受着陶器和玉器中相关纹饰的影响。其中鸟纹占有一定的比例。早期的鸟纹主要为对称的直立或倒立的小型鸟，身小尾垂，灵秀典雅。它还只是对现实中鸟的比较简单粗糙的表现，素洁简朴，多作为主题花纹的陪衬。随着纹饰艺术的发展与人们观念的变迁，鸟纹最具特征性的翎羽与尾羽作为突出表现的对象被夸张变形，或绵延迤逦，或长若蛟龙，或若孔雀开屏，美不胜收。鸟纹由此愈加精美华丽，已脱离原型升华为艺术再创造的鸟，商代中期已有鸟纹作为主纹，商末则发展为雍容华贵、典雅婀娜的凤纹。鸟纹终于由辅助纹上升为主题花纹，开始在青铜器的显著部位"翩翩起舞"。（图 5.17）

　　几何纹常常是现实事物的变形和概括，线条简单，容易掌握，以抽象的意味见长，在线条中充满着节奏感和丰富的内在意味。单个的几何纹图形简单，线条简洁流畅，常常作为底纹或填充纹大量出现。但它们并不是简单复制，而是通

第三节　纹饰："狞厉美"的形式特征　155

图 5.18　商代雷纹
［资料来源：上海博物馆青铜器研究组编：《商周青铜器文饰》，文物出版社 1984 年版，第 310、313 页。］

1. 殷墟晚期　兽面纹觯　圈足
2. 殷墟中期　羊首乳钉雷纹罍　腹部

过穿插、勾连、重叠、间错等方式组合起来，风姿绰约，并具有深刻的意味。如轻逸飘浮的云雷纹带来邈远的宇宙生命意识，回环往复的雷纹、圆圈纹则给人无尽的时空感。几何纹饰在整个画面中起着烘云托月、画龙点睛的作用，与动物主纹相辅相成。（图 5.18）

商代青铜器最突出的纹饰是想象动物纹。想象动物纹借助于想象力，突破既有的形式和时空的限制，把理想与现实融合起来，使之更易于表现情感，更充分地表达寓意。想象动物纹源于现实又超越于现实，多是各种动物纹样的重组变形。兽面纹便是其中最重要的代表。

兽面纹是想象动物纹中最重要的纹饰，也是商代青铜器中最重要的纹饰。兽面纹虽然是重组拼合而成的，但并不意味着它是随意拼凑的。商代人对于兽面的具象并无概念，但他们在现实生活中的各类动物（尤其是大型禽兽）身上发现了可取用的特质，于是在塑造兽面形象时，他们便整合了羊（牛）角（代表尊贵）、牛耳（善辨）、蛇身（神秘）、鹰爪（勇武）、鸟羽（善飞）等，这是商代人试图拓展现实中的有限能力、追求理想和无限的一种心态的表现。狰厉神秘的怪兽有着人们熟悉的动物的器官，富有神话气息的来历，加之外形的夸张，使得兽面纹狰狞恐怖，神秘威严，令人望而生畏。

兽面纹的大致轮廓已固定，面部器官也基本定型，有时为求图案的独特，

图 5.19　商代兽面纹
[资料来源：上海博物馆青铜器研究组编：《商周青铜器文饰》，文物出版社 1984 年版，第 32、16 页。]

1. 殷墟晚期　□鼎　腹部
2. 殷墟晚期　兽面纹禺　腹部

也存在一些面部差异，如有的为叶状耳，有的为云状耳；有的目上有眉，有的则无。但总的说来，这些只是细微的变化，对人的视觉冲击力不大，不能明显地表现出独特之处。外部扩展空间较大的抵角，则成了张扬兽面个性的重要标志。铸造者逐渐将其放大到令人触目惊心的地步，并在外形设计上煞费苦心，兽角便成为兽面纹的主要特征，有羊角状、牛角状、云纹状、T字形、矩形、夔形等角，有双向内卷、角端外卷、角端向上等角，有的粗壮，有的纤细，可谓千姿百态。（图 5.19）

兽面纹最重要的特征当属其"目"。无论怎样变化，兽面纹几乎都少不了那一对炯炯有神、不怒自威的巨目。它瞪视着外界，震撼着人心，但同时也吸引着人们的目光。兽面纹多作为主题花纹出现在青铜器的腹部，少量在足部。宽阔的空间给了它足够的施展余地，醒目的位置则赋予它更多的支配性与威严感。

龙纹同样是由多种动物的特征组合而成的虚幻的动物纹饰，它同样奇特神秘，富有威严和力量，却没有兽面纹的狞厉恐怖，并逐渐从各种族徽纹饰中脱颖而出，成为中华民族的象征。（图 5.20）

三、纹饰的内在意蕴

商代青铜器纹饰是丰富的意蕴和形式节奏的有机融合，在愉悦性中包含着

图 5.20　商代龙纹
[资料来源：上海博物馆青铜器研究组编：《商周青铜器文饰》，文物出版社1984年版，第110、124页。]

1. 殷墟晚期　龙纹卣　颈部
2. 殷墟中期　兽面纹瓿　肩部

社会功利性。从现存的纹饰看，其象征性要远大于其装饰性，那些无声的图案至今仍诉说着商代人的宗教观念与礼法，以及统治者的意志和期望。当时的青铜表现了神话的内容和观念，有的可能与当时各部落的族徽有关，是当时文化背景的折射，也有的可能打上了那个时代社会生活的烙印。但现在相关的神话既已失传，许多当时的社会历史事件也已经被历史遗忘，我们自然就失去了对当时文化背景进行破解的依据。尽管如此，当时的审美情调，依然流露在青铜器的纹饰之中。

青铜器纹饰的配备，主要是出于人神沟通的宗教考虑和器皿功能的考虑。首先是宗教功能的考虑。商代是"尊神先鬼"的时代，对天地、神灵、自然的敬畏主导着人的思维，而人的自我意识尚处于张望阶段。青铜器作为沟通神灵、祖先的心灵，贴近天地的礼器，必然也决定了其纹饰是具有宗教意味的符号，并规定了其纹饰应具备的特性。

青铜器的总体情调应与祭祀过程中神秘、森严、恐怖的气氛相吻合，协助青铜器完成由人化向神化的转变。这主要通过动物纹样来实现。张光直认为："动物中有若干是帮助巫觋通天地的，而它们的形象在古代便铸在青铜彝器上。"[12] 他

---

12 张光直著：《中国青铜时代》，生活·读书·新知三联书店1999年版，第434页。

还发挥傅斯年的看法，说："至少有若干就是祭祀牺牲的动物。以动物供祭也就是使用动物协助巫觋来通民神、通天地、通上下的一种具体方式。"[13] 其主要理由，一是在《左传·宣公三年》中，王孙满谈夏鼎功用时说的话。他说："铸鼎象物，百物而为之备，使民知神奸。……用能协于上下，以承天休。"[14] 二是《山海经》中多次谈到乘两龙、珥两蛇等，是助人通天地的。三是现代萨满教也有类似的做法。许多动物纹样体现着当时的神话背景，可惜由于年代邈远，文献失传，我们已经无法稽考当时的神话体系了，只能从后来的《山海经》等文献中获得一些旁证。从二里冈时期开始，到商代盛行的独目图案及其几何化了的线条，都与远古一目的神话和传说有关。《山海经》中就有关于一目神话的大量记载。当然也有一部分动物形象的背景比较复杂，它们可能是被征服的异族方国，在青铜器上仿生或铸造了自己的族徽，把它们进贡给商王。故这些青铜器纹饰的形象，不在商代的主流神话体系中，但也决不会与商代固有的神话体系截然对立。

宗教意味最浓的动物纹当数兽面纹。谢崇安曾这样评述兽面纹："它是源自原始的图腾神，因而它也是祖先的偶像，当图腾神向人格神转化，它既保持了祖神偶像的本质，同时也成了时王的象征，成了人们固定膜拜的对象，这就是作为宗庙重器的青铜礼器为什么要在其显要位置上镌刻兽面纹的缘故。"[15] 它龇牙咧嘴，狞厉怪异，在庄严肃穆、烟雾缭绕的祭祀场合更显狰狞可怖。商代人正要借此表现神力的巨大莫测，并传达他们对神灵、祖先的敬畏和崇拜。他们还认为狞厉的饕餮可以以凶制凶，达到祈福辟邪的效果。后代以威武、狰狞的门神驱邪，认为相貌恶丑于鬼的钟馗能伏鬼等，意思应与此一脉相承。兽面纹的外形虽可怕，却体现了具有浪漫情调的天命观。

商代的王公贵族们真诚地希望能够凭借现实的青铜器与抽象的纹饰达到人神的沟通，并以此显示自己与神的接近，给自己附丽上与众不同的、莫须有的神

---

13 张光直著：《中国青铜时代》，生活·读书·新知三联书店1999年版，第435页。
14〔汉〕杜预注，〔唐〕孔颖达等正义：《春秋左传正义》，载〔清〕阮元校刻：《十三经注疏》，中华书局1980年版，第1868页。
15 谢崇安著：《商周艺术》，巴蜀书社1997年版，第175页。

力。统治阶级这样做的目的是要借助神的余威去震慑被统治阶级，使自己的统治神圣化、合理化、稳固化。可见，青铜器与陶器相比，世俗气息虽较淡薄，但并不意味着它们就是绝对为着超凡脱俗的宗教而存在，它们同时还具有浓郁的社会功利性。

商代人还经常用纹饰与器皿的功能相配套，让纹饰与器皿保持一定的适应性，使纹饰具有丰富的象征意义。这就是说，纹饰的配置不仅要考虑到宗教意义、政治意义等，还要与整个器皿的形制相一致。这就是所谓的"因形赋纹"。主题花纹一般出现在腹部、圈足等空间广阔处，辅助花纹则在空隙处填充，而不同形状的纹饰又会饰在不同形状的空间内。如1975年于湖南醴陵狮形山出土的象尊，宽阔的象身上主要饰以巨大的兽面纹，空余部分则以夔纹、凤纹、虎纹等为补充，雷纹更是无孔不入地填补上每一处空白；象腿上分别饰以倒立的夔纹和独立兽面纹；狭长的象鼻上只有简单的横条，并无过多装饰。纹饰与器皿相得益彰，器皿因纹饰而熠熠生辉，纹饰又因器皿而增添丰富的内涵。

早期的火纹主要装饰在斝上，殷墟晚期则将火纹大量装饰在饪食器上。当时的水器，如匜上大都饰有龙的形象。蝉纹"主要饰在鼎上和爵的流上，少数的觚以及个别的水器盘也饰以蝉纹。其他如簋、尊、壶、卣等器上较少见。这可能意味着蝉纹的功用和饮食及盥洗有一定联系，那么它的取义大约也是象征饮食清洁的意思。"[16]这可能是在中国人的观念中蝉只食露水的缘故。

乐器上常常有夔纹，青铜鼓上那人面裸身、头上有角、形状狰狞的怪神形象，就是乐正夔。《左传·昭公二十八年》说夔是乐正。在早期的传说中，它是"状如牛，苍身而无角……其光如日月，其身如雷，其名曰夔。黄帝得之，以其皮为鼓，橛以雷兽之骨，声闻五百里，以威天下"[17]。这个传说本身是把兽给理想化和人格化了，进而以此为官名。青铜器自然就在乐器上饰以夔纹。

鸱枭作为战神的化身也是如此。商代尽管以玄鸟为祖先的化身，但青铜器

---

16 马承源：《商周青铜器纹饰综述》，载上海博物馆青铜器研究组编：《商周青铜器纹饰》，文物出版社1984年版，第17页。
17 袁珂校注：《山海经校注》，上海古籍出版社1980年版，第361页。

中鸟类纹饰比兽类纹饰要少。除凤鸟外，鸱枭也常常出现在商代的青铜器上。"商代青铜器上鸱枭的图像，应看作是表示勇武的战神而赋予辟兵灾的魅力。"[18] 而在周代，虽然鸟类纹饰大量增加，鸱枭却反而没有了，大约也是宗教的原因，被视为不祥的征兆。这说明鸱枭是商代的战神，纹饰被打上了特定时代的文化烙印。

四、纹饰的形式特征

商代青铜器纹饰所体现出的狞厉的美，与那个充斥着战争、祭祀、屠杀、神秘的社会背景，以及担负着敬神功能的青铜器载体相适应。其形式特征主要表现在对称、均衡、节奏感和象征性等方面。

首先是它的对称特点。青铜器纹饰既出于制模的方便，客观上又满足了审美的需要，或单形从两侧展开，或双形对称排列。尤其动物纹样在结构上常常是成双成对、左右对称的。对称本身原是自然界的法则，商代人在造型艺术中自觉地运用这种法则，使动物的形体都体现了对称的规律。如兽面纹正面形象常常是以竖立的鼻梁为中线，两侧对称排列，尤其是双角、双眉和双目，鼻梁下是翻卷的鼻头和洞开的巨口，躯体也从两侧对称展开。这在一定程度上受到了陶器的影响。早在夏代的二里头文化时期，陶盉上的一对泥饼，代表兽面的双目，是兽面的最原始形态。而二里头文化中以绿松石镶嵌的兽面青铜饰牌，已在中线两侧对称嵌着明显凸起的眼珠，颇类兽面纹样。商代中后期大中型青铜器的兽面纹，两侧往往配置有成对的鸟纹和夔纹。有的青铜器在徒斝的中心铸着鸟头，鸟身也是左右对称的。

同时，恰到好处的位置安排又使各纹饰间的强弱力量实现了均衡。如双重花纹，常以浅细的雷纹为底纹，铸以粗重的饕餮纹，而饕餮的角、面部、躯干、爪等部位又往往满饰云纹、雷纹、鳞纹、列刀纹等，主题花纹与辅助花纹融为有

---

18 马承源：《商周青铜器纹饰综述》，载上海博物馆青铜器研究组编：《商周青铜器纹饰》，文物出版社 1984 年版，第 13 页。

机的整体，整个青铜器显得繁缛华美，而又层次分明、井然有序。单独的纹饰不管怎样随意，也总能在重心处体现出姿态的从容与稳健，如凤纹。无论从个体还是从整体上看，均衡的纹饰都与整个端庄凝重的青铜器相协调。

为了实现均衡，青铜器的纹饰还常常采用对比与调和等手法。青铜器纹饰很少孤单地展示自我，而常常是多种并现，如饕餮纹常与夔纹、鸟纹搭配出现。夔纹相较之下玲珑简洁，正衬托出饕餮的威武巨大。鸟纹则以其活泼舒缓的姿态来冲淡饕餮的狰狞与凶残。另外，不同形状的几何纹也常常交错互补。如圆形的乳丁纹、涡纹等常与方形的雷纹间隔出现，方中有圆，圆中有方。这样，棱角分明的方形变得圆润起来，柔婉的圆形有了力度，以传达出天地间的和谐精神。纹饰的对比与调和体现出兼容并蓄的和谐原则。

与均衡、对称相关的是节奏感。形式的对称、均衡虽然有可能会削弱内在生机的感性传达，但恰恰也符合了人对形式的内在节奏的需要。这几乎体现在所有的纹饰之中，并以几何纹最为突出。几何纹以连续与反复的姿态活跃着，它收放自如，波起云涌，富有流动的线条美和鲜明的节奏感。纹饰的对称、间错、跳跃暗含着生命的节奏，呈现出生生不息的旺盛活力。

为着表达丰富的意蕴，青铜器上的纹饰常常运用象征的手法。无论是实实在在的写实动物纹，还是实中生虚的想象动物纹，都并非商代人一时兴致、信手拈来，而是都在其表象之外具有丰富的象征意义。这深邃的寓意中凝结着一个时代和一个民族的思维方式。而丰富的想象力正是纹饰和其所象征的意蕴之间的桥梁。无论是纹饰本身抑或其体现的宗教意义，都体现着商代人丰富的想象力。这种想象并非主观臆造，而是源于生活又高于生活的感性物态的升华，是人内在情感的抒发。因其外在的虚构性和内在的真实性，人们面对饕餮时不觉其荒诞，只感其可畏。

青铜器的纹饰中蕴含着商代人浪漫而严肃的天命观，体现了他们对神灵、自然的感受以及自我认识。在纹饰的创作过程中，以及重新以敬仰的心态面对它们时，都是商代人情感的宣泄和释放过程。所以，纹饰是商代社会中人的情感语言，反映着商代人的精神追求和理想。如果说青铜器是商代文明的物质载体，那纹饰便是这文明的图像注脚。青铜器纹饰千百年来影响着人们的艺术感受能力和创作能力，体现着商代人旺盛的生命意识。

  总而言之，商代是青铜器的鼎盛时期，陶器、玉器等其他器形的艺术特点也在青铜器上得到集中的体现。商代的青铜器制造在实用的基础上更注重满足欣赏者的审美需求，凸显其艺术价值。在造型上，商代青铜器的几何形态将审美与力学原则相协调；仿生形态多是总体写实、局部虚构，不仅形神兼备、韵味无穷，并常常通过对多种动物造型的灵活组合透露出一定的生活气息。仿生形态中的人兽复合体，表现出商代先民对大自然的敬畏和崇拜之情。这些都是商代青铜器对前人仿生造物的继承和创新。商代青铜器造型中的几何形和仿生形，在动静互补中建构出一种既庄严沉郁、肃穆凝重又富于生机和灵动的世界。在纹饰上，商代青铜器主要有写实动物纹、想象动物纹和几何纹三大类，体现出对称、均衡、节奏等形式美的法则。作为宗教意蕴和礼法的符号化和具象化，商代青铜器纹饰又折射出商人渴求与天地鬼神沟通对话的强烈愿望。因此，商代青铜器不但熔铸了创造主体个性化的审美情趣与追求，以及观物取象、立象尽意的思维方式，而且反映出政治、宗教和其他社会文化因子对造物活动的深刻影响。

第六章 商代文字的审美特征

商代的文字继承了远古时代文字草创初期先民们的探索，大都以象形来表意状声，形成了大体固定的文字系统。这些文字在当时被世代承传和改良，一直沿用至今。而且还通过甲骨和钟鼎等多种物质载体得以保留，让我们三四千年以后的今人，能有幸目睹先民们的智慧和情调。作为一种在象形基础上发展起来的表意文字，甲骨文和青铜器铭文都保留了古人对对象感性情调的描摹，并且逐步由不均衡、不对称到自发地运用均衡、对称等形式规律，充满了诗意的情趣。值得注意的是，商代的甲骨文和青铜器铭文的审美价值，更在于它们是中国书法的开端，开了中国数千年书法艺术的先河。甲骨文的线条、结体、章法和风格，青铜器铭文块面的象形及其独特的结体和章法，对于后世的汉字发展演变及书法艺术，乃至整个中国艺术精神都产生了重要的影响。

第一节 | 概述：甲骨文与金文

商代文字主要以甲骨文和金文为主，甲骨和青铜器物中出现的汉字已达五千多个。据《尚书·周书·多士》记载："惟殷先人，有册有典。"[1]可见当时已有书写的典籍文献。但只有甲骨文和金文保留得最多。除此之外，商代还传有其他一些文字，商石铭、商陶铭和商玉刻辞分别是石器、陶器和玉器上的文字。这些文字数量较少，同金文一样同属于甲骨文书系。在商代，甲骨文居于意识形态的中心并渗透到社会生活的各个领域，金文属于从属地位，它们都具有实用和艺术两种功能，分别代表了不同的文化倾向。在中国书法史上，它们同为中国书法艺术的开端，具有举足轻重的地位，影响了延绵三千年的中国传统书法艺术。

---

1 〔汉〕孔安国传，〔唐〕孔颖达等正义：《尚书正义》，载〔清〕阮元校刻：《十三经注疏》，中华书局1980年版，第220页。

一、实用和艺术的双重性

甲骨文距今已有三千余年,是古文字学家研究我国文字源流最早的有系统的资料,在我国的文字学史上占有重要地位。甲骨文里保存了不少商代政治、经济和科学技术等方面的宝贵资料,也是历史学和古代科技史研究的第一手资料。甲骨文书写时讲究执笔、用笔、点画、结构、章法等,于是又出现了甲骨书法这朵墨苑新花。

甲骨文首先是商代巫神文化的载体。《礼记·表记》记载,"殷人尊神,率民以事神,先鬼而后礼"[2],"民无信不立"[3],鬼神的权威,被置于调节社会秩序的礼乐之上,这是殷商时人重要的文化特质。商代是宗法神权时代,其主宰是具有较高文化的巫、史和贞人,他们通过卦卜手段代表神发言。国家所有活动,事无巨细都要在巫、史的指导下进行。从某种意义上说,巫、史才是国家的真正统治者。他们把卜辞刻在龟甲和兽骨的平坦面上,用火烧后产生龟裂的纹路,认为是上天的预示,然后再根据上天在甲骨上留下的旨意行事。由此,刻在龟甲兽骨上的占卜之辞,成为沟通人与神灵之间的桥梁。

甲骨文具有实用与艺术的双重性。甲骨文既然是通灵之物,为了娱神,书写必然要美观与悦目,同时占卜之人具有很高的篆刻技巧,其一丝不苟、毕恭毕敬的创作态度,使得甲骨文具有较高的审美价值。这些文字在整齐划一的线条中体现了对整齐匀称美的执着追求,谙练娴熟的技巧克服了以刀刻骨的艰难,使得甲骨文虽然点画细瘦,却成为一门存有质感力度、形神兼备的书法艺术。

如果说甲骨文反映了商代的巫神文化,那么商代金文则是礼仪文化的写照。商代尊神也重礼,虽然神灵居于商代意识形态的主导地位,但礼的制度化、等级化是社会文明发展的必然轨迹。青铜器不仅是实用器皿,更重要的是作为礼仪文

---

[2] 〔汉〕郑玄注,〔唐〕孔颖达等正义:《礼记正义》,载〔清〕阮元校刻:《十三经注疏》,中华书局1980年版,第1642页。

[3] 〔魏〕何晏注,〔宋〕邢昺疏:《论语注疏》,载〔清〕阮元校刻:《十三经注疏》,中华书局1980年版,第2503页。

化的载体而存在。商代金文是浇铸在青铜器上的文字。金文与器型、纹饰共同组成了青铜艺术的三个有机部分。由此，商代金文也就具有了实用和艺术两种价值。

商代金文的实用功能同青铜礼器的功用是一致的。作为青铜器的附属物，商代金文一般具有装饰、标识和说明三种功能。商代金文极其简单，一般是一器一字或数字，十几字、几十字的很少见。一到两个字的铭文，多数隐藏在器物的内壁或底部等不易发现的地方，且多与某些图文组合在一起，结体诡奇，组成如族徽一样的图案，具有装饰的作用。早期商代金文，也叫徽号，主要是当时族氏、方国、地名、人名、祭名的标识，具有区别功能。商代金文的内容主要是当时祀典、赐命、诏书、征战、围猎、盟约等活动或事件的记录，仅限于祭祖铭功，远远没有达到甲骨文那种居于意识形态中心并渗透到社会生活的各个领域的普泛程度。

商代金文具有较高的艺术价值。商代金文与甲骨文是文字形态相同而载体不同的两种文字。金文与甲骨文并存于商代，同是中国最古老的文字与书法。一方面，商代以甲骨文为主，故商代金文书法受甲骨文影响较大，结体偏长，笔画起处多锋芒毕露，中间粗，两头细，摹仿刀刻痕迹重。甲骨文作为巫神文化的代表，其整体风格是劲挺放逸的，反映了商代人浪漫自由的精神特质。较之于礼乐文化背景下西周金文主体风格的端庄典雅，商代金文书法风格显得活泼奇肆一些，呈现出与甲骨文大致相同的风格特色，反映了瑰奇和自由的时代特征。另一方面，由于书写工具、制作工艺和文字载体的不同，商代金文又呈现出与甲骨文不同的艺术风貌。甲骨文以刀刻骨，线条瘦硬，金文用刀在泥坯上书写，笔画较为丰腴，加上青铜器经过几次铸造、打磨和岁月的锈蚀，笔画更为苍润饱满，充满"金石之气"。从整体看，商代金文字体整齐遒丽，古朴厚重，和甲骨文相比，脱去板滞瘦硬，更为灵动。作为礼仪文化的载体，商代金文书体受制于"藏礼于器"的社会功利需求，给人的感受是更加庄重厚实、古朴典雅。

二、形态初具的中国文字

甲骨文和商代金文作为目前发现最早具有完整体系的汉字，是中国绵延三千年的书法艺术的源头，因此，把甲骨文和商代金文作为中国书法艺术的开端是毋庸置疑的，它们在书法史上的地位可谓举足轻重。由于甲骨文数量远远多于商代金文，因此，这里主要以甲骨文为例进行解说。

首先，从字形上看，汉字方形结构的定型，是由甲骨文奠基的。甲骨文字体可以装入一个长方形的假想的空间里，在这个空间里，多种导向的线条按照不同的比例组合起来，形成上下、左右、里外的空间关系，视觉上有一种平衡对称感，这是因为每个字都有一个看不见的内在重心，使得汉字的构架十分稳定。汉字的方形构架，显示了中国古人最初的空间造型意识，有别于英文、法文等表音文字的抽象性，这也是为什么只有中国的汉字能够成为一门艺术的原因所在。后来各种书体的文字都万变不离其宗。甲骨文造型艺术体现了汉民族的审美原则，这就是平和稳重、质朴冲淡的审美观。

其次，从字形上看，甲骨文笔画式的线条为中国文字摆脱图画标记痕迹，成为写意文字奠定了基础。甲骨文中独立的象形字数量占总数的1/3，会意、形声、指事三种造字方式都依托于象形字符。尽管有些甲骨文还有图画的痕迹，但甲骨文主要是用笔画式的线条进行书写的。当然，商代统治者频繁进行占卜，所需卜辞的数量巨大。为了提高书写速度，需要减省笔画，简化字形。同时，甲骨的材质特点也决定了它只能选择线条化的构成方式，在坚硬的甲骨上无法用块面表现象形性。甲骨文大多采用单刀法刻划，刀和甲骨材质坚硬，难以表现圆转粗壮的笔画，所以线条比较单一，多呈直线和折线状，弧形线的弧度较大，常带刀锋痕迹。

最后，从章法上看，甲骨文自上而下纵行的书写方式，影响了中国古代传统书法的布局特点。在世界范围，文字的书写方式主要有纵行和横行两种。表音文字大多数用横行式。少数文字比如满文、回鹘文采用纵行书写。中国古代汉字书写绝大多数采用纵行式，特殊需要才用横行，比如匾额、横披等。这种书写方式也是由甲骨文奠定的。在甲骨文时代，采取自上而下的书写方式，"很可能是右手书写运动的生理机制、眼睛视觉运动的生理机制、方块汉字结构的笔顺运动机制这三种机制的综合作用"[4]。这种观点中前两个原因不能揭示出甲骨文书写方式与采取横行书写的其他一些表音文字的根本区别。方形汉字结构的笔顺运动机制是其中一个重要原因。自上而下的书写方式，使汉字呈现一种运动的趋势，书法艺术中线条的动态美和节奏美都得到集中的体现。从中可见甲骨文书写者已经初具汉字线条和章法的审美意识。除了汉字的笔顺运动机制之外，甲骨文的纵行书写与甲骨这种书写载体也有关系。甲骨以长形居多，且不规整，在这样的空间中，纵式章法能够更好地利用空间，书写起来也显得美观得体。

总而言之，商代文字以甲骨文和金文为主，它们并存于商代，文字形态相同，风格相近，都具有实用和艺术的双重属性。不同的是前者是巫神文化的中介物，占据主流意识形态，后者是礼仪文化的载体，附属于主流意识形态。作为中国书法的开端，它们初具书法艺术的三要素：线条、结体和章法。它们笔画式的线条、方形的结体和纵势的章法布局，影响了绵延三千年的中国传统书法，从而为汉字书写成为一门艺术奠定了坚实的基础。

第二节 | 中国文字的起源：多元化动因

文字的发明在人类文明史上有着重要的意义。仓颉造字鬼夜泣的神话，表明了人们对文字诞生意义的重视。有了文字，人类智慧的积累和传承便获得了质的飞跃。它使人的交流突破了时空的限制，在人类文明的进程中发挥了巨大的作用。中国文字的创造，体现了中国古人的思维能力和思维方式。在漫长的岁月里，中国的古人发挥了自己的聪明才智，由不自觉到自觉，由零散到系统，创造了人类文明史上使用最持久、不同于拼音文字的表意文字，使得中国的文字在构

---

[4] 金开诚、王岳川主编：《中国书法文化大观》，北京大学出版社1995年版，第5—6页。

形和书写方法上具有创造意识,体现出审美的特征。对于中国文字的起源问题,学者们面对的材料大体相同,只是由于观点的差异,才得出了不同的结论。这里主要从中国文字创造的动因与方式、文字与口头语言在源头上的关系以及文字与抽象符号的关系诸方面对文字的起源进行探讨。

一、创造的动因与方式

世界的文字与人类的起源一样,是多源的。这是由人类自身的生理构造和生存环境所决定的。生活在地球上的人们,其生理机制和生活环境大体一致,决定了从猿到人的进化可以在各地相继或同时发生。基于同样的条件,人们在交流时,通过刻写符号与图画,突破表情、手势和声音的局限。这是由人类的先天素质、生存环境以及人同此心、心同此理的自身条件决定的。因此,几万年以前开始萌芽的世界各地的文字,不可能是由一源星火而燎原的。

中国的文字成熟很早,早在大汶口文化时期,其文字就趋于成形。专家们将大汶口遗址的那个最为复杂的字或理解为"日在山上",释为"旦";或理解为"日在火上",释为"炅",意为"热"。另有"斤""戌"等字也可以释读。于省吾早就将这些仰韶陶器的刻划符号看成"简单的文字"[5]。但中国文字的发源是否有这么早,孤立的几个象形字、会意字是否可靠,以及刻划符号能否作为文字等问题,则是学术界争论的焦点。中国文字的早与不早,要凭实物材料与传世文献材料说话,而不能凭空臆断。《尚书·周书·多士》说:"惟殷先人,有册有典。"[6]说明当时除了甲骨文和青铜器上的文字外,还应该有大量的易得易作、串成典册的竹、木简。其文字内容一定与甲骨、钟鼎分工不同,且因易作,文字数量应该比甲骨、钟鼎更多。但因竹木容易腐烂,难以保留下来。有人以《左传·宣公三年》载"昔夏之方有德也,远方图物,贡金九牧,铸鼎象物,百物而

---

[5] 于省吾:《关于古文字研究的若干问题》,《文物》1973年第2期,第32页。
[6] 〔汉〕孔安国传,〔唐〕孔颖达等正义:《尚书正义》,载〔清〕阮元校刻:《十三经注疏》,中华书局1980年版,第220页。

为之备,使民知神奸"[7]为证据,认为夏时尚未有完备的文字。这个材料本身是没有问题的,但以此作为说明文字还没有成熟的理由则是不充分的。中国文字从起源发展到甲骨文阶段,绝非三五百年可以做到。大汶口的陶文,就足以证明这一点。夏朝之所以"铸鼎象物",是因为此时的文字,只有少数精神贵族能掌握,所以普通的"民"只能通过看图来获得知识,知"神奸"和"百物"。可见,夏代通过"铸鼎象物"来普及教育是很正常的,而并不代表文字没有发明。

从甲骨文可以看出文字在被创造和整理的过程中均被打上了时代的烙印,体现了字的产生形成过程中的文化。如"秋"表示以火烧禾,秋后以草灰为肥,打上了刀耕火种的时代烙印,并使得文字本身富有诗情画意。其他诸如商代特定的祭祀文字,根据当时的仪式和观念进行创造,反映了当时人的意识。而天文方面的文字则反映了当时的天文学水平。中国文字早期的形成过程和时代变迁的关系,正可以从文字的字形中窥见。

文字的创造同时是一种情感的需要。中国汉字在形态上,有着点画结构均衡、对称和稳定的特点,象形文字还注意捕捉对象最富表现力的特点,并以丰富多变、意趣盎然的意象,包含着深情和哲理,具有着审美的属性,这就与拼音文字在形态上有了明显的不同。晋代卫恒《四体书势》曾说"日满月亏"[8],这"日满月亏"不仅是对象传神的表现,而且也是造字者的一种富有情趣的感受。日在木中为东,鸟在巢上为西,莫不反映出造字者诗意的体验。神态各异的中国汉字,是拼音文字在形态上所不及的。扬雄在《扬子法言·问神》中说:"言,心声也;书,心画也。"[9]这里的言,是指口头语言;书,是指文字及其书写。听言观字,可以看出一个人的心理活动。这里的心声说,既可以指文字书写活动,也可以指文字创造活动。整个汉字系统,便是中国古人充满情意的诗篇和美丽的

---

[7] 〔汉〕杜预注,〔唐〕孔颖达等正义:《春秋左传正义》,载〔清〕阮元校刻:《十三经注疏》,中华书局1980年版,第1868页。

[8] 上海书画出版社、华东师范大学古籍整理研究室选编校点:《历代书法论文选》,上海书画出版社2012年版,第12页。

[9] 汪荣宝撰,陈仲夫点校:《法言义疏》,中华书局1987年版,第160页。

图画。

在象形的基础上发展而来的表意文字，能否完善而具有生命力，关键在于对抽象意义的表达。中国文字通过三种方法解决了这一问题：一是通过抽象符号，借助于象征的方法进行。它同时体现了当时人的思维能力和思维水平。如"人"在"木"旁为休息的"休"，鸟在木上为集，两足前后排列为动词行走的"步"，代表河的一横在两足之间为动词的"涉"等。二是借助于已经用惯了的具体字的字音，通过"假借"等方式进行。甲骨文中的干支22字，便是通过假借的方式，来表达它的复杂的排序意义的。三是以既有的象形字为义素符号和音素符号（也可称为义根和音根）进行繁衍，造出许多形声字来，即许慎《说文解字序》中所谓"孳乳而浸多"[10]的字。中国文字正是通过这三种方法拓展了表达能力，这是起源于象形字的中国文字最终能发展成熟的根本原因。其中抽象符号和形声字在造型上，和既有的文字是一致的。

在甲骨文中，所谓音意构形的形声字，除了形旁或照搬、或简化象形字外，其声旁起初也是表音兼意的独体字。在语言学史上，后人将声旁兼表音意概括为"右文说"。右文说肇端于晋代杨泉的《物理论》："在金石曰坚，在草木曰紧，在人曰贤。"[11]声旁在上部，兼有意义。宋代学者经研究认为，有一部分形声字的声符同时是一种意符，这是由意义的相关而让人产生联想的结果。宋代沈括《梦溪笔谈》卷一四记载王圣美治文字学提出"右文说"[12]，论证形声字右部声旁兼表音意。王观国《学林》称为"字母"，即"字之母"。他以"盧"为例，"盧"指容器。"盧者字之母也，加金则为鑪，加火则为爐，加瓦则为甗，加目则为矑，加黑则为黸。"[13]沈括《梦溪笔谈》称为"右文"："所谓'右文'者，如戋，小也，水之小者曰浅，金之小者曰钱，歹而小者曰残，贝之小者曰贱。如此之类皆以戋

10〔汉〕许慎撰：《说文解字》，中华书局，1963年版，第314页。
11〔晋〕杨泉撰，〔清〕孙星衍辑，翟江月点校：《物理论》，载《女诫 忠经集校 物理论 素履子校注》，山东人民出版社2018年版，第103页。
12〔宋〕沈括撰，施适校点：《梦溪笔谈》，上海古籍出版社2015年版，第96页。
13〔宋〕王观国撰，田瑞娟点校：《学林》，中华书局1988年版，第177页。

为义也。"[14] 梁启超更举"线""笺""栈""盏"[15]等一系列相类的字为例,加以申述。张世南《游宦纪闻》对此加以引申,且举"青"字为例,说"青字有精明之义,故日之无障蔽者为晴,水之无浑浊为清,目之能明见者为睛,米之去粗皮者为精"[16]。清代又衍为"以声为义"[17]和"声义同源"[18]说。这种现象,在甲骨文中即有表现。如"春",甲骨文是上"屯"下"日","屯"为植物种芽初生状,同时兼以为声。姜亮夫说古文字"即使是表音部分,也是以其形所应有之音为音,而不是一个单纯作音标用的符号"[19],正可以从这个意义上理解。

通过这些方式,加上千变万化的字与字的组合形成不同的双音节词和多音节词,中国人便以这种有限的文字,表达着无穷的意蕴。中国古代的文字学里,便既包括对象形、指事符号和会意的研究,也包括对形声字和"假借"等方法拓展象形字表现力的研究。

仓颉作为文字整理者的代表,对文字的整理有着重要的贡献。仓颉作为黄帝的史官,主要掌管史载、祭祀和宫廷其他相关仪式,这个官职的名称叫"祝融"或"沮诵"(两词古音相通)。《荀子·解蔽》:"好书者众矣,而仓颉独传者,壹也。"[20]后人说"仓颉四目"[21](如《论衡·骨相》),主要是要将这个典型给神异化,虽然副眼的情形至今还经常出现。《淮南子·本经训》说"昔者,仓颉作书而天雨粟,夜鬼哭"[22],意在强调文字的伟大意义。文字的发明与完善,毕竟是人类文明史上惊天动地的大事。文字的成熟实际上是先有造字实践,再有对各种所造之字的整理归纳。这种整理归纳,大体上包括了象形、会意、指事、形声、假

---

14 〔宋〕沈括撰,施适校点:《梦溪笔谈》,上海古籍出版社2015年版,第96页。
15 刘东、翟奎凤选编:《梁启超文存》,江苏人民出版社2011年版,第169页。
16 〔宋〕张世南撰,张茂鹏点校:《游宦纪闻》,中华书局1981年版,第77页。
17 〔清〕龚自珍:《最录段先生定本许氏说文》,载《龚自珍全集》,上海人民出版社1975年版,第259页。
18 〔汉〕许慎撰,〔清〕段玉裁注:《说文解字注》,上海古籍出版社1988年版,第2页。
19 姜亮夫著:《古文字学》,浙江人民出版社1984年版,第113页。
20 〔清〕王先谦撰,沈啸寰、王星贤点校:《荀子集解》,中华书局1988年版,第401页。
21 〔汉〕王充撰:《论衡》,上海古籍出版社1990年版,第26页。
22 何宁撰:《淮南子集释》中,中华书局1998年版,第571页。

借、转注等造字方式和用字方式。虽然其命名可能更后一些，但现有的物证表明，在商代或商代以前，在文字的整理和推衍过程中，已经不自觉地运用了六书的原则，甚至已经有了较明显的意识，只是缺乏理论归纳而已。这种整理和推衍使得文字趋于规范和相对稳定，也更为理性化。中国文字的成熟和科学化，正得力于这种反思和整理。

二、文字与口头语言

在中国语言的形成过程中，是先有口头语言，还是先有文字？一般认为，文字是在口头语言发展到一定阶段，为记录口头语言，作为超越时空交流的媒介而发明的，所以把文字看成记录语言的符号。口头语言早于文字，但口头语言与文字是中国语言的共同源头。人类在发明语言的历程中，首先使用表情、手势等身体的动作和声音进行交流，继起的是刻写符号及图像的交流及助忆。声音经过细致的分辨等方面的实践，逐步形成了一个交流的语言体系。口头语言与文字是在相互影响、相互促进中共同成熟的。

口头语言和书面文字在最初的出发点上是不一样的。中国的语言起源于摹拟，口头语言首先是对声音的摹拟，而书面文字则首先是对视觉形象的摹拟；口头语言起源于象声，书面文字起源于象形。有学者认为拟物声或感叹声的叹词是语言的起源。它们可能是口头语言的起源，因为拟物之声对口头语言来说是感性的，而对书面文字来说，则是抽象难表的。文字的起源是对视觉感性形态对象的描摹，文字的雏形可以是难以言状的视觉对象。因此，书面文字与口头语言在语言的起源上可以是双源的，它们相互结合，相辅相成，共同促进了语言的成熟。章太炎《文学总略》提及文字可以"代声气"[23]流传，且可排比铺张，以供推敲。这是从逻辑上说明文字比之口头语言的优点，而不是说文字只是口头语言的替代品，其起源就必然在口头语言之后。

---

23 章太炎著：《国故论衡》，商务印书馆2010年版，第80页。

文字在有了一定的基础，趋于成熟时，才开始依托既有的文字基础，对声音进行象征的表达。以"彭"为例，它是古象声词"嘭"，左边为"壴"，鼓的象形字，右边三撇，通过三撇抽象的符号象征声音。而"彭"的声音一旦固定，又被假借为姓氏的"彭"，并进一步成为其他"彭"字读音的形声字繁衍的"字之母"，如"膨""澎""蟛"等。久借不归，象声词的"嘭"遂在"彭"字左边再加口旁。这种以文字拟声的做法，显然是在象形字相对成熟以后才开始出现的。可见，文字的成熟既有自己的系统，又是与口头语言相辅相成、互相促进的。中国汉字以象形为基础，加形表意时，产生会意字，加记号表意时，产生指事字。形声字的发生则是很后面的事。郑樵《六书序》说："六书也者，象形为本，形不可象，则属诸事，事不可指，则属诸意，意不可会，则属诸声，声则无不谐矣。五不足而后假借生焉。"[24] 这也是将状音的文字的发生，放在较后的位置，因声假借则更在其后。

因此，在文字的起源上，不可能是先有口头语言的成熟，然后再有文字与之配套的。准确地说，文字是记录意思的符号，而不只是简单的记录口头语言的符号。中国文字不同于拼音文字，是形、声兼备的。比起拼音文字，中国文字的形态在表达意义上比起读音更为重要，相同的字音，可因字形的不同而表达不同的意思。

同时，一切文字只有和声音结合起来，才能称其为文字，而中国语言中声音的意义也是在文字的形成、发展过程中不断成熟的。特别是早期的象形图画，仅以图形表达意思，还不能算是象形文字。象形图画只有与独立的音节结合起来表达概念，一形一音一义，形态大体固定，才能被称为文字。蒋伯潜《文字学纂要》引述语言学家乔治·冯·德·甲柏连孜（Georg Von der Gabelentz）的话，认为"能读的才能称为文字"[25]。一字一音，才算是中国文字进入到成熟的阶段。西方的拼音文字作为记录声音的符号，则要等口头语言发展到一定程度之后，才有可能形成和完备。

24〔宋〕郑樵撰：《通志略》，上海古籍出版社1990年版，第112页。
25 蒋伯潜编著：《文字学纂要》，正中书局1946年版，第33页。

三、文字与抽象符号的关系

文字学界争论的一个焦点,是记事符号能不能作为文字的起源的问题来讨论。郭沫若晚年由新石器时代陶器上的刻划符号得出结论,认为中国文字的形成"在结构上可以分为两个系统,一个是刻划系统(六书中的'指事'),另一个是图形系统(六书中的'象形')"[26]。我认为,记事符号与文字画是文字的共同源头。刻划符号如"一""二""三"等,与象形文字一样,有共同理解的基础;即使是一些不能一目了然的刻划符号,也可以因社会系统的形成而约定俗成,因为当时的文字毕竟局限在少数人之间进行交流。

文字中的记事符号与结绳记事是一脉相承的。由结绳的方式和古人的记载可知,数字和形态的大小是可以通过结绳来记录的。但结绳毕竟是非常简略的,难于表达较为复杂的意思,因而要发明书契。《周易·系辞下》说:"上古结绳而治,后世圣人易之以书契。"[27]这种书契是沿着结绳记事来的,主要是记事符号。记事符号与作为交流工具的文字画一样,都还没有作为独音节的符号,都没有与准确的口头语言的发音联系起来,因而都还不能算是文字,但都是文字的源头。对于记事符号而言,当其在结构上靠近感性化的象形文字,甚至以感性的物象进行象征的时候,如"夏"字,甲骨文以一"蝉"形象征,青铜器铭文作裸体人形,表季节之热,又如以人形表示"大"等,这时的抽象符号便逐渐具体化。因此,当记事符号感性化,文字画经过象形文字抽象化、线条化的时候,两者便合而为一,进入到统一的文字系统。对于文字画而言,图画形式的减弱,笔画的减省,符号功能的增强,是其成为成熟文字的标志。

刻划符号和象形文字画并不因为进化到了文字,它们自身就失去了存在的价值。人们依然可以在商品包装箱上,用玻璃杯图形表示"轻放"、用雨伞图形表示"怕湿"。同样,人们也用烟斗表示"男厕所",用"辫子"或"草帽"表

---

26 郭沫若:《古代文字之辩证的发展》,《考古学报》1972年第1期,第4页。
27 〔魏〕王弼、〔晋〕韩康伯注,〔唐〕孔颖达等正义:《周易正义》,载〔清〕阮元校刻:《十三经注疏》,中华书局1980年版,第87页。

示"女厕所"。而中国人选举时唱票的"正"字,也是一种助忆的刻划符号,表示五票。这些刻划符号和文字画至今仍有存在价值,虽然它们并非像文字那样一形一音地对应,但并不代表文字的源头与刻划符号或文字画无关。

许慎《说文解字序》将伏羲时代作八卦和神农时代结绳记事看成发明文字的前奏。[28] 八卦与河图、洛书作为思想观念的符号,不能作为古文字看待,因而不在文字生成的系列之中。结绳记事早于文字的发明,是没有问题的;但八卦符号肯定不早于文字,而是在文字的形成过程中产生的。八卦的内容高度抽象,它的出现不可能在最初的文字出现之前。虽然有人将"水"字作为八卦与文字的契合点,实际上两者分属两个系统。《易纬·乾坤凿度》把八卦看成八个古文字[29],显然是不当的。刘师培甚至将八卦与后来在文字的发展和书法实践中才出现的篆字、草书联系起来理解,更是荒谬绝伦的穿凿附会。

八卦虽然在抽象和表意方面与文字有相似之处,且有形有义,但它们是借助于已有的汉字及其读音给予命名的,其自身并不是语言的符号。八卦作为对事物发展变化规律的概括与总结,是一种思想观念的符号,其中表现了深刻的哲学思想。《周易·系辞下》说:"仰则观象于天,俯则观法于地,观鸟兽之文,与地之宜,近取诸身,远取诸物,于是始作八卦。"[30] 作为一种哲学思想的符号,它可以代表天象地法(如乾为天、坤为地)、鸟兽地宜(乾为马、坤为牛)、器官乃至器物等,这就更加说明其作为抽象的观念符号与文字有所不同。虽然文字的创造在观照万物与自身的方式上,与八卦有相通的地方,但文字在思想性方面则远不及八卦。两者在功能上是截然不同的。

张彦远《历代名画记》转述颜光禄的话说:"图载之意有三:一曰图理,卦象是也;二曰图识,字学是也;三曰图形,绘画是也。"[31] 其认为三者同源,源于

---

28 〔汉〕许慎撰:《说文解字》,中华书局1963年版,第314页。
29 安居香山、中村璋八辑:《纬书集成》(上),河北人民出版社1994年版,第77—78页。
30 〔魏〕王弼、〔晋〕韩康伯注,〔唐〕孔颖达等正义:《周易正义》,载〔清〕阮元校刻:《十三经注疏》,中华书局1980年版,第86页。
31 〔唐〕张彦远著,秦仲文、黄苗子点校,启功、黄苗子参校:《历代名画记》,人民美术出版社2016年版,第2页。

感性，而形态和功能不同，分别侧重于理、识、形。八卦乃是对自然界的感性物象进行抽象，用以说明事理，即万事万物发展变化的规律。这是很有卓识的见解。所谓的河图洛书与八卦一样，也是体现思想和思维方式、思维能力的文化符号，而非文字符号。而文字则是助忆符号和交流的语言媒介。因此，将八卦和河图、洛书与文字共同看成中国古人发明的文化符号是可以的，而把它们混为一谈，都看成文字的起源，是不恰当的。

总而言之，文字的起源是多元的。以仓颉为代表的上古时代的史官，整理文字中所表现出来的自觉意识，推动了中国文字的体系化。文字与口头语言分别起源于象形和象声，在相互结合、相辅相成中共同推动了语言的形成和发展。文字的发明同时体现了人的情感要求。记事符号与文字画是中国文字的共同源头，但八卦与河图、洛书是思想观念的符号，而不是语言的符号，因而不在文字起源的序列之内。起源于文字画的中国象形文字，通过抽象符号、假借、转注、形声字的繁衍等方式，得以走向成熟，并具有持久的生命力。

第三节 | 甲骨文字形：象形表意的特征

商代的甲骨文已经是成熟的系统文字，体现了汉字的基本特征。郭沫若曾说甲骨文"是具有严密规律的文字系统"[32]。陈梦家也曾说："甲骨文字已经具备了后来汉文字结构的基本形式。"[33] 在商代，除了甲骨文外，尚有陶文、玉石文和刻铸在钟鼎上的青铜器铭文等。根据先周文化推测，商代还应该同时存在着竹、木简，甚至还有易放置的帛书，但因年代渺远，竹、木和帛易腐，至今未能发现商代的竹、木简和帛书的实物。《尚书·周书·多士》中说的"惟殷先人，有册有

---

[32] 郭沫若：《古代文字之辩证的发展》，《考古学报》1972年第1期，第3页。
[33] 陈梦家著：《殷墟卜辞综述》，中华书局1988年版，第133页。

典"[34]，其中的典是双手捧册状，相当于经典。这里的册和典，当是当时正规的政治文献和历史文献等，而非占卜的甲骨。现在流传下来的今文《尚书》的部分篇目，《易经》的部分卦爻辞，《诗经》中的《商颂》等诗，以及生活在商代灭亡近一千年之后的司马迁写《史记》所用的那些精当的材料，显然都不是通过甲骨文流传下来的。而且比起竹、木简来，甲骨难得也难刻。这些都从侧面证明了甲骨文并不是当时的主要文献材料。

但是，成规模地保存到今天的商代文字，主要就是占卜的甲骨文和晚商的一些钟鼎文。尤其是甲骨文，保留了当时汉字的基本风貌和发展的一些线索。裘锡圭曾对青铜器铭文和甲骨文作雅、俗之分："我们可以把甲骨文看作当时的一种比较特殊的俗体字，而金文大体上可以看作当时的正体字。"[35] 所谓的正体字，无疑来自俗体。俗体字是源头，因而充满着活力。后来的许多简体字，也正从俗体字中来。因此，研究甲骨文字形，更有利于看清汉字的本来面貌和发展脉络，对其审美特征的研究也不例外。

一、象形表意

甲骨文中，象形字以其对对象感性形态的描摹而表情达意，约占总字数的1/3。它的感性直观性，使得汉字在形态上给人以视觉的美感。作为隶变前的汉字，甲骨文具有更多的趣味性和形象性。汉字独体为文，主要是指独体的象形字。所谓"望文生义"，对于甲骨文来说恰恰是它的特点。望文即可生义，符合古人造字交流的初衷，同时也体现了中国文化的尚象精神。

甲骨文中独立的象形字不仅在数量上占1/3，而且整个文字系统都是以象形为基础的，它奠定了汉字结构的基本形式。尽管后来象形字在汉字中所占的比例逐渐减少，但象形的字素依然在为其他类型的字起着基础和桥梁作用。独体的象

---

[34]〔汉〕孔安国传，〔唐〕孔颖达等正义：《尚书正义》，载〔清〕阮元校刻：《十三经注疏》，中华书局1980年版，第220页。

[35] 裘锡圭著：《文字学概要》，商务印书馆1988年版，第42—43页。

形字常常作为形符进入到文字的创造中，会意、形声、指事等其他三种造字方式，都依托于象形字符。

会意字大都是象形字的组合，是奠定在象形基础上的会意。如日月组合为"明"或窗月组合为"明"；日落草中为"莫"（暮），由日和草的象形字素组成；"涉"为行进中的两脚过水，由水和两只脚三个象形字素组成；甲骨文的"牧"字，是人以手执鞭作赶牛状。这种组合不仅体现了直观性，而且具有趣味性。

许多抽象符号的指事字，有的是象形字基础上的加工处理。"亦"为人形两旁各加一点指事，表"腋"；"刃"为刀的象形旁边加一点指事；"本""末""朱"等则是在感性的象形字"木"的基础上的加工；也有的是将抽象的线条感性化，如"上""下"等。即使是拟声的字，或对手势语的表达，也以感性形态为基础。如人以手指上为天，乃是手势的拟象。其他如"自"本来是鼻子的象形字，以手指鼻的手势语，而成了"自己"的代称，同样具有感性特征。

有些表现抽象概念的甲骨文，也是用具有感性形态的对象作为交流和助忆符号的。如对于"春""夏""秋""冬"四季的时间表达，便是选择集中体现四季的物候风采的特征加以表现。春作草木貌，夏作蝉形，秋为收获后以火燃禾秆状，冬作冰凌状，这就将抽象的时间感性物态化了。一些纯然抽象的字，也是假借了起初表示具体感性形态的字。如甲骨文中的"乙""丙"两字，本来分别是鱼肠和鱼尾的象形。《尔雅·释鱼》说："鱼肠谓之乙，鱼尾谓之丙。"[36] 这种以象为本的造字精神，使得人们所感悟到的体现生命力的物象凝定在文字的意象之中。

正因如此，古人始终都极重视汉字"象"的特征。班固在《汉书·艺文志》中，把指事字称为"象事"，把会意字称为"象意"，而把形声字称为"象声"。[37] 北宋郑樵在《通志·六书略》中说："六书也者，皆象形之变也。"[38] 这在作为早期

---

36 〔晋〕郭璞注，〔宋〕邢昺疏：《尔雅注疏》，载〔清〕阮元校刻：《十三经注疏》，中华书局1980年版，第2641页。

37 〔汉〕班固撰，〔唐〕颜师古注：《汉书》，中华书局1962年版，志四八八中。

38 〔宋〕郑樵撰：《通志》卷三十一，中华书局1987年版，第488页。

汉字的甲骨文中表现得更为明显。

甲骨文从线条中表现出万象的形态和神采，显示其内在的生机和生意。如"牛""羊"两字，对牛羊之形，特别是对角进行传神的描摹，"花""果"等字也是如此。容庚早年就曾说甲骨文的象形字，是在找出最能体现对象特征的形态描摹："羊角象其曲，鹿角象其歧，象象其长鼻，豕象其竭尾，犬象其修体，虎象其巨口……因物赋形，恍若与图画无异。"[39] 又如会意字的"立"字，甲骨文是人站在地上，抓住了"立"的主要特征，以形传神，使人们见即可识。正因其抓住了所表现的对象的基本特征，所以甲骨文在结构上虽然常常上下颠倒、左右不分、繁简不一，却能让人意会而易识。一个"鹿"字，在甲骨文中有30多种字形，却因造字原则统一，故基本上不影响交流。

甲骨文在象形之中表意，在结构上由对称和均衡体现着韵律。对称和均衡作为自然界的普遍法则，为古人所体认，并把它们体现在物质文化和精神文化的创造中。商代的青铜器和其他器皿以及建筑等方面，都体现出均衡与对称等特点。甲骨文的结构也具有建筑的意识和特点，每一个字都像是建筑的安排，显得匠心独具。一个汉字，便是一个独立完整的系统，复杂的表意文字，甚至是抽象化、线条化的美丽图画。已故著名的心理学家周先庚教授，曾在《美人判断汉字位置之分析》中说："每字有每字的个性，每字的构造组织都像一个小小的建筑物，有平衡，有对称，有和谐；字与字的辨识因此就非常有标准，特别不容易漠［模］糊。"[40] 因此，他认为汉字具有格式塔的完形特性。这些对称和均衡规律，与主体生理和心理的节律是合拍的，因而在造字过程中运用这些规律，可以产生审美的效果。

二、主体意识

甲骨文对文字的创造、完善与书写，影响到了古代的审美意识与思维方式，

---

[39] 容庚：《甲骨文字之发见及其考释》，《国学季刊》1923年第4期，第658页。
[40] 阎书昌、周广业主编：《周先庚文集》卷一，中国科学技术出版社2013年版，第172页。

体现了主体意识和人文精神。在甲骨文中,古人传达了自己眼中对对象神采和韵味的感受,也传达了自己对宇宙和人生的情感体验。它们是人眼中的自然形式和宇宙奥秘,因而体现了主体对宇宙法则和造化神功的体认,其中无疑体现了造字者的主体性,也会引起认字者的共鸣,并且能跨越时空的界限。

姜亮夫指出:"整个汉字的精神,是从人(更确切一点说,是人的身体全部)出发的。"[41]在甲骨文中,人体的象形字都不限于指人,而推及到各类动物乃至万事万物的共同特点,如以人耳、人目等推而广之,指称一切动物的耳、目,乃至器皿的相关部位,如窗"眼"、鼎"足"等,并且大都成了重要的字素,衍生出大量的字。如以人形为本的"大""元"等,两手为"友"等。而源于人体的象形字如"人""手""目""耳""口""心""足"等,后来还成了重要的衍生字的字根。甚至连人的生殖器官和屁股的象形也是很重要的象形造字字源。而人本精神也随着这些字素带进了新衍生的字当中。说汉字"近取诸身",不仅取人之象,而且以人取譬,推而广之。"左""右"两字,即以手势语象形表左右方位。以手会意的还有"父",以手执杖;"尹",为以手执权柄形等。它们都使文字体现着人文精神。

即使是"远取诸物",也离不开人对宇宙的感悟与把握。从人的视野出发,象其形,肖其音,反映出人的体验和感悟,并且表情达意,带有一定的人文色彩,从中体现出对人的价值的尊重与肯定。因此,甲骨文字形的人文精神,同样表现在那些由"远取诸物"所创造的文字中。钱钟书曾说:"盖吾人观物,有二结习:一、以无生者作有生看(animism),二、以非人作人看(anthromorphism)。鉴画衡文,道一以贯。"[42]汉字也是如此。在造字过程中,中国古人以人为中心,将物态人情化,体现出生命意识。由甲骨文字可见,这些文字的发明,记载了古人对自然、自我及其生活的感觉能力和表达能力。这正是中国人的审美的思维方式在文字中的体现。

造字时代的社会生活风貌,也体现在汉字之中。这在甲骨文中随处可见。

---

41 姜亮夫著:《古文字学》,浙江人民出版社1984年版,第69页。
42 钱钟书著:《管锥编》第4卷,中华书局1979年版,第1357页。

祀与戎作为商代社会生活的重要内容，同样表现在甲骨文字的创造之中。甲骨文的"取"字是表示战争中以手割耳，"旅"是旗下有两人，表军旅。另外，以女字为偏旁的部分字中，反映了男权社会的特点，而大量以牛为意旁的字，则反映了农耕时代的特点。中国人还将文化历史信息凝定在单个的文字之中，其中还收罗了一些族徽符号。同时，即使在象形指事而表意的过程中，也反映了一个文化的基础，一个约定俗成的语言环境。

汉字以情感为内在的逻辑，寓情寓理于线条之中。线条化是甲骨文成为成熟文字的标志。每一个甲骨文字的创制，都表达着造字者的思想感情，具有艺术的生命。线条使得甲骨文在刻写过程中，注入了刻写者的生命情调，也可以调动读者更多更积极的情感体验，使读者在想象力方面具有更多的主动性。特别是会意字，在表情达意方面别具特色，令人兴味盎然。形声相益的合体方法，也同样是充满趣味的，是心灵的物态化。刘雪涛在《甲骨文 如诗如画》一书的前言中，称甲骨文如诗如画，具有诗情画意："有的象形字，看似一幅画，如龙、虎、犬、兔等字；有的会意字，分析解说，读来像是一首诗，如寻、梦、归、教等字，令人神迷。"[43]这是有一定道理的。甲骨文确实表达了古人对世界和人生的诗意感悟。

三、象征意味

具有感性特征的方块字不只是摹仿，更是一种抽象的创造，体现着创造精神，具有着象征意味，是有意味的形式，尽管它同时要符合符号的规范。姜亮夫说："汉字形态的基本精神，是以象征性的线条，带了一些象征作用的符号，而以写实的精神来分析物象，以定一字之形的。"[44]甲骨文尤其如此，甲骨文的"人"字便是通过躯体和上肢两个部分来象征的。它在对具体对象的概括和典型化的过程中，包括在刻写过程中，由粗笔改细笔，由实笔改勾廓，更加强了它的抽象意味和符号特征，因而也更充分地体现了象征性的特征。

---

43 刘雪涛著：《甲骨文 如诗如画》，台北光复书局1995年版，第3页。
44 姜亮夫著：《古文字学》，浙江人民出版社1984年版，第68—69页。

汉字的创造是在摹仿再现的基础上进行抽象和表现的。在大量甲骨文的象形字中，已呈现出某种程度的抽象。抽象起初不是一种主动的追求，而是在追求超越表达能力约束的过程中，所获得的一种特殊效果。许慎《说文解字序》所谓"依类象形"[45]，乃是一种抽象化过程的象形，带有象征的意味。这里的"类"，便不是具体的，而是带有抽象色彩的。选取最有典型意义的特征，充分体现了先民们高度的抽象和概括能力。甲骨文在象征意味上的取象具有典型性的特点。象形字如人、水、日、月、鸟等，都带有抽象的意味。在会意字之中，甲骨文更是比类合意，以少总多。如以三指状手（包括左右），以三指状足，木有三枝三根，火有三苗，山有三峰，三人为众（繁体字的"众"字是后生的，上加一横"目"，《国语·周语上》载有："人三为众。"[46]），三木为森，等等。它们通过典型化的方式，从某一特点表现出同一类事物的共同特点。其中的形符大都作为半抽象的符号，具有象征的意味，以少状多，以有限象征无限，使得每一个字都具有丰富的表现力。这也为同时代图画和图案的抽象奠定了基础。

在发展历程中，汉字的总体趋势是由象形到抽象，从摹拟到表现。而在此过程中，甲骨文经历了从不成熟到成熟的最关键的阶段。汉字从原始的陶文等图画线条到点线书写线条，虽然是出于实用，或受甲骨文刻写方法的制约，但客观上却促成了审美境界的升华，使抽象的线条更富有象征性和表现力。甲骨文的线条，是物象和生活内容的升华，体现着感性的抽象，与自然的生机是息息相通的。通过其所负载的情感和生命姿势，由技巧征服了物质形式，实现了天人合一。可以说，与陶文相比，甲骨文字由形到线，由写实到象征，是中国古人视觉审美的一次重要飞跃。

甲骨文通过象征的方法，实现了具象与抽象统一的意象创构。主体摹仿和再现能力的限制，恰恰给以抽象形式进行象征的表意追求提供了机会。这就使得汉字在创造过程中，不限于追求摹仿和再现能力的深化，而是在提高摹仿和再现能力的同时，寻求最富于特征的方式的表达。因此，尽管汉字不是简单的图画，

---

[45]〔汉〕许慎撰：《说文解字》，中华书局1963年版，第314页。
[46] 徐元诰撰，王树民、沈长云点校：《国语集解》，中华书局2002年版，第10页。

造字却无疑都充满情调地发挥自己的创造力。与人的思想由单纯到复杂相比，汉字的历程则是由繁至简。商代四期以后的甲骨文字，从符号及其书写角度予以简化的特征更为明显，在一定的范围内更增强了它的象征意味，如犬、车、年（人、肩、禾）等，因而也更具有象征的意义。简化与抽象在实用的层面上使得汉字易识易写。不过，在当时的背景下，简化字的存在与交流，因其形象不太明显，故必须以原字形为依托、为中介。

为了整体的效果，甲骨文还通过具体的感性形态，表现抽象无形的概念，使得字形在整体上虚实相生。李圃在阐释甲骨文的"昃（昃）"字时说："'日'下之（仄）为日光侧偏斜之人体投影，日偏斜之时，人体投影亦随之偏斜，故以日照与偏斜之人影这一空间距离所生成的现象表示太阳偏斜时这一时段。以空间喻时间，以实喻虚，为先民造字心理之特点。"[47]通过比喻的方式，以实喻虚，把时间这一抽象的东西，用具体的斜阳所照出的人影加以表现，由生动的意象传达出丰富的意蕴。有些以实喻虚的甲骨文字，尽管有许多异体字，如表示时间的意义很抽象的"春"字，甲骨文或从木从屯，或从草从屯，或从日从屯等，虽一字多形，却均能有意可会，使人见而可识。

甲骨文的这种虚实相生，甚至对日后中国绘画的象征与抽象，也有着积极的影响。比起绘画来，由于书写的限制，甲骨文更注重于简约和传神，这使得甲骨文在抽象和象征方面积累了更多的经验。甲骨文以象表形、以少状多、以有形象征无形、以有限象征无限等方法，都对后来的中国画及其传统产生了重要的影响。

四、图画、八卦与甲骨文

在感性风貌方面，甲骨文字作为先民们的创造物，在艺术性上与绘画有着相通的地方；但甲骨文作为一种文字符号，与绘画也有着不同的地方。这从文字、图画和作为抽象符号的八卦的联系与区别中可以看出。

---

[47] 李圃著：《甲骨文字学》，学林出版社1995年版，第256—257页。

首先，图画早于文字，起初主要用于自娱自乐和情感交流，既而兼有一些交流符号和教化的功能。以象形字为基础的汉字，最初是在图画的基础上发展起来的，是把图画的形式加以简化和抽象，以用作符号交流的。沈尹默说："我国文字是从象形的图画发展起来的。象形记事的图画文字即取法于星云、山川、草木、兽蹄、鸟迹等各种形象而成的。因此，字的造形虽然是在纸上，而它的神情意趣，却与纸墨以外的自然环境中的一切动态，有自然相契合的妙用。"[48] 这是在说汉字本身与图画作为艺术有相通的一面，这在甲骨文中表现得尤为明显。

但甲骨文与图画的区别也是明显的。郑樵在《通志·六书略》中说："画取形，书取象；画取多，书取少。"[49] 甲骨文与画的区别也同样如此。甲骨文字的象，不同于一般的形，具有更多的抽象意味和象征性。所谓取少，即以少总多，通过抽象和简化去象征。甲骨文把图画形式的符号变成线条式符号，并对原形作了必要的简化，以尽量简省的笔墨传达深厚的意蕴。同时，以作为语言的交流符号为目的的汉字，在形象的基础上，注重的是意义的传达，是经过典型化、抽象化的符号系统。那传神的形象本身只是手段，表达意义才是文字的目的。特别是到了甲骨文阶段，汉字在结体和章法等方面，已经更趋于符号化了，而且有了大体固定的线条形式。

与纯抽象符号的八卦相比，同样作为符号和信息载体的甲骨文，却是感性的、充满情趣的。每个字符，一般只代表一个义素，连贯的字符串，才能表达丰富的意义。而八卦，则赋予简单的抽象符号以丰富的哲理。八卦的卦符虽然也符合对称、均衡的审美原则，但只限于简单的排列形式。汉字却具有丰富多彩、生机勃勃的感性形态。《周易·系辞下》说包羲氏作八卦是"近取诸身，远取诸物"[50]，汉代许慎的《说文解字序》引录了这句话，用以说明文字的创造。其实绘画也是"近取诸身，远取诸物"的。但同样是"取"，"取"的目的有所不同。

---

48 沈尹默著：《书法论丛》，上海教育出版社1978年版，第17页。
49〔宋〕郑樵撰：《通志》卷三十一，中华书局1987年版，志四八八中。
50〔魏〕王弼、〔晋〕韩康伯注，〔唐〕孔颖达等正义：《周易正义》，载〔清〕阮元校刻：《十三经注疏》，中华书局1980年版，第86页。

八卦是因理而取，画是因趣而取，文字则是因义而取。不过，作为具有审美特征的文字，甲骨文与拼音文字相比，文字之中也有理有趣。而甲骨文和图画、八卦之间最重要的区别在于，作为固定的记录语言的符号，虽然在感性形态上近似于图画，在符号特征上与八卦有相似之处，但与固定的单音节的语音相对应，实现了形、音、义的统一。

　　一般人都认同，当时的绘画影响着汉字的形成；但与此同时，甲骨文在文字创造过程中的高度成熟，在艺术技巧上超过了当时的绘画。这一点，将甲骨文与青铜器铭文加以比较，就可以见出。青铜器铭文中的文字，笔画呈块面状，具有一定的图画痕迹；而甲骨文则因在当时的占卦、验卦中日常使用，其字形相对随意。加之甲骨的材料关系，笔画便更为简化和线条化，以简练的线条抽象地传神。因而比起绘画来，具有更为显著的典型性和象征意义。

　　同时，甲骨文在造字和刻写过程中对表现力的追求，在空间的利用和时间的表达等方面，都为后来的绘画艺术积累了可贵的经验，并且在创造原则上影响了后来的中国绘画艺术。中国画的表意性传统不同于西方绘画，在一定的程度上，是得益于中国的文字及书法的影响。

　　甲骨文字影响了中国古人的审美意识和思维方式，从中体现了古人的主体意识和人文情调，它们本身就是具有符号功能的艺术品，大都体现着诗情画意，反映了造字者对自然和人生的诗意的领悟和创造精神。由此而形成的书法艺术，使得汉字的审美意味更加发扬光大了。

第四节　甲骨文书法：中国书法的开端

　　就书法的观念而言，商代的甲骨文虽然尚处于非自觉的书写状态，但娴熟的技艺，使得甲骨文的刻写效果已经出神入化，从而增强了甲骨文在商代绝地天通的占筮仪式中的价值，汉字也随之由甲骨文字的工具作用逐步走向艺术的境界。在刻写过程中，甲骨文"含孕天人，吮吸造化"，又因契刻而导致的直挺犀利的方折笔画及其相交处的粗重剥落，字体大小不一，且结构多变，成了中国书法的源头，深深地影响了后代的书法和篆刻等艺术类型。由甲骨文演变出来的大篆书体，直接开辟了碑系书法的先河。

一、中国书法的开端

甲骨文是中国文字成熟的标志，也是中国书法的开端。作为成熟的文字系统，甲骨文在线条笔法、结体、章法，乃至总体风格上，形成了一套完整的系统，具有稳定的空间结构，这使得中国的文字能作为独立的书法样式而存在，并具有一定的书韵感。

郭沫若在《殷契萃编·自序》中说："卜辞契于龟骨，其契之精而字之美，每令吾辈数千载后人神往……技欲其精，则练之须熟，今世用笔墨者犹然，何况用刀骨耶？"并认为"足知存世契文，实为一代法书，而书之契之者，乃殷世之钟、王、颜、柳也"[51]，明确将甲骨文界定为书法，给予了高度的评价，并且进一步论及甲骨文在不同时代的风格、结构与章法等。在《奴隶制时代》里，郭沫若还说："本来中国的文字，在殷代便具有艺术的风味。殷代的甲骨文和殷、周金文，有好些作品都异常美观。留下这些字迹的人，毫无疑问，都是当时的书家，虽然他们的姓名没有留传下来。"当然，郭沫若同时也说，具有自觉意识的书法"是春秋时代的末期开始的"[52]。

邓以蛰在1937年发表的《书法之欣赏》中说："甲骨文字，其为书法抑纯为符号，今固难言，然就其字之全体而论，一方面固纯为横竖转折之笔画所组成，若后之施于真书之永字八法，当然无此繁杂之笔调；他方面横竖转折却有其结构之意，行次有其左行右行之分，又以上下连贯之关系，俨然有其笔画之可增可减如后之行草书然者。至其悬针垂韭之笔致，横竖转折安排之紧凑，四方三角等之配合，空白疏密之调和，诸如此类，竟能给一段文字之全篇之美观，此美莫非来

---

[51] 郭沫若著：《殷契萃编》，科学出版社1965年版，第10—11页。
[52] 郭沫若著：《奴隶制时代》，人民出版社1954年版，第257—258页。

自意境,而为当时书家之精心结撰可知也。"[53] 他对甲骨文是否为书法的表态虽然很含糊,但在具体分析的字里行间,无疑是充分肯定甲骨文的书法价值的,甚至把它抬到意境的高度。

商承祚曾在《我在学书法过程中的一点体会》一文中说:"我国书法源远流长,从商周的甲骨、金文,秦的小篆和秦隶、汉隶,下及楷、行、草已有三四千年的悠久历史。"[54] 李泽厚在《美的历程》一书中曾说:"汉字书法的美也确乎建立在从象形基础上演化出来的线条章法和形体结构之上,即在它们的曲直适宜,纵横合度,结体自如,布局完满。甲骨文开始了这个美的历程。"[55] 启功在《关于法书墨迹和碑帖》中也谈到殷墟出土的甲骨和玉器上的文字:"笔划的力量的控制,结构疏密的安排,都显示出写者具有深湛的锻炼和丰富的经验。可见当时书法已经绝不仅仅是记事的简单号码,而是有美化要求的。"[56]

文字在甲骨文时代虽然还没有进入纯粹的艺术品阶段,但已由熟生巧,由线条、结体和章法诸形态方面,自发地显露了贞人的审美意识,使得甲骨文在线条、个字造型和总体布局诸方面给人以栩栩如生的传神感觉,从字形中表现出生命的活力和丰富的意蕴,并且在其风格中显示出当时的时代特征和贞人的个性风貌以及创造精神。可见,从甲骨文时代,中国的书法就开始启程了。

书法学界有一种言论,认为中国古代对书法的自觉意识是从汉代开始的,甚至是汉末桓、灵之际开始的。理由是,到这个时候,中国的书法才进入了自觉的状态。而此前的汉字书写或刻写,只是一种技巧,并不能算得上是艺术。黄简在《中国书法史的分期和体系》一文中,根据四条标准,即独立性、自觉性、严格性和成熟性,认为商代和西周是没有书法的,东周和秦代是书法的发生期,西

---

53 邓以蛰著:《邓以蛰全集》,安徽教育出版社1998年版,第167—168页。

54 商承祚:《我在学书法过程中的一点体会》,载上海书画出版社编:《现代书法论文选》,上海书画出版社1980年版,第68页。

55 李泽厚著:《美的历程》,中国社会科学出版社1984年版,第50页。

56 启功:《关于法书墨迹和碑帖》,载上海书画出版社编:《现代书法论文选》,上海书画出版社1980年版,第245页。

汉到东汉桓、灵以前是书法的形成期,桓、灵以后是书法的成熟期。[57]

这种理由是站不住脚的。就其独立性而言,文字的基本功能是在运用中发挥的,书法的价值与其他线条艺术的区别,正在于它表现的是文字。因此,我们只能以文字本身书写的艺术性来区分它是否属于书法艺术,以及它的书法价值,而不能根据其是否为艺术而艺术来判断。中国书法史上的许多优秀的书法作品,都是在应用中产生的。如魏晋时期被喻为书法神品的《曹娥碑》《宣示表》《兰亭集序》《十七帖》等,无疑不能因其是应用的文字而被划在书法之外。就其自觉性而言,任何一门艺术都经历了从自发到自觉的阶段,自发阶段不但是自觉阶段的源头,而且其成功的作品还是自觉阶段的楷模。正如就文学而言,一般认为中国文学是从汉代或魏晋时代开始进入自觉时代的,但并不代表此前的《诗经》、"楚辞"就不是文学了。同样的道理,在甲骨文的时代,人们对书法的意识虽然还处于自发的阶段,但它们无疑已经属于作为艺术的书法了。从它在线条、结体、章法和风格等方面的特点及其对后世书法艺术的影响,也可以看出它的书法价值和它在书法史上的地位。而近现代书法家对甲骨文字的摹拟和借鉴,同样是对于甲骨文作为书法艺术的一种佐证。黄简的所谓严格性,是讲书法艺术和美术字的区别,与我们讨论甲骨文是不是书法艺术没有直接的关系。至于成熟性,它本来就是一个相对的概念。从技法上讲,我们完全有理由说甲骨文中的精品,已经有了熟练地表达个性的能力,对线条的运用也已经得心应手。如果狭隘地将书法归为笔墨作品,无疑是偏颇的。

同时,商代的贞人在学习过程中,已经有了习刻的训练。根据郭沫若的考证,甲骨文中有一片习字骨,"其中有一行特别规整,字既秀丽,文亦贯行;其他则歪歪斜斜,不能成字,且不贯行。从这里可以看出,规整的一行是老师刻的,歪斜的几行是徒弟的学刻。但在歪斜者中又偶有数字贯行而且规整,这则表明老师在一旁捉刀。这种情形完全和后来初学写字者的描红一样"[58]。这种教学活

---

[57] 参见黄简:《中国书法史的分期和体系》,载《书学论集》,上海书画出版社 1985 年版,第 76—105 页。
[58] 郭沫若:《古代文字之辩证的发展》,《考古学报》1972 年第 1 期,第 4 页。

动无疑推动着甲骨文字书法的自觉意识，推动着甲骨文字的艺术化。

正是基于上述的理由，我认为商代的甲骨文是中国书法的开端。

二、线条

中国书法作为一门艺术，乃在于透过系统的线条而呈现出有意味的造型，并在通篇的布局中给人以美感。这在商代的甲骨文中即已开了先河。甲骨文继承了陶文的线条传统，但因契刻的要求，其字形由粗笔改细笔，由实笔改勾廓，将文字象形由写实的图形摹拟，变为抽象的线条，将结构的空间性寓于线条的时间性之中。其中直线和曲线相间，单刀和双刀并用。通过线条的律动进行创造，甲骨文的书写以象传神表意，推动了中国文字的线条化，从而使汉字更自由地体现出生命的情调，并且加强了它的抽象意味和符号特征。这种线条化促成了汉字特有的书法艺术的诞生。从甲骨文开始，中国文字特有的运用线条的韵律进行创造的书法艺术就诞生了，并且形成了数千年的悠久传统。

甲骨文的线条作为抽象的符号依然包孕着丰富的形象意味。宗白华在《中国书法里的美学思想》一文中说："中国字在起始的时候是象形的，这种形象化的意境在后来'孳乳浸多'的'字体'里仍然潜存着，暗示着。"[59] 这种观点在宗白华思想里是一以贯之的。在另一篇文章里，宗白华还说，中国的文字虽然渐渐越来越抽象，不完全包有象形了，"但是，骨子里头，还保留着这种精神"[60]。"中国的书法，是节奏化了的自然，表达着深一层的对生命形象的构思，成为反映生命的艺术。因此，中国的书法，不像其他民族的文字，停留在作为符号的阶段，而是走上艺术美的方向，而成为表达民族美感的工具。"[61] 在摹拟的基础上又超越了摹拟，具有表现的价值和符号意义。诸如"虎""象""猴"等字，在通过线条所作的形态的描摹和情趣的表现中体现出符号的功能。

---

59 宗白华著：《宗白华全集》第 3 卷，安徽教育出版社 1994 年版，第 404 页。
60 宗白华著：《宗白华全集》第 3 卷，安徽教育出版社 1994 年版，第 611 页。
61 宗白华著：《宗白华全集》第 3 卷，安徽教育出版社 1994 年版，第 611—612 页。

抽象的线条作为对形体摹拟的升华,体现了古人对宇宙万物的情感体验,并通过字的神采和韵味反映了自然的内在生命精神。"甲骨文字象形字从藉由绘画线条的起伏飞动,赋予宇宙自然万物最优美的律动。"[62] 对此,我深有同感,甲骨文的线条,让人体会到宇宙万物的生命节律,从中反映了古人对自然对象的感知能力和宇宙意识。通过线条,古人表现了自己对世界的感受,并且更直接地以抽象的形式体现了对象的自然意象。同时,在甲骨文中,这种意象既是书家(贞人)感悟自然物态的结果,同时又寄托着书家的情感。因此,甲骨文既与感性自然的神态相契合,又与主体的心灵情状相契合。既妙同自然,作为自然生趣的象征;又表现自我,在线条律动中包含着主体的意味、情趣和精神风貌。不仅如此,古人还以线条所凝成的字为生命体,着力表现字的姿态、情感和气势。在那或遒劲或优柔的线条中,甲骨文字显示出刻写者贞人的个性,也显示了他们对于字形的不自觉的审美追求。

商代甲骨文的线条在刀法的基础上包含着深厚的笔意。刻写工具和书写材料的限制,虽然使甲骨文的线条不及毛笔那样相对挥洒自如,却同时也给甲骨文线条的表现力留下了余地。刻字的贞人们娴熟练达,笔力劲健,笔意流动于其间,使这些文字栩栩如生,神态可掬。在甲骨文书法中,主要有点画、直笔和圆笔三种。其点画多拟形表意,显得相对含蓄蕴藉,如"雨"字中的雨点;其直笔多劲爽挺拔,显得质朴安稳,如"甲""五"等;其圆笔弯曲流畅,显得婀娜多姿,如"月""川"等。在那些点画、直笔、圆笔纵横交错的字里,甲骨文的点线组合显得丰富多彩,像是一组优美的旋律,形象生动,意味深长。

与图画的线条相比,甲骨文书法强化了高度抽象的、有意味的线条的表现力。而甲骨的媒介决定了其刻写方式,并且由适应而征服,使得甲骨文字体现了独特的线条意识,在线条的自由运动中追求韵味,从而进一步推动了文字的抽象和简化。因此,甲骨文那富于表现力的线条深刻地表现着简化了的形象和浓缩了的情意。它既是古人对世界万物感知能力的升华,又是主体表现能力的升华。

---

[62] 林宏田:《甲骨文 如诗如画·序言》,载刘雪涛著:《甲骨文 如诗如画》,台北光复书局1995年版,第6页。

三、结体与章法

结体是指单字的结构，章法则是指通篇文字的布局。它们既各有特点，又在精神上有相通之处，并且有一定的共同特征。

甲骨文书法的结体（又称"结字"），为汉字的字体形态奠定了基础。所谓"结体"是指由疏密、宽紧、开合等方面所形成的字的间架结构。从总体上看，甲骨文纵横欹斜的结体，疏密错落的排列，顺其自然，巧夺天工，虽错综变化，但总体上给人以恣意潇洒、浑然天成的感觉。在以人为中心的观念的基础上，甲骨文的结体体现了书家对宇宙法则和造化神功的体认。

甲骨文的字体大都以长方形为主，但也常常由于字的形体结构和章法的关系，而变得形态多异。冼剑民认为，甲骨文字形中，"长方形的字体占了75%，方形的字体占20%，扁方的字体占5%"，奠定了汉字的字形。"在占绝大多数的长方形字中，其形体都呈5∶8、5∶3的形态。这种长方形符合黄金分割比率的原则，是一种最美最合度的形体。"[63] 这种说法虽未必精确，却反映了甲骨文结体在个体上的大体特点。实际上，甲骨文作为书法的艺术，并没有严密的、规整的字形，而常常是随体异形的。

由于字体具有象形的特点，甲骨文字在结体上随体赋形，任其自然。字如其形，方圆多异，长扁随形，且许多字在结体上显得端庄平稳，如豆、高、室、鼎、鬲等字。又有一些字，表现出对象及其动作的内在神韵，显得栩栩如生，如立、并、教、飞等，从中体现着生命意识。其结体或规则，或随意，而随意是建立在规则的基础上的。王澍在《论书剩语》中曾说："然欲自然，先须有意。始于方整，终于变化，积习之久，自有会通处。"[64] 这也同样适用于甲骨文。甲骨文的字体结构虽以端正为基础，却不拘于端正，在字的结构上常常显示出灵活性和生动性。其形体态势，长短大小，斜正疏密，因势而行，不拘一格，又以一个重心为基础，使其动静起伏，总体上显得平稳。

---

63 冼剑民:《甲骨文的书法与美学思想》,《书法研究》1986年第4期, 第105页。
64 吴胜注评:《王澍书论》,江苏美术出版社2008年版, 第532页。

在偏旁部首和整体结构上，甲骨文有着均衡、对称、稳定等特点，并在此基础上显得灵活、自由。如在均衡上，体现出上密下疏的特点；在对称上，常常显示为上下对称、左右对称、多向对称等特点。同时，甲骨文又是灵活多样、活泼自由的。其上下前后，多不一致。可以根据书写需要或书家习惯，信手安排。有些表现事物特征的字甚至可以反写、倒写，如"隹"字等。

甲骨文书写的匠心经营还显示为由字与字、行与行之间的位置所形成的通篇布局，即"章法"。一片优秀的甲骨上的文字，集众字而成篇，显然都是书家经过巧妙构思的结果，而且笔势随着情感的起伏而波动。

朱桢认为："甲骨文章法特点是：字字错落有致，行行行文自然，纵横依其势，变化因其形。"[65] 一片甲骨上的文字，或疏落有致，或谨密严整，或有纵行而无横行。字大者超过半寸，小者细如芝麻，显得规整、精美。它们一般以竖行排列，由上到下，由左到右或由右到左依次排开。在刻写布局中，甲骨文字形大小不一，方圆多异，长扁随形，参差错落，穿插互补，前后呼应，且抑扬顿挫，疏落有致，行文自然，纵横依势。或均衡，或对称，大体上显得稳定。它们大都在纵的方面大体成行，横的方面则为有列与无列并存。其行款错落，大小变化，疏密有致。行与行之间错落多姿而又和谐统一，从整体上透露出韵致和美感。后人所谓参差错落、穿插避让、朝揖呼应、天覆地载等汉字书写原则，以及后人形容郑板桥的书法的所谓"乱石铺街"的章法等，在甲骨文中已经大体具备。

四、风格

甲骨文古朴纯真，遒丽天成，反映出书契方式给甲骨文带来的独特风格。从总体上看，甲骨文中的细笔画常常显得瘦硬挺拔，而粗笔画则常常显得浑厚雄壮。在线条、结体和章法等方面，在商代的不同时期，都有其自身的特征，呈现出不同的风格。张光直不仅对甲骨文的书法给予高度的评价，而且他认为："骨

---

65 朱桢：《浅说甲骨文书法艺术》，《殷都学刊》1989年第4期，第25页。

卜与龟卜对古代艺术的贡献主要是在书法上面。卜辞的书法已经是个别书家表现作风的境地了。"[66]

曾经有不少甲骨文专家对甲骨文风格进行过分期。1933年，董作宾在《甲骨文断代研究例》中，以一世系、二称谓、三贞人、四坑位、五方国、六人物、七事类、八文法、九字形、十书体作为断代标准，将甲骨文书法的风格分为五期，其风格分别是雄伟、谨饬、颓靡、劲峭和严整[67]，获得了学术界的认可。后起的学者纷纷对这五期风格进行阐释。虽然对于甲骨文风格的分期问题，后来曾有胡厚宣1951年提出的四分法[68]和陈梦家1956年提出的三大期九小期说[69]，但学术界一般普遍接受董氏五期说。郭沫若1937年《殷契萃编·自序》中所述，也大体借鉴了董作宾的观点。他说："文字作风且因人因事而异，大抵武丁之世，字多雄浑，帝乙之世，文咸秀丽。……固亦间有草率急就者，多见于廪辛、康丁之世，然虽潦倒而多姿，且亦自成其一格。凡此均非精于其技者绝不能为。"[70]我认为这五期风格不仅仅是甲骨文书法的风格特征，也反映了商代其他艺术类型的风格特征。陈梦家的九小期的说法，可以作为董说的参考、补充。宗白华先生曾经将书法看成中国各类艺术风格变迁的标牌。在《中国书法里的美学思想》一文中，宗白华认为，中国的书法"自殷代以来，风格的变迁很显著"，可以"凭借它来窥探各个时代艺术风格的特征"。[71]

在风格诸说中，董作宾的五期说在学术界赢得了更多的认同和发挥。从盘庚、小辛、小乙到武丁时代，被视为第一期，这个时期的大字主要风格是雄伟壮丽，古拙劲削，显得纵横豪放，刚劲有力。而中小型字体则秀丽端庄，在雍容典雅中透露出灵气。祖庚、祖甲时代，被视为第二期，这个时期字的主要风格是谨

---

66 张光直著:《中国青铜时代》，生活·读书·新知三联书店1999年版，第459页。
67 刘梦溪主编:《中国现代学术经典·董作宾卷》，河北教育出版社1996年版，第133—139页。
68 胡厚宣撰:《战后宁沪新获甲骨集·述例》，来熏阁书店1951年版。
69 陈梦家著:《殷虚卜辞综述》，科学出版社1956年版，第138页。
70 郭沫若著:《殷契萃编》，科学出版社1965年版，第10页。
71 宗白华著:《宗白华全集》第3卷，安徽教育出版社1994年版，第405页。

饬工整，圆润秀雅，且大小适中，行款整齐，在凝重静穆中透露出飘逸的神韵。从廪辛到康丁时代，被视为第三期，这个时期字的主要风格是颓靡柔弱，多野逸草率，常出现颠倒夺衍的错误，偶有潦倒多姿的佳作。从武乙到文丁时期被视为第四期，这个时期字的主要风格是粗犷稚拙，奇巧险峻，气势凌厉，一扫前期颓靡之风。尤其文丁时期，开始有复古倾向，故其字瘦劲犀利，潇洒自如，风采动人。帝乙、帝辛时代被视为第五期，这一时期复古风气炽盛，大字则酣洒淋漓，纵横奔放，小字则整饬隽秀，严整不苟。

  书法的风格既是时代风尚的体现，包括政治礼制的影响，又是书家个性的外化（包括先天的艺术素养和技巧），同时也是书法自身演变更迭的体现。甲骨文的书法也是如此。书家将自我的个性演绎在甲骨文的字里行间。在此基础上，甲骨文的书法艺术还体现着当时的社会历史因素。如武丁时代欣逢盛世，频繁征战，功勋赫赫，故"结字挺拔雄健，气势威严，布局开阔，旷野放奔"[72]。到祖庚、祖甲时期，处于祥和安宁时期，故书法的风格"工整凝重，秀丽温和"[73]。在章法上，第一期和第四期，甲骨文总体上显得"疏朗大气"，第五期显得"密不透风"，第二期则相对"循规蹈矩"，第三期则"参差无章"。[74]而政治礼制中的复古与维新在一定程度上对甲骨文的风格演变产生了影响。

第五节 | 青铜器铭文：古朴肃穆的风格

  青铜器铭文是在甲骨文书刻实践经验的基础上发展起来的。将它们先用毛

---

[72] 秋子著：《中国上古书法史：魏晋以前书法文化哲学研究》，商务印书馆2000年版，第93页。

[73] 秋子著：《中国上古书法史：魏晋以前书法文化哲学研究》，商务印书馆2000年版，第94页。

[74] 朱桢：《浅说甲骨文书法艺术》，《殷都学刊》1989年第4期，第25页。

笔写下墨书来，再刻在青铜模具上，或直接刻在已经铸成的青铜器上（虽然在青铜器中偶尔也有器成后刻在器上的文字，但那并不具有代表性）。本来在甲骨文中，已经开始了先写后刻，但因大多是单刀刻痕，不能显示出墨痕笔意，到武丁时代的卜辞，已经有了一些墨书的笔意，显露出笔画的锋芒。而商代的青铜器铭文，则能显示出墨书的形神，在相当程度上体现出笔意。加之钟鼎上的字如"司母戊""司母辛"和"妇好"等，与甲骨文中的蝇头小字相比，已经是大字了，更能挥洒自如地显露出毛笔的奇妙，并均衡布局，匠心独具。邓以蛰甚至认为"其优者使人见之如仰观满天星斗，精神四射"[75]。故与甲骨文相比，青铜器铭文在形体和风格上有着与甲骨文书法不同的审美特征。

一、陶文、甲骨文及青铜器铭文的变迁

从现有的历史遗存看，陶文是中国文字的较早系统，它是甲骨文的主要源头，而甲骨文又为青铜器铭文奠定了基础。这主要是从时间的顺序上说的。从字形演变的内在规律上讲，它们三者在更长的时间里处于互补共存、相互促进的发展历程中。但是，青铜器铭文由于不像甲骨文那样受到在坚硬的器皿上刻写的限制，就继承了陶文之前文字画的块面特征。这种特征显然是当时正体字的早期特征。尽管如此，青铜器铭文在青铜器皿上具有的装饰意义，还是受到了当时作为俗体的甲骨文的深刻影响。因此，商代的文字演变，从内在精神上依然可以看成是由陶文、甲骨文和青铜器铭文顺次形成的一个连贯的系统。

陶器上的文字，是古老文字的雏形。半坡彩陶上的刻符，是现今发现的最早的中国汉字符号。早期更多的是记号，后期的才是文字。李孝定 1969 年发表的《从几种史前及有史早期陶文的观察蠡测中国文字的起源》中说："半坡陶文是已知的最早的中国文字，与甲骨文同一系统。"[76] 郭沫若说："彩陶上的那些刻划

---

[75] 邓以蛰著：《邓以蛰全集》，安徽教育出版社 1998 年版，第 168 页。
[76] 李孝定：《从几种史前及有史早期陶文的观察蠡测中国文字的起源》，载《汉字的起源与演变论丛》，联经出版事业公司 1986 年版，第 69 页。

记号，可以肯定地说就是中国文字的起源，或者中国原始文字的孑遗……彩陶上和黑陶上的刻划符号应该就是汉字的原始阶段。"[77]季云通过对河北藁城台西出土的陶文的考察，又提出那些陶文是"殷墟文字的前行阶段"[78]，弥补了武丁以前商代文字资料之不足的缺憾。尽管对于半坡彩陶上的刻符学者们还有争议，但到了商代的陶文刻符，无疑已经具有文字的特征了。而陶文刻符自身，又是前后承传的。

比起甲骨文来，商代的陶文由于主要是沿着其自身发展的逻辑演变的，因而更具有象形性。如藁城台西村商代遗址中的"止"（足）、"刀"、"鱼"、"目"等字，都是原始的象形字。其中的"目"与甲骨文"目"属于同类。"龟"字表现龟爬行时的体态，还刻划了龟背上的胶质鳞片。"车"上的车轮，也更具有图画感和形象感。而"鱼"字，俨然是一幅图画。在小屯各期的陶文中，其文字更原始，更具有象形性，如"虫""龙""戈""飨""卿"等。它们起码在源头上早于甲骨文，在一定程度上受着原始绘画的影响，从而形成了更为朴实、更为原始的象形性。

与甲骨文相比，陶文还具有简约的特征。陶文的简约主要是更多地尝试了简写。而后来的甲骨文和青铜器铭文，则在几种写法中有更多的繁体。另外，陶文还采用了省写。陶文有意地省写文字中的一些笔画或部位，而又不影响文字的识读。这使得陶文具有了抽象品格空间结构，因而推动了文字的进化与艺术化。

青铜器铭文又叫"金文"或"钟鼎文"。商周是青铜器的时代，青铜器的礼器以鼎为代表，乐器以钟为代表，"钟鼎"是青铜器的代名词。所以，"钟鼎文"或金文就是指铸在或刻在青铜器上的铭文。商代的青铜器铭文极为简单，一器一字或数字，十几个字、几十个字的极为罕见，晚商最多的不过50个字。作为史料使用显得太短，但在艺术性上，在构形和款式上却有着自己的特色，并对中国书法的发展产生了重要的影响，且多配有象形物。这些青铜器铭文的内容或是当时的族徽与功能的名称，或是关于当时祀典、赐命、诏书、征战、围猎、盟约等

---

77 郭沫若：《古代文字之辩证的发展》，《考古》1972年第1期，第1—2页。
78 季云：《藁城台西商代遗址发现的陶器文字》，《文物》1974年第8期，第53页。

活动以及事件的记录，主要反映了当时的社会生活。青铜器铭文在青铜器中尽管常常处于不显眼的位置，有时甚至被置于外底和内壁等暗处，但它依然与器型和纹饰共同组成了青铜艺术的三个有机部分。宋代著名金文学家吕大临认为这种青铜器铭文中的图画文字，就是汉字的原始字体。[79]这些文字，在汉武帝时就已被发现，当时有人将在汾阳发掘出的一尊鼎送进宫中，汉武帝因此将年号定为元鼎[80]（公元前116年）。后来青铜器铭文又陆续有所发现。宋代文人欧阳修、赵明诚等都善书法，对青铜器铭文作过记载和研究。

  从字体的形态上看，青铜器铭文的字体是继承前人的，是当时的正体，故保留着块面的特征，象形程度也高，当然，这同时也是青铜器皿装饰的需要。甲骨文继承陶文，已经线条化了，虽是当时的俗体，却是在走向进化。故在中国文字的进化序列上，甲骨文的字体和书法排在青铜器铭文之后，而从出现的时间上看，则主要是甲骨文在前，青铜器铭文在后。

  商代青铜器上还有一种准铭文，叫徽号。徽号主要是当时的族氏、方国、地名、人名和祭名的标识，这些大都是原始时期自然崇拜或诸神崇拜的孑遗和符号化。它常常象征地描写人形、兽形、器形，介于图画和文字之间，呈现出块面的形态，其形状是相对固定的，而表现形式又是多变的，具有天真、活泼而又高雅的艺术品位。起初是识别青铜器的标记，后来逐步成了优美的装饰图案。

  它们的初源出现在陶器上，并在陶器上得以美化和演变。与青铜器铭文相比，李学勤认为它"只是为了把族氏突出出来而写的一种'美术字'，并不是原始的象形文字，也不能作为文字画来理解"[81]。这种徽号有的与文字同源，后来演变成了文字，如亚、燕、龙、鸟、蛇、虎、蛙、鱼、龟等，但大都逐渐消失了。到了青铜器上，它们无疑被美术化了。

  这些徽号多见于器表，既具有标识作用，又具有装饰作用。在早、中期的

---

79 参见〔宋〕吕大临、赵九成撰：《考古图 续考古图 考古图释文》，中华书局1987年版，第2页。
80 〔汉〕司马迁撰：《史记》第二册，中华书局1959年版，第476页。
81 李学勤著：《古文字学初阶》，中华书局1985年版，第34页。

青铜器中，徽号处于相对隐蔽的部位，装饰作用不明显。到商代晚期青铜器鼎盛后，徽号被置于青铜器的显著位置，与纹饰和铭文融为一体，其美化和装饰功能得以突显。由于当时的徽号多是具体象形的图案化，因而与纹饰有着相通之处；又由于它具有表意性，因而又有着当时的文字特点。因此，在象形、传神、表意等方面，徽号与青铜器上的铭文和纹饰有异曲同工之妙，并且共同组成了一个装饰的整体，共同成就了青铜器表的雕饰之美。

二、青铜器铭文的审美特征

青铜器铭文由于主要是铸刻在祭祀的礼器上的，故在字体和造型上与甲骨文相比显得正规和庄重。由于铸刻材料比起甲骨文的刻写要方便，笔画多呈现块面状态，故青铜器铭文的象形程度更高一些，更接近中国文字的原始状态，是当时文字的正体，体现了青铜器铭文独特的审美特征。这种审美特征主要反映在笔法、结体、章法等方面。特别是在商代后期的不同时代，青铜器铭文在笔法、结体与章法上均有所变化。

在笔法上，青铜器铭文在制模时，可以更加自如地体现出毛笔的笔锋。如司母戊大方鼎上的"司母戊"三字每字都露出锋芒，且以中锋运笔。笔画转折处不像甲骨文那样显出棱角，而是运成弧线。这种运笔与甲骨文用刀硬刻相比，反映了软笔的特征，体现了曲线的优美。当然，青铜器铭文有时也借鉴甲骨文的方笔，与圆笔弧线刚柔互济，或刚中带柔，或柔中有刚。特别是在商代晚期，这种做法更为盛行。在笔道上，青铜器铭文也可以见出轻下—重压—轻收的轻重变化，中间肥厚，头尾尖尖，且明显地显示出笔力。到商代晚期，两头尖出中间肥大的笔法，已经居于主导地位。而"父"字的捺笔已经变为尖头肥尾，并一直影响到周代。

青铜器铭文受早期图画的影响，还有其填实的块面，使文字错落有致，更具形象性，显示出独特的情调。商代晚期，这种填实的块面成了青铜器铭文中流行的笔法。诸如"丁""子""才""丙""午""王""父"等字，常有全部或部分填成块面。西周早、中期的青铜器铭文也深受其影响。在以线条为重要特征的中国书法的历史上，商周青铜器铭文使用填实的块面的做法形成了一道独特的风景。

在结体上，由于青铜器铭文通过制模、翻范，摆脱了甲骨文受坚硬的物质材料的限制，从而自由地表达出象形表意的基本精神，充分表现出文字所指物的根本特征，诸如"戊""辛""帚""女""子"等，都极为传神。"戊"酷肖斧钺，且突出其长柄；"女"上密下疏，侧跪交手于胸，显得苗条修长，曲折有致；"子"大头短身，手从两侧向上伸出，神态逼真而自然。特别是"人""母""女""子""令""舞""既""祀"等字，通过毛笔的书写，分别从正面和侧面反映出人的头、胸、手、背、腿、足、臀、膝等部位，显示出人的各类神态，可谓惟妙惟肖，形神兼备。其他表文如日月星辰、动物和植物的名称的字，也大都能摹其形、传其神，特别是青铜器铭文填成块面的做法，突破了线条拟物的限制，使之更具有图画色彩。

青铜器铭文的美突出表现在章法上。比起甲骨文来，青铜器铭文有更自由的空间来讲究安排文字的排列，故在排列结构上具有初步的自觉性。比起甲骨文的甲骨，钟鼎的面积相对宽，不受质地的限制，而可以在泥范上自由地安排线条，更为流畅、婉转。字与字之间顾盼照应，呼吸相通，巧妙地构成一个有机整体。这些青铜器铭文随字布局，不拘一格，充分显示出当时书家的灵心妙悟。"司母戊"三字，凸凹互补，巧妙地结成一个整体，而且显得灵动。"'司'字赫然居上，'母'与'戊'并列居下，'母'字头微后倾，'戊'首微前俯，'母'稍长，'戊'稍短，在仰俯短长之间气息贯通、血脉相连。"[82]而"司母辛"和"妇好"的布局又有所不同。"司母辛"中，"母"与"司""辛"并列，特别突出"母"字的位置。"妇好"两字的布局则更绝，两"女"拱手相对，小"子"居于其间，"帚"字则高悬于其上。青铜器铭文中的各字可根据布局的需要，体现出相当的自由性。它们不拘于甲骨文布局的对称和纵行自左而右等模式，或纵或横，或大或小，或长或短，或疏或密，皆顺其自然。

---

82 姚淦铭：《论殷商金文书法艺术》，《铁道师院学报（社会科学版）》1994年第4期，第77页。

宗白华说:"中国古代商周铜器铭文里所表现章法的美,令人相信仓颉四目窥见了宇宙的神奇,获得自然界最深妙的形式的秘密。……我们要窥探中国书法里章法、布白的美,探寻它的秘密,首先要从铜器铭文入手。"[83] 他高度赞扬了青铜器铭文章法的巧妙奇绝。商代的青铜器铭文中,长篇的有商方卣、商太巳卣、商钟、比干铜盘等。其中以商太巳卣最为优秀,章法茂密,影响了周代的鼎文。

青铜器铭文由钟鼎的质地而形成自己的风格,更具工艺性的特点,字迹也更为工整。青铜器铭文总体的博大肃穆、雄浑拙厚,乃至早期的古朴雄强、中期的雍容冲淡、晚期的豪迈疏朗,凡此种种都证明着大篆书法是中国书法美的渊薮。青铜器铭文字体整齐遒丽、古朴厚重,和甲骨文相比,脱去板滞,变化多样,更加丰富了。晚期青铜器铭文书体的笔道遒劲有力,首尾出锋,波磔明显,后人称为"波磔体"。

具体说来,到商代晚期,青铜器铭文已经大体形成了三类风格。

第一类青铜器铭文字体宽绰,笔画丰腴,笔势雄健,形体遹奇,洒脱飘逸,率性而为,浑然天成。在商代中期的"司母戊""司母辛""妇好"等铭文中即已露出端倪,在晚期的"二祀邲其卣"中已出神入化。到"四祀邲其卣""六祀邲其卣"中虽风韵犹在,但骨力已衰。

第二类青铜器铭文与甲骨文较接近,线条瘦硬,字体瘦长,精练严整,骨体遒劲,挺直有力。主要有"戍嗣子鼎""小臣艅尊"等,显得循规蹈矩,端庄安详,疏密有致,有人工精心修饰的痕迹,字的大小也大致相当,但依然一气呵成。

第三类青铜器铭文显得恬淡,既自由挥洒,又疏密有致,线条流利生动,主要有"小臣邑斝""小子省壶"等。

总而言之,中国语言发源于口语和文字的交互作用,而记事符号与文字画又组成了文字的共同源头。处于源头的商代甲骨文和金文充分融合了实用性和艺术性,开创了中国书法的先河。在图画的基础上形成的殷商甲骨文,不但构成了

---

[83] 宗白华著:《宗白华全集》第3卷,安徽教育出版社1994年版,第424页。

我国最早的一套文字体系，而且还通过构字过程中对象形表意以及象征等手法的运用，影响了中国古人的审美观念和思维方式，为后世的书法和绘画艺术提供了可贵的经验积累。甲骨文不但标志着中国文字的成熟，而且其劲瘦的线条、纵横欹斜的结体、错落有致的章法，乃至风格上的系统性及鲜明特征更是中国书法开端的标志。商代青铜器铭文则在甲骨文的基础上发展出另一种风格，这种运用于礼器上的庄严文字代表了当时正体文字书法的成就。商代甲骨文和青铜器铭文的交相辉映，是中国书法黎明时代灿烂的风景，并打上了中国社会由巫觋文明向礼仪文化过渡的烙印。

第七章 商代文学的审美特征

商代的甲骨卜辞、《易》卦爻辞、《尚书·商书·盘庚》和《诗经·商颂》等作品，即使有些还算不上严格意义上的文学作品，起码也具备了文学的因子。而从整体上看，它们无疑是中国文学的滥觞了。过去疑古派的学者，总疑心《易》卦爻辞、《尚书·商书》和《诗经·商颂》的真伪。唐兰先生则根据卜辞和周初的文学推断，商代已经有了成型的文学。他说："商代的文字，见于卜辞和彝铭，虽不过三千字左右，但在当时，至少总得有一两万。有这么多的文字，难道不能写一篇比较长的文章吗？我在《颂斋吉金图录》的序里，曾指出卜辞彝铭所以多简短而质朴，只是实用的关系，而寻常长篇文字，是应该写在竹帛上的。不幸，竹帛的保存不易，所以，我们目前所能见到的只是些短篇。"[1] 又说："商代有很高的文化，很多的文字，和很完备的记载。那么，一定也有很优美的文学。周初的文学家，受过商代文学的影响，是无疑的。"[2] 这种说法虽然有一定的想当然的成分，但确实可以证明商代出现《易》卦爻辞、《尚书·商书》和《诗经·商颂》这样的作品是很正常的。

第一节 | 概述：中国文学的滥觞

商代文学主要保存在《易》卦爻辞、《尚书·商书》以及《诗经·商颂》中，它们是保存至今最早的中国文学作品，其中已经有了较为复杂的叙事构思和各种塑造人物形象的艺术手段，比兴、象征、对仗等文学手法开始普遍运用，诗歌的语言形式也已相当成熟，带有强烈的感情色彩和哲理意蕴，表达了先民们的各种愿望。

商代文学是先民们的百科全书，其中《易》卦爻辞大部分来自卜筮活动的记录，许多诗句来自民间歌谣，这些都是集体性创造，具有综合多元的功能。

---

1 唐兰：《卜辞时代的文学和卜辞文学》，《清华学报》1936年第11卷第3期，第666页。
2 唐兰：《卜辞时代的文学和卜辞文学》，《清华学报》1936年第11卷第3期，第667页。

《尚书·商书·盘庚》则为商王的演讲辞，《诗经·商颂》则是宗庙中的祭祀、祝祷之歌。因此，商代文学中的许多作品记录了当时的政治、宗教和生产劳动等社会生活内容，这些社会活动反过来又推动了商代文学的发展。商代的文献在当时就是用来记录祭祀、协调劳动以及传授生产知识的。在此过程中，这些文献开始具有了文学性因素，并开启了后世文学发展的先河。正如其他艺术类型一样，商代的一些巫史文献，也是经由实用的内容而进入到审美的形式。

同时，商代文学作品的许多特点都是由其书写工具决定的。由于书写工具等物质条件的限制，商代留存下来的书面文献不得不力求简洁，这无疑会影响作品中内在情感和神韵的传达。但精练的语言及其句式，乃至叙事方式等，仍为后代的文学奠定了基础。在从上古歌谣到《诗经》的过程中，卦爻辞中含有一定量的诗句，但由于当时记载不易，作为宗教活动的卦辞和政治活动的青铜器铭文被保存下来了，而大量的民间歌谣等娱乐文学未能得到足够的重视，只在民间流传。因此，可以说商代丰富的歌谣等文学作品未能得以物化，但透过甲骨卜辞，以及《尚书》《诗经》等流传至今的文献，我们仍然可以看到当时文学形式和文字趣味的吉光片羽。在现存的卜辞、甲骨文以及青铜器铭文中，有许多记载战事、祭祀、农事等当时的重大事件，却没有关于谈情说爱和娱乐的文献记载。这说明纯文学与信仰、政权相比，显得微不足道，不被当时的庄严记录所保存。到了周代，这种情况有所改变，《诗经》中的民歌能被保存下来便是铁证。

商代高度发达的文化为商代文学的多元发展奠定了基础。商代文学在描写内容、体裁形式以及艺术手法等方面都具有多元综合的特征。在描写内容方面，商代文学忠实地记录了当时的自然现象、政治活动、宗教信仰、生产劳动以及阶级斗争等各方面的内容。其中，每个方面内容表现得也十分具体多样，仅爱情诗就对当时婚恋生活的各个阶段做了具体的描述。商代文学取材广泛多样的特点在《诗经》、诸子散文等作品中得到了继承。

在体裁方面，商代文学包括诗歌、寓言、散文乃至小说等各种文学形式，在诗歌方面还有二言诗、三言诗、四言诗等，诗歌的表现能力逐渐得到增强。商代文学中的叙事已经具有了小说叙事的特点，人物形象塑造也开始出现。《易》卦爻辞中的记述不仅反映出当时的社会生活背景，而且事件本身也已比较完整，具有较强的故事性;《尚书·商书·盘庚》已经重视通过盘庚演讲时的气概、情感、口吻、动作等手段,全方位、多角度地展现盘庚的形象和性格,其散文乃至韵文的结构也具有重要的文献价值和文学史意义。

在艺术手法方面,商代的甲骨文、青铜器铭文透露了当时文字表达的一些特点。《尚书·商书》作为官方文献,反映了当时的行文特点、描述方式和比喻方式等。首先,商代文学修辞手法的运用灵活,语气丰富,有设问,有反问,有感叹句,有引述,方式多种多样,使商代文学的情感表达自由灵活。其次,在《易》卦爻辞、《尚书·商书》以及《诗经·商颂》等作品中,象征、比兴、描写、叙述等具有文学色彩的语言形式和艺术手法已普遍使用,在简洁明肃中体现出自然明快,具有很好的艺术效果。如《尚书·商书·盘庚》中记录的盘庚的三次演讲,借物明理,形象生动,并巧妙利用假设,使情感跌宕起伏,富有感染力,从而成功实现了其迁都、建都的计划。再次,商代文学十分注意文字韵律与情感表达之间的关系,并灵活运用押韵、复沓、叠字、对仗等语言表现方式,充满了音乐性和节奏感,塑造出许多鲜明可感的艺术形象,创造出许多含蕴丰厚的审美意象,使商代文学体现出用字精炼准确、节奏抑扬顿挫、句式灵活多样而情感质朴丰厚的审美特征。商代文学对语言文字运用的诸多技巧在后世文学作品中得到了很好的继承与发扬。

总之,商代文学描写内容、体裁形式和艺术手法的多样很好地表现了当时人们的智慧和情感,文学的形象性与哲理性得到了高度的统一。描写内容的丰富多样使商代文学既具有宗教般的庄严和深沉,也具有日常生活中的平淡乐趣;体裁形式的多种多样既有利于记述社会生活事件,塑造人物形象,还可以为先民们的日常生活提供形式多样的休闲娱乐方式;比兴、象征等语言形式的普遍使用不仅使这些作品充满音乐感,易诵易记,而且还使商代文学作品充满了情感性、哲理性和象征意味。《盘庚》三篇就是慷慨激昂的陈辞,充满激情。因此,从总体上看,商代文学充满了人间气象,表达了商代人积极进取、刚健有力的情感倾向和价值取向。

第二节 中国文学的起源：歌谣中的语言、情感与游戏

  文学起源于歌谣，与当时的生产力水平相适应，是现实生活的投影。沈约在《宋书·谢灵运传论》中说："虽虞夏以前，遗文不睹，禀气怀灵，理无或异。然则歌咏所兴，宜自生民始也。"[3] 这里的"生民"是一个含混的概念，但若把人理解为有语言、有情感、能创造的动物，那么，歌咏的兴起与语言、情感和人的创造能力的起源和发展确实是同步的。

  张应斌认为，文学的起源是以基于求生本能的文化能力为动力的，有一定的道理。但他同时说："在较大型的动物中，人缺乏动物肌体上的优势，只得转而求助于结群和由结群而产生的后天的社会适应能力。智力、文化便是在人的适应能力的优势中产生的。"[4] 这似乎没有讲到点子上。在小型动物中，蜜蜂和蚂蚁就具有结群的能力，而在大型动物中，人和猩猩乃至狮子等，均具有结群的能力。而唯人有文学，说明人具有更高的摹仿能力和创造精神，并且在此基础上发展了更为丰富的情感和语言，从而为文学的起源创造了条件。

一、语言与情感

  文学的起源与语言的起源是同步的，语言的起源便是文学元素的起源。刘师培在《论文杂记》中说："上古之时，先有语言，后有文字。有声音，然后有点画；有谣谚，然后有诗歌。谣谚二体，皆为韵语。'谣'训'徒歌'，歌者永言之谓也。'谚'训'传言'，言者直言之谓也。盖古人作诗，循天籁之自然，有音无字，故起源亦甚古。"[5] 张亮采说："音者，歌之所从出也。歌者，所以补言

---

[3]〔梁〕沈约撰：《宋书》第六册，中华书局1974年版，第1778页。
[4] 张应斌著：《中国文学的起源》，台北洪业文化事业有限公司1999年版，第5页。
[5] 刘师培著：《中国中古文学史·论文杂记》，人民文学出版社1959年版，第110页。

之不足也。太古之民，言语渐次发达，遂不知不觉而衍为声歌，以发抒其心意。"[6] 语言的起源对人类文化的起源特别是文学的起源，产生了重要影响。

闻一多说："想像原始人最初因情感的激荡而发出有如'啊''哦''唉'或'呜呼''噫嘻'一类的声音，那便是音乐的萌芽，也是孕而未化的语言……这样界乎音乐与语言之间的一声'啊……'便是歌的起源。"[7] 其实，准确地说来，这只是文学的元素，还不能算是文学的起源。痛苦的呻吟，愤怒的吼叫，快乐的长啸，等等，都是丰富情感的传达，未必准确地表达了什么意义，却准确地表达了情感。歌谣是先民表现喜怒哀乐情感的主要形式。但只有到了实词表述和形容情感的时候，情感才会被表现得更为细腻和丰富，才能被称为歌谣或诗歌。而且，仅有情感的表达还不能算是文学，文学还要表达出趣味和思想，尽管这种思想在文学中是通过具体感性的形态加以表达的。所谓抒情言志，就包括作者的"意"，即"思想"。这就要求用语言来进行思想的传达。

早期有声无义的韵律虽然还不是歌谣，却是歌谣的艺术基础，它们有助于表达丰富的情感。后来，有意义的词一旦加上感叹的声音，就会表达出丰富的情感。而且由于感叹词的不同，所表达的情感也有所不同。如《候人歌》："候人兮猗！"[8]（《吕氏春秋·音初篇》）在"候人"的后面加上"兮""猗"这样有节奏的呼声，便传达出了丰富的情感和意义。直到今天，许多民歌还通过叹词来加强诗歌的节奏感，并传达丰富的情感。依据同样的道理，有时候衬字也是为着句子能适应欣赏者的生理和心理节奏。

诗歌的产生，是由声音从表情到表意的。对自然界的声音特别是禽兽发音的摹仿，一是从摹仿的天性中获得快感，二是以它们为表达材料，用以表情和达意。而声音的节奏感和韵律感，即它的音乐性是语言的基本特征。这种音乐性使得诗歌在诸文学体裁中最早兴起和繁荣。所以刘经庵说："风谣是原始的文学的

---

[6] 张亮采著：《中国风俗史》，东方出版社1996年版，第5—6页。

[7] 闻一多：《神话与诗·歌与诗》，载《闻一多全集》第1卷，上海开明书店1948年版，第181页。

[8] 许维遹撰，梁运华整理：《吕氏春秋集释》上，中华书局2009年版，第140页。

头胎儿。"[9] 同时，人们在发出声音的时候，先有情感的表现，然后才有意义的表现。而且在歌谣中，意义的表现要服从于情感的表现，情感的表现具有优先的地位。在最初的歌谣里，人们所传达的情感是非常丰富而朦胧的，相比之下，意义则是具体而受局限的。原始的情歌以歌代言，便是当时的"美声"，以传达出最美好的情意，给人以听觉的享受。因此，早期的文学是歌谣，给听者以审美的享受，它比张口直说有更多的情调。

二、节奏与二言诗

原始人有节律的声音，是生理和心理节奏的内在需要。舞蹈的节拍和诗歌的韵律都是为着适应这种需要而产生的。人们受生活环境中自然声响的规则的启发，又在劳作过程中，由于个体肌肉的张弛和集体动作的协调，会根据经验自发地发出有节律的呼声，这种呼声或单纯重复，或有规律地复合重复，于是逐步形成了符合生理节律的歌舞节奏。人们对节律的自发意识为文学的起源提供了形式基础，并且逐步由与生理相适应转而与情感的表达相适应，从而为文学表达出生理与心理合一的生命节律提供基础。我们今天所能见到的原始歌谣，虽然年代不一定可靠，但其韵律自然、节奏感强烈却是深得原始歌谣的真谛的。

顺应这种节奏的表达，二言诗在原始社会里最早诞生了。杨公骥说："在原始社会，生产过程的技术性质比较单纯，生产技术比较幼稚，从而劳动动作也比较简单，其节奏大多是一反一复。由于对一反一复动作的适应，所以在原始诗歌中最初出现的大多是二拍子节奏。这种二拍子诗，是诗的原型，曾出现于各民族的原始文学中。我国的《诗经》中的诗大多袭用着二拍子节奏。"[10] 张应斌也说："二言诗是中国文学最初的诗体。"[11] 由二言诗，到二拍子节奏，由此延伸到三言、五言、七言等诗，乃是二言节奏的二方连续、三方连续和四方连续而已。其

---

9 刘经庵著：《中国纯文学史纲》，东方出版社 1996 年版，第 4 页。
10 杨公骥著：《中国文学》第 1 分册，吉林人民出版社 1980 年版，第 8—9 页。
11 张应斌著：《中国文学的起源》，台北洪业文化事业有限公司 1999 年版，第 5 页。

中所体现的不仅是生理的节奏，而且是情感的节奏，使诗歌从语言中体现了音乐的精神。

三、歌谣起源于游戏

原始的歌谣是在闲暇娱乐的时刻玩味现实生活中的场景与呼声而产生的。劳动和日常生活，只是文学素材的源泉，宗教和政治只是文学发展的推动力，它们都不能说是文学的起源处，更不是文学本身。只有游戏及其心态，才符合文学起源的质的规定性。书面的描述等方式在文学的意义上只是为审美意义服务的。

原始歌谣曾被用来协调劳作的动作、传播生产知识、记事和宗教的祭祀、祈祷，以及协调劳作的动作如劳工号子等，但它们只能算是对歌谣形式的运用。《淮南子·道应训》发挥《吕氏春秋·淫辞篇》中的话说："今夫举大木者，前呼'邪许'，后亦应之，此举重劝力之歌也。"[12] 这只能算是歌的运用，还不是文学的起源。当"举重劝力之歌"以游戏的方式出现在劳动过程中时，才具有文学的价值。吴地古老的《弹歌》："断竹，续竹；飞土，逐害（肉）。"[13]（《吴越春秋·勾践阴谋外传》）这其实是传授射猎知识的。传为伊耆氏的《蜡辞》："土反其宅，水归其壑，昆虫毋作，草木归其泽。"[14]（《礼记·郊特牲》）这是具有原始宗教意义的祝辞，要求万事如意。它们并不能说明文学起源于实用和宗教，而是说明实用和宗教在利用歌谣的形式。当歌谣从游戏和娱乐进入到意识形态的时候，它的功能就是多元的和综合的了，而并非只是为审美服务。在"玄鸟生商"的传说中，简狄姐妹俩所唱的"燕燕于飞，燕燕于飞"还可以说是自然崇拜的诗歌。

那些早期的歌谣甚至可以算是原始人的百科全书了。而文学的综合和多元的功能，作为对歌谣的运用，客观上推动了歌谣的艺术技巧的发展。这样做当然

---

12 何宁撰：《淮南子集释》中，中华书局1998年版，第831页。
13 〔汉〕赵晔撰：《吴越春秋》，中华书局1985年版，第197页。
14 〔汉〕郑玄注，〔唐〕孔颖达等正义：《礼记正义》，载〔清〕阮元校刻：《十三经注疏》，中华书局1980年版，第1454页。

也更有利于实用和宗教功能的表达。这种运用推进了文学的发展，客观上可以看成文学在一定阶段的发展动力，却并不说明文学起因于实用和巫术。正是为着服务于综合的意识形态，文学在记叙和描写方面因需要而获得了提高。

第三节　卜辞和《易》卦爻辞：叙事与表情达意

沈约《宋书·谢灵运传论》说："歌咏所兴，宜自生民始也。"[15]在文字发明以前，就应该有口头文学，起码是口头文学的因子存在。但由于文献不足征，我们无法引以为证。散存在后来文献中的上古歌谣，只具有有限的参考价值。商代的卜辞和《易》卦爻辞，是流传至今最为可靠的早期文献。它们当中已经有了叙事和比较复杂的构思，带有相当的情感色彩，表达了先民们的某些愿望。比兴等文学手法也开始运用，语言中透露出特定的语气色彩，并且经过了一定的锤炼，有的还具有一定的哲理性。因此，我们说卜辞是文学，是并不为过的。刘大杰就曾根据卜辞说："中国文学的信史时代，是起于商朝。"[16]

一、卜辞

最早通过物态形式流传下来的可靠文献，是商代的卜辞。"甲骨文是现有文献中的最原始的文学，散文韵文尚没有界线。"[17]甲骨卜辞虽然文字简洁，而且是出于占卜的实用目的，但也具备了一定的文学性。卜辞是商代求神问卜的话，其中借用了一定的歌谣、史实和神话故事。后来《易》卦爻辞的以象取义的思维方式，也受到了卜辞的影响。

15〔梁〕沈约撰:《宋书》第六册，中华书局1974年版，第1778页。
16 刘大杰著:《中国文学发展史》(上)，上海古籍出版社1982年版，第8页。
17 谭丕模著:《中国文学史纲》，人民文学出版社1952年版，第22页。

据郭沫若《卜辞通纂》第363片："帝令雨足年，帝令雨弗其足年？"[18]这是一种推测的设问，有一定的语气特点。《卜辞通纂》第375片："癸卯卜，今日雨。其自西来雨？其自东来雨？其自北来雨？其自南来雨？"[19]这里按方位顺序铺叙，像是一首文辞简洁优美的五言古风，无疑已经具备一定的诗歌形式。后来的汉乐府民歌相和歌辞《江南可采莲》："江南可采莲，莲叶何田田！鱼戏莲叶间：鱼戏莲叶东，鱼戏莲叶西，鱼戏莲叶南，鱼戏莲叶北。"显然是对这一歌谣传统的继承。而卜辞中的这种每句话的末尾用同一个字"雨"来押韵，句读铿锵，朗朗上口，体现着一种音韵的美、旋律的美。《诗经》中的一些民歌如《芣苢》等，以及后代的许多民歌依然保留着这种形式。从上古时代诗、乐、舞三位一体的情形推断，这篇卜辞是应该能歌唱的。

有些卜辞已经有了后来散文的叙事雏形。在叙事方面，卜辞就已经有了一定的特点。罗振玉《殷墟书契菁华》有："癸巳卜，殼，贞：旬亡卜（祸）。王占曰：'虫（有）希（祟）！其虫来鼓（艰）。'乞（迄）至五日，丁酉，允虫来鼓，自西。止芮告曰：'土方正（征）我东鄙，戈（灾）二邑。昌方亦牧我西鄙田'。"[20]癸巳这一天占卜，问十天内有无祸患？商王占卜的结果说：有祸祟，将有一次突来的灾难。迄至五日丁酉时，这灾难来自西方。止芮警告说：土方正侵扰我东部边境，祸及两邑；昌方亦侵我西部边境土地。作为一个完整的卜辞，包括了叙辞、命辞（贞辞）、占辞、验辞四项，占卜人、占卜时间、何事占卜、预测结果、实际验证等几个方面。它们往往用质朴的语言，记叙了一个完整的事件，算得上是一篇布局严谨的叙事散文。

许多卜辞有层次、有连贯、有中心，能围绕一件事情刻写，各层次间联系紧密、自然，章法上单纯、呆板。《卜辞通纂》第426片："王占曰：有祟！八日

---

18 郭沫若著：《卜辞通纂》，科学出版社1983年版，第93页。

19 郭沫若著：《卜辞通纂》，科学出版社1983年版，第92页。

20 罗振玉辑：《殷墟书契菁华》，载本书编委会编：《甲骨文研究资料汇编》第三册，北京图书馆出版社2008年版，第643页。

庚戌，有各云自而面母。昃，亦有出虹自北，饮于河。"[21] 虹首饮水的神话传说，感受真切，富于想象，采用了白描的手法。受甲骨文契刻艰难的影响，卜辞常常以简省的形式表述丰富的意蕴。这为后来语言的简练创造了条件。甲骨文字数约有5000字，在中国文学集字成句、积句成篇的发展历程中起到了关键作用。

二、《易》卦爻辞的叙事

《周易》中的主要卦爻辞，产生于商末到周初（周武王以前）这段时期，其中包含了整个商代，乃至远古时期的歌谣。因年代邈远，我们无法作细分。其中的许多歌谣的内容在流传过程中，在被编入卦爻辞的过程中，成了残篇断简，但我们依然可以从中感受到一定的文学意味。它们虽然结构单纯、造语古朴，但从创作构思到表现手法，从内容意蕴到语言风格，都体现了一定的文学性，与文学结下了不解之缘。

在叙事方面，卦爻辞涉及当时的许多生活场景和具体人事。从叙述吉凶的事象中，不但可以看出当时的社会背景，而且语言颇为形象生动，又多用韵。例如《坤·上六》卦："龙战于野，其血玄黄。"[22] 说龙在原野上搏斗，血流遍地。《中孚·六三》"得敌，或鼓或罢"[23] 反映出胜利后，人们欢庆的场面。《大壮·上六》："羝羊触藩，不能退，不能遂。"[24] 说公羊撞击篱笆，角被卡住后，进退两难。这些卦爻辞通过具体的描写，用卦象的形象生动的比喻，来解说人事或自然现象，其中蕴含着深刻的哲理。

有的卦爻辞表现的内容比较完整，甚至有一定的故事性。《困·六三》："困

---

21 郭沫若著：《卜辞通纂》，科学出版社1983年版，第102页。
22 〔魏〕王弼注，〔唐〕孔颖达疏：《周易正义》，载〔清〕阮元校刻：《十三经注疏》，中华书局1980年版，第18页。
23 〔魏〕王弼注，〔唐〕孔颖达疏：《周易正义》，载〔清〕阮元校刻：《十三经注疏》，中华书局1980年版，第71页。
24 〔魏〕王弼注，〔唐〕孔颖达疏：《周易正义》，载〔清〕阮元校刻：《十三经注疏》，中华书局1980年版，第49页。

于石，据于蒺藜，入于其宫，不见其妻，凶。"[25]生动地描绘了主人公活动的历程，有一个简单的情节。《睽·上九》："睽孤，见豕负涂，载鬼一车，先张之弧，后说之弧，匪寇婚媾，往遇雨则吉。"[26]描述了一个精神异常的人所产生的种种幻觉。再如《屯》卦的六条爻辞："磐桓；利居贞，利建侯。"[27]（《初九》）"屯如邅如，乘马班如。匪寇婚媾，女子贞不字，十年乃字。"[28]（《六二》）把犹豫徘徊的情趣表现得淋漓尽致。"既鹿无虞，惟入于林中，君子几不如舍，往吝。"[29]（《六三》）"乘马班如，求婚媾，往吉无不利。"[30]（《六四》）"屯其膏，小贞吉，大贞凶。"[31]（《九五》）"乘马班如，泣血涟如。"[32]（《上六》）很细致地叙述了从求婚到结婚的婚姻礼仪过程。《贲》卦："贲其趾，舍车而徒。"[33]（《初九》）"贲其须。"[34]（《六二》）

---

[25]〔魏〕王弼注，〔唐〕孔颖达疏：《周易正义》，载〔清〕阮元校刻：《十三经注疏》，中华书局1980年版，第59页。

[26]〔魏〕王弼注，〔唐〕孔颖达疏：《周易正义》，载〔清〕阮元校刻：《十三经注疏》，中华书局1980年版，第51页。

[27]〔魏〕王弼注，〔唐〕孔颖达疏：《周易正义》，载〔清〕阮元校刻：《十三经注疏》，中华书局1980年版，第19页。

[28]〔魏〕王弼注，〔唐〕孔颖达疏：《周易正义》，载〔清〕阮元校刻：《十三经注疏》，中华书局1980年版，第19页。

[29]〔魏〕王弼注，〔唐〕孔颖达疏：《周易正义》，载〔清〕阮元校刻：《十三经注疏》，中华书局1980年版，第20页。

[30]〔魏〕王弼注，〔唐〕孔颖达疏：《周易正义》，载〔清〕阮元校刻：《十三经注疏》，中华书局1980年版，第20页。

[31]〔魏〕王弼注，〔唐〕孔颖达疏：《周易正义》，载〔清〕阮元校刻：《十三经注疏》，中华书局1980年版，第20页。

[32]〔魏〕王弼注，〔唐〕孔颖达疏：《周易正义》，载〔清〕阮元校刻：《十三经注疏》，中华书局1980年版，第20页。

[33]〔魏〕王弼注，〔唐〕孔颖达疏：《周易正义》，载〔清〕阮元校刻：《十三经注疏》，中华书局1980年版，第37页。

[34]〔魏〕王弼注，〔唐〕孔颖达疏：《周易正义》，载〔清〕阮元校刻：《十三经注疏》，中华书局1980年版，第38页。

"贲如濡如。"[35]（《九三》）"贲如皤如,白马翰如,匪寇婚媾。"[36]（《六四》）"贲于丘园,束帛戋戋。"[37]（《六五》）"白贲。"[38]（《上九》）也是叙述当时新郎求亲迎亲的过程的,反映了当时的社会风情。而《需》卦:"需于郊,利用恒。"[39]（《初九》）"需于沙,小有言。"[40]（《九二》）"需于泥,致寇至。"[41]（《九三》）"需于血,出自穴。"[42]（《六四》）等,本是反映商旅生活的歌谣。

《周易》卦爻辞中还描写了一些历史故事,例如多次提到了"丧羊于易"[43]（《大壮·六五》）、"丧牛于易"[44]（《旅·上九》）,记载殷祖先王亥被有易氏夺取牛羊的事,"高宗（即殷王武丁）伐鬼方"的事（《既济·九三》）和"帝乙归妹"帝乙嫁妹于文王父王季等,说明《易经》卦爻辞中的大部分内容确实来自商代。《归妹》卦,反映了商王帝乙嫁女给周文王的故事。一是反映了当时的族外婚;二是商代当时受周的压迫,以通婚缓和。《归妹·六五》:"帝乙归妹,其君

---

[35]〔魏〕王弼注,〔唐〕孔颖达疏:《周易正义》,载〔清〕阮元校刻:《十三经注疏》,中华书局1980年版,第38页。

[36]〔魏〕王弼注,〔唐〕孔颖达疏:《周易正义》,载〔清〕阮元校刻:《十三经注疏》,中华书局1980年版,第38页。

[37]〔魏〕王弼注,〔唐〕孔颖达疏:《周易正义》,载〔清〕阮元校刻:《十三经注疏》,中华书局1980年版,第38页。

[38]〔魏〕王弼注,〔唐〕孔颖达疏:《周易正义》,载〔清〕阮元校刻:《十三经注疏》,中华书局1980年版,第38页。

[39]〔魏〕王弼注,〔唐〕孔颖达疏:《周易正义》,载〔清〕阮元校刻:《十三经注疏》,中华书局1980年版,第23页。

[40]〔魏〕王弼注,〔唐〕孔颖达疏:《周易正义》,载〔清〕阮元校刻:《十三经注疏》,中华书局1980年版,第23页。

[41]〔魏〕王弼注,〔唐〕孔颖达疏:《周易正义》,载〔清〕阮元校刻:《十三经注疏》,中华书局1980年版,第24页。

[42]〔魏〕王弼注,〔唐〕孔颖达疏:《周易正义》,载〔清〕阮元校刻:《十三经注疏》,中华书局1980年版,第24页。

[43]〔魏〕王弼注,〔唐〕孔颖达疏:《周易正义》,载〔清〕阮元校刻:《十三经注疏》,中华书局1980年版,第48页。

[44]〔魏〕王弼注,〔唐〕孔颖达疏:《周易正义》,载〔清〕阮元校刻:《十三经注疏》,中华书局1980年版,第68页。

之袡不如其娣之袡良。"[45] 讽刺嫁给周文王的帝乙之妹不如媵妾。《屯》卦记载抢婚的习俗。《离》卦记载家庭所遭受的战争灾难。

三、《易》卦爻辞的表情达意

《易》卦爻辞中体现了商代先民的忧患意识。《周易·系辞下》："作易者，其有忧患乎？"[46] 这种忧患意识体现了商代的先民们对上天和祖先的高度尊崇和敬畏。《离·九三》："日昃之离，不鼓缶而歌，则大耋之嗟，凶。"[47]《丰·六二》："丰其蔀，日中见斗，往得疑疾，有孚发若，吉。"[48] 给人们带来灾害的自然现象，震撼着人们，使人们忧心忡忡，战战兢兢。如《震·上六》："震索索，视矍矍，征凶。震不于其躬，于其邻，无咎。婚媾有言。"[49]

有些卦爻辞不仅表述了典型的事件，而且具有一定的哲理性。如《大过》："枯杨生稊，老夫得其女妻。"[50]（《九二》）"枯杨生华，老妇得士夫，无咎无誉。"[51]（《九五》）等，揭示出人伦悖谬的事件。《丰·上六》："丰其屋，蔀其家，窥其

---

45 〔魏〕王弼注，〔唐〕孔颖达疏：《周易正义》，载〔清〕阮元校刻：《十三经注疏》，中华书局1980年版，第64页。
46 〔魏〕王弼注，〔唐〕孔颖达疏：《周易正义》，载〔清〕阮元校刻：《十三经注疏》，中华书局1980年版，第89页。
47 〔魏〕王弼注，〔唐〕孔颖达疏：《周易正义》，载〔清〕阮元校刻：《十三经注疏》，中华书局1980年版，第43页。
48 〔魏〕王弼注，〔唐〕孔颖达疏：《周易正义》，载〔清〕阮元校刻：《十三经注疏》，中华书局1980年版，第68页。
49 〔魏〕王弼注，〔唐〕孔颖达疏：《周易正义》，载〔清〕阮元校刻：《十三经注疏》，中华书局1980年版，第62页。
50 〔魏〕王弼注，〔唐〕孔颖达疏：《周易正义》，载〔清〕阮元校刻：《十三经注疏》，中华书局1980年版，第41页。
51 〔魏〕王弼注，〔唐〕孔颖达疏：《周易正义》，载〔清〕阮元校刻：《十三经注疏》，中华书局1980年版，第42页。

户,阒其无人,三岁不觌。凶。"[52]也反映了由盛而衰的历程。《易》的《渐》卦通过对整个婚姻过程的描述,来说明渐进之道。"鸿渐于干,小子厉有言。"[53](《初六》)"鸿渐于磐,饮食衎衎。"[54](《六二》)"鸿渐于陆,夫征不复,妇孕不育。"[55](《九三》)"鸿渐于木,或得其桷。"[56](《六四》)"鸿渐于陵,妇三岁不孕,终莫之胜,吉。"[57](《九五》)"鸿渐于逵,其羽可用为仪。"[58](《上九》)同时还包含着对征战的不满。

在抒情方面,《易》卦爻辞通常是一些个人情感的流露和表达,从而创造出独特的审美境界。有的卦爻辞带有直抒胸臆、抒发不平情感的色彩。《离·九四》:"突如其来如,焚如,死如,弃如。"[59]说的是强盗们施暴留下的残象,情感悲伤愤懑。《井·九三》:"井渫不食,为我心恻,可用汲,王明,并受其福。"[60]说贤士不被重用,既哀婉凄恻,又愤愤难以自已,本身就是一首动人的抒情诗。有的卦爻辞触景伤怀,将情感附着于物境,显得深沉而邈远。如《明夷·初九》:"明

---

[52] 〔魏〕王弼注,〔唐〕孔颖达疏:《周易正义》,载〔清〕阮元校刻:《十三经注疏》,中华书局1980年版,第68页。

[53] 〔魏〕王弼注,〔唐〕孔颖达疏:《周易正义》,载〔清〕阮元校刻:《十三经注疏》,中华书局1980年版,第63页。

[54] 〔魏〕王弼注,〔唐〕孔颖达疏:《周易正义》,载〔清〕阮元校刻:《十三经注疏》,中华书局1980年版,第63页。

[55] 〔魏〕王弼注,〔唐〕孔颖达疏:《周易正义》,载〔清〕阮元校刻:《十三经注疏》,中华书局1980年版,第63页。

[56] 〔魏〕王弼注,〔唐〕孔颖达疏:《周易正义》,载〔清〕阮元校刻:《十三经注疏》,中华书局1980年版,第63页。

[57] 〔魏〕王弼注,〔唐〕孔颖达疏:《周易正义》,载〔清〕阮元校刻:《十三经注疏》,中华书局1980年版,第63页。

[58] 〔魏〕王弼注,〔唐〕孔颖达疏:《周易正义》,载〔清〕阮元校刻:《十三经注疏》,中华书局1980年版,第63页。

[59] 〔魏〕王弼注,〔唐〕孔颖达疏:《周易正义》,载〔清〕阮元校刻:《十三经注疏》,中华书局1980年版,第43页。

[60] 〔魏〕王弼注,〔唐〕孔颖达疏:《周易正义》,载〔清〕阮元校刻:《十三经注疏》,中华书局1980年版,第60页。

夷于飞,垂其翼。君子于行,三日不食。有攸往,主人有言。"[61]仿佛是妻子对远行丈夫的惦念,牵挂之情溢于言表。《中孚·九二》则表达了主人公渴求佳偶(或良友)的真挚情感。宋代的陈骙就对其极为欣赏。他在《文则》里说:"《易》文似诗……《中孚·九二》曰:'鸣鹤在阴,其子和之。我有好爵,吾与尔縻之。'使入《诗·雅》,孰别爻辞?"[62]

而《易》卦爻辞的文学性,更重要的还在于,其在叙事和表情达意时的传达方式。章学诚《文史通义》"易教下":"《易》之象也,《诗》之兴也,变化而不可方物矣。""《易》象虽包六艺,与《诗》之比兴,尤为表里。"[63]在比兴方法上,与《诗经》有许多相同之处。在比的方面,如《乾·九二》:"见龙在田,利见大人。"[64]比喻贤德之人的出现。《否·上九》:"倾否,先否后喜。"[65]比喻人们居安思危,可以否极泰来。在兴的方面,如《大过·九二》:"枯杨生稊,老夫得其女妻。"[66]其灵巧的起兴方式,形象生动的比喻,与《诗经》中的《白驹》等情诗也有类似之处。其他如《明夷·初九》等也用了"兴"的方式,以鸣雉的形象引出君子不愿去国还乡的情景,与《诗经·邶风·燕燕》有异曲同工之妙。

《易》卦爻辞采用韵文的形式表达,带有一定的歌谣的意味,虽不能算得上是严格意义上的诗歌,但起码算得上是诗歌的萌芽。如《归妹·上六》中的"女承筐无实。士刲羊无血"[67],可以看成商代的一首牧歌,用白描的手法描述牧场

---

61 〔魏〕王弼注,〔唐〕孔颖达疏:《周易正义》,载〔清〕阮元校刻:《十三经注疏》,中华书局1980年版,第49页。

62 〔宋〕陈骙撰:《文则》,中华书局1985年版,第1页。

63 章学诚著,叶瑛校注:《文史通义校注》,中华书局1985年版,第18、19页。

64 〔魏〕王弼注,〔唐〕孔颖达疏:《周易正义》,载〔清〕阮元校刻:《十三经注疏》,中华书局1980年版,第13页。

65 〔魏〕王弼注,〔唐〕孔颖达疏:《周易正义》,载〔清〕阮元校刻:《十三经注疏》,中华书局1980年版,第29页。

66 〔魏〕王弼注,〔唐〕孔颖达疏:《周易正义》,载〔清〕阮元校刻:《十三经注疏》,中华书局1980年版,第41页。

67 〔魏〕王弼注,〔唐〕孔颖达疏:《周易正义》,载〔清〕阮元校刻:《十三经注疏》,中华书局1980年版,第64页。

上一对青年夫妇剪羊毛的场景，郭沫若称其"比米勒的'牧羊少女'还要有风致"[68]。

四、卦爻辞的文学语言

在语言方面，卦爻辞文笔凝练，卦爻辞中的"不速之客""虎视眈眈""谦谦君子""防微杜渐"等词语至今还活在我们的语言中，成为经典的成语。其中许多通过叠字摹情状物，生动地描写了具体的形象，对《诗经》中的诗有深刻的影响。如《家人·九三》："家人嗃嗃，悔厉吉；妇子嘻嘻，终吝。"[69]《震·初九》："震来虩虩，后笑言哑哑，吉。"[70]《履·九二》："履道坦坦，幽人贞吉。"[71] 在摹拟人的声貌和外在的景致等方面，反映了诗人仔细的观察和深入的思考，使具体的描写生动、传神，具有相当的感染力。另有双声词如"次且"，叠韵词如"号咷"等。

卦爻辞在结构和句式上还体现了反复吟咏、复沓叠唱的特征，显示了其中由原始歌谣流传下来的余韵。其复沓叠唱可以渲染诗歌的艺术氛围，在反复地吟咏中深化其情感内涵，强化诗歌的音乐性和节奏感。如《中孚·六三》："得敌，或鼓或罢，或泣或歌。"[72] 又如《大过》："枯杨生稊，老夫得其女妻。"[73]（《九二》）

---

[68] 郭沫若：《中国古代社会研究》，载《郭沫若全集·历史编》第 1 卷，人民出版社 1982 年版，第 63 页。

[69] 〔魏〕王弼注，〔唐〕孔颖达疏：《周易正义》，载〔清〕阮元校刻：《十三经注疏》，中华书局 1980 年版，第 50 页。

[70] 〔魏〕王弼注，〔唐〕孔颖达疏：《周易正义》，载〔清〕阮元校刻：《十三经注疏》，中华书局 1980 年版，第 62 页。

[71] 〔魏〕王弼注，〔唐〕孔颖达疏：《周易正义》，载〔清〕阮元校刻：《十三经注疏》，中华书局 1980 年版，第 27 页。

[72] 〔魏〕王弼注，〔唐〕孔颖达疏：《周易正义》，载〔清〕阮元校刻：《十三经注疏》，中华书局 1980 年版，第 71 页。

[73] 〔魏〕王弼注，〔唐〕孔颖达疏：《周易正义》，载〔清〕阮元校刻：《十三经注疏》，中华书局 1980 年版，第 41 页。

"枯杨生华,老妇得其士夫。"[74](《九五》)这种重章叠句的手法,对于《诗经》以降的中国诗歌传统,乃至当今的歌曲,产生了深远的影响。

《周易》卦爻辞有的是古谣谚的完整句子,有的则是古谣谚的残章断句。音韵自然、和谐,节奏鲜明,词意精粹。其中有一些二言、三言、四言的歌谣,也有一些是二、三、四言杂陈。这些句式也同样影响了《诗经》中的句式。同时,也有一些句子参差不齐、未必押韵的内容,算是散文的成分或片段。其中的叙事、描写、议论、抒情等手法灵活、生动,富有形象性,有许多句子还带有一定的哲理性。它们用过去偶然发生的事件,作为必然的因果关系和前车之鉴来印证,以判断未来的吉凶。

卦爻辞在韵脚上为后代的诗歌发展提供了借鉴。鉴于书写传媒的限制,古代的文献传承不易,常以背诵为主,故文献以易诵易记为追求目标,许多文献富有乐感。许多卦爻辞歌谣是句句押韵,如《渐·九三》的"鸿渐于陆,夫征不复,妇孕不育"等。也有一些是偶句入韵的。四句以上的歌谣,有中间换韵的,也有单句和复句交叉用韵的。另有少量是虚字入韵的。

五、《易》卦爻辞的影响

谭丕模在《中国文学史纲》中说:"卦爻担负了萌芽状态的文学的成长使命,完成了《诗经》降生的准备工作。"[75]这里不但肯定了卦爻辞作为文学的萌芽,而且点明了卦爻辞对《诗经》的影响。刘大杰说:"卜辞以后,我们要作为上古文学的史料的,是《周易》中的卦爻辞。"他认为《易经》虽是一部筮书,"但在卦爻辞里,我们可以找出一些富有文学意义的作品。"[76]刘大杰还把卦爻辞看成"从

---

74 〔魏〕王弼注,〔唐〕孔颖达疏:《周易正义》,载〔清〕阮元校刻:《十三经注疏》,中华书局1980年版,第42页。
75 谭丕模著:《中国文学史纲》,人民文学出版社1952年版,第26页。
76 刘大杰著:《中国文学发展史》上册,上海古籍出版社1982年版,第12页。

卜辞到《诗经》的桥梁"[77]。在卦爻辞中，如果我们剔除占验辞部分，其余的内容常常就是一首简短的歌谣。它们通过抒情和叙事方式，反映着广阔的社会风貌，并通过具有象征意义的形象，揭示出深刻的人生哲理。

卦爻辞由于宗教仪式的庄严性和重要性，吸引了人们的智慧和才情，也使得先前文献中的文学因子得以传承，产生影响。在形容的方式和描写的方式上，卦爻辞的语言对后来的文学产生了重要的影响。《论语·八佾》论乐时说："始作，翕如也；从之，纯如也，皦如也，绎如也；以成。"[78]这里的"如也"，明显地受到了商代卦爻辞的影响。

在句式上，许多卦爻辞与后来的《诗经》有相似之处，如"明夷于飞，垂其翼。君子于行，三日不食"[79]（《明夷·初九》）。《诗经·邶风·燕燕》："燕燕于飞，差池其羽。之子于归，远送于野"[80]，在句式上几乎是相近的。甚至我们有理由说，后者受到了前者的影响。类似这样与《诗经》相近的歌谣在《周易》卦爻辞中还有一些。如《诗经·豳风·九罭》："鸿飞遵陆，公归不复，於女信宿"[81]，受到了《渐·九三》"鸿渐于陆，夫征不复，妇孕不育"[82]的影响。后来民间的歌谣和汉乐府也受到了这个传统的影响。曹操的《短歌行》就是个明显的例子："呦呦鹿鸣，食野之苹。我有嘉宾，鼓瑟吹笙。"对照前面所引的卦爻辞，我们一眼就可以看出，它不但在句式上与卦爻辞形似，而且在比兴方法的运用上和意境的创构上都与卦爻辞有神似之处。尽管大家公认的是，曹操对汉乐府已经有所改

---

77 刘大杰著：《中国文学发展史》上册，上海古籍出版社1982年版，第14页。

78 〔魏〕何晏注，〔宋〕邢昺疏：《论语注疏》，载〔清〕阮元校刻：《十三经注疏》，中华书局1980年版，第2468页。

79 〔魏〕王弼注，〔唐〕孔颖达疏：《周易正义》，载〔清〕阮元校刻：《十三经注疏》，中华书局1980年版，第49页。

80 〔汉〕毛亨传，〔汉〕郑玄笺，〔唐〕孔颖达等正义：《毛诗正义》，载〔清〕阮元校刻：《十三经注疏》，中华书局1980年版，第298页。

81 〔汉〕毛亨传，〔汉〕郑玄笺，〔唐〕孔颖达等正义：《毛诗正义》，载〔清〕阮元校刻：《十三经注疏》，中华书局1980年版，第399页。

82 〔魏〕王弼注，〔唐〕孔颖达疏：《周易正义》，载〔清〕阮元校刻：《十三经注疏》，中华书局1980年版，第63页。

良，可我们还是看得出它的表现方式与卦爻辞依然是一脉相传的。可见对于《周易》卦爻辞的研究，不仅从研究商代的审美意识的角度看是必要的，而且从探寻文学史发展的源流看也是必要的。

第四节 《尚书·商书·盘庚》：商代散文的记言作品

《盘庚》在中国文学史上有着重要的地位。作为商代流传下来的三篇演讲辞，《盘庚》不仅忠实地记录了当时的演讲口吻和方式，为后人了解当时的社会生活风貌提供了线索，而且给我们留下了中国散文源头的可靠文献。从散文文体的发展脉络，到修辞方法的运用，《盘庚》都有着重要的文学史价值，在散文乃至韵文的结构和文学语言的发展进程中起着重要作用。

一、《盘庚》为商代文

长期以来，人们对《尚书》特别是其中的《商书》的历史真实性抱有成见。而信古者常常需要通过甲骨卜辞和青铜器铭文，来对《尚书·商书》加以证明。但是在早期，人们对甲骨文和青铜器铭文的释读，在相当程度上也借重于《尚书》，包括其中的《商书》。所以陈梦家曾说："近代殷、周铜器铭文的研究，古代语文的探索，都不能离开《尚书》。"[83] 这种相互依赖的关系，本身就在证明着《尚书》一定程度的可信性。

今文《商书》共五篇，《汤誓》《盘庚》《高宗肜日》《西伯戡黎》《微子》。《汤誓》《高宗肜日》中后人加入了训诂字，《西伯戡黎》《微子》则被认为经过后人的润色，而《盘庚》三篇被绝大多数学者看成是最古老、最可靠的殷人作

---

[83] 陈梦家著：《尚书通论》，中华书局1985年版，第6页。

品。在疑古之风盛行的 20 世纪初期,《盘庚》也同样受到了质疑。对此,唐兰辩护说:"周初既有许多极长的文章,在二三百年前有此(按指《盘庚》),并不足奇。"[84] 范文澜也说:"《盘庚》三篇是无可怀疑的商朝遗文(篇中可能有训诂改字)。"[85] 而且从甲骨文的文字和写作技巧推断,《盘庚》的出现也完全是有可能的。《史记·殷本纪》说《盘庚》是盘庚之弟小辛在位时百姓对他的追记,即使如此,其可信度也应是很强的,说它基本上是商代的作品,应该没有问题。

二、《盘庚》的内蕴

盘庚是商朝的第 20 任国王,《盘庚》三篇是殷王盘庚迁都前后对世族百官、百姓和庶民的讲话,目的在于说服都城的百姓随他迁都。这是为着躲避水患、谋图发展的需要。从内容看,三篇的次序可能有颠倒。中篇似在迁殷以前,上篇是刚迁伊始,下篇则在迁殷以后。这种颠倒可能是编辑时错简造成的。如果我们将它与苏格拉底的演讲加以对比,可以看出东西方政治体制的源头的差异、宗教信仰的差异、两个主人公角色的差异,以及演讲辞在叙事和修辞方面的差异等。

《盘庚》是古代散文中记言的作品。从记事到记言,并在《盘庚上》中叙事:"盘庚迁于殷,民不适有居。率吁众戚,出矢言。……盘庚敩于民,由乃在位。以常旧服,正法度。"[86] 以叙事为记言服务。在崇天敬祖的商代,盘庚把迁都说成是上帝、先王的意旨,上升到上帝、先王使国家"永命"或"断命"的高度,先王以至"乃祖乃父"会据此作福作灾,体现了当时的思想观念,也体现了当时政治统治的需要,具有鲜明的时代特征。统治者把自己的意图,借助于被神化了的先王、"乃祖乃父"等死去的先灵表达出来,利用人民对先祖敬畏的心理,达到统治国家的目的。

---

[84] 唐兰:《卜辞时代的文学和卜辞文学》,《清华学报》1936 年第 11 卷第 3 期,第 670 页。
[85] 范文澜著:《中国通史简编》修订本第一编,人民出版社 1949 年版,第 114 页。
[86] 〔汉〕孔安国传,〔唐〕孔颖达等正义:《尚书正义》,载〔清〕阮元校刻:《十三经注疏》,中华书局 1980 年版,第 168—169 页。

《盘庚》写得充满激情，从情感的流露中表现了演讲主人公盘庚自己的形象。在《盘庚上》里，盘庚对那些反对迁都的贵族，就有晓之以理，动之以情，耐心地加以说服的一面："汝不和吉言于百姓，惟汝自生毒。乃败祸奸宄，以自灾于厥身。乃既先恶于民，乃奉其恫（痛），汝悔身何及！"[87]要他们从百姓和自身的利益着想，说得非常恳切，表现出坚毅、沉着的思想品质。在《盘庚下》，人们在新都安顿下来以后，盘庚又带着诚恳的心情安抚臣民。这些都是掏心掏肺的肝胆之言，既有激切的言辞，也有慰勉的话语，从中看出盘庚的眼光、魄力和进取精神，从中可以看出他的劳心焦思和深谋远虑，是一个有远见、有作为的王。

三、《盘庚》的语言

《盘庚》言简意赅，凝练精审，委婉含蓄，善于运用对比、比喻等艺术手法。这尤其表现在盘庚叙述迁都情由的言辞中。与《甘誓》相比，《甘誓》是开门见山，直截了当，有咄咄逼人的气势，《盘庚》则侧重于力劝。这可能与迁都所遇到的困难和盘庚所处的具体情境有关，但同时也体现出盘庚的个性。在演讲词中，盘庚恩威并重，软硬兼施，利诱与威压并用，劝勉与恫吓共进，既严厉告诫那些煽风点火的人，又苦口婆心，对心存疑虑者动之以情。加之盘庚的充沛的激情和尖锐的谈锋，整个演讲显得波澜跌宕，大气磅礴。在比喻上，作者用了习见的事物作比方，蕴含着深厚的哲理，如"若颠木之有由蘖"[88]，说明殷王室在危难之际，遇到困难迁都后，会像仆倒或砍倒的树木会发出的新芽一样，说明留恋旧邑毫无出路，而迁往新都前程似锦。"若网在纲，有条而不紊。若农服田力穑，乃亦有秋。"[89]蔡沈《书集传》说："纲举则目张，喻下从上、小从大，申前无傲之

---

[87]〔汉〕孔安国传，〔唐〕孔颖达等正义：《尚书正义》，载〔清〕阮元校刻：《十三经注疏》，中华书局1980年版，第169页。

[88]〔汉〕孔安国传，〔唐〕孔颖达等正义：《尚书正义》，载〔清〕阮元校刻：《十三经注疏》，中华书局1980年版，第168页。

[89]〔汉〕孔安国传，〔唐〕孔颖达等正义：《尚书正义》，载〔清〕阮元校刻：《十三经注疏》，中华书局1980年版，第169页。

戒。勤于田亩，则有秋成之望，喻今虽迁徙劳苦，而有永建乃家之利，申前从康之戒。"[90] 这两个比喻，前者说明臣从君命是客观规律；后者则说明迁都于殷，将劳而有获。在责备众臣以"浮言"惑众时，盘庚以"若火之燎于原，不可向迩，其犹可扑灭"[91] 作比，形象地说明后果的严重。在《盘庚中》里，盘庚以乘船作比，"若乘舟，汝弗济，臭厥载。尔忱不属，惟胥以沉"[92]。说明如果不好好渡过难关，就会有沉没的危险。这些比喻均显得贴切自然、生动形象，具有很强的说服力。后代的有条不紊、星火燎原等成语，均源于《盘庚》。同时又把盘庚演讲时的气概、感情、口吻等惟妙惟肖地表现了出来，展现了盘庚的形象和性格，从中可以看出盘庚心思缜密、谋虑深远，既有着主宰沉浮的胸襟和气魄，也有着敏感的政治头脑和出色的口才。

运用叠字的象声词，也是《盘庚》的重要特色。盘庚在严正地批评那些反对迁殷的贵族时说："今汝聒聒，起信险肤，予弗知乃所讼！"[93] 盘庚用"聒聒"这个象声词，意在形容这些贵族们七嘴八舌，私下里叽里呱啦，到处煽风点火，蛊惑人心。这就把那些贵族放肆倨傲的说话腔调惟妙惟肖地描写了出来，增强了语言的感染力。其他如"迟任有言曰：人惟求旧；器非求旧，惟新"[94]，使用了格言警句，其中不仅具有比的成分，而且还有兴的意味，且极富于人生哲理了。这与后来的《易》卦爻辞有一定的相通之处。

韩愈在《进学解》中曾说："周诰殷盘，佶屈聱牙。"[95] 这也是相对而言的，因

---

90 〔宋〕蔡沉撰，王丰先点校：《书集传》，中华书局2018年版，第121页。

91 〔汉〕孔安国传，〔唐〕孔颖达等正义：《尚书正义》，载〔清〕阮元校刻：《十三经注疏》，中华书局1980年版，第169页。

92 〔汉〕孔安国传，〔唐〕孔颖达等正义：《尚书正义》，载〔清〕阮元校刻：《十三经注疏》，中华书局1980年版，第170页。

93 〔汉〕孔安国传，〔唐〕孔颖达等正义：《尚书正义》，载〔清〕阮元校刻：《十三经注疏》，中华书局1980年版，第169页。

94 〔汉〕孔安国传，〔唐〕孔颖达等正义：《尚书正义》，载〔清〕阮元校刻：《十三经注疏》，中华书局1980年版，第169页。

95 〔唐〕韩愈著，马其昶校注，马茂元整理：《韩昌黎文集校注》，上海古籍出版社2014年版，第51页。

年代邈远，《盘庚》的语言对我们来说有了隔膜，有些古奥难解之处，是在所难免的，加之断章错简、传抄脱误等方面的原因，与后起的文献相比，《盘庚》在有的地方给人以艰涩的感觉，但总体上还是平易流畅的。如果我们用历史的眼光看，站在文学研究的立场上，就会感受到它的文学史价值和它在审美意识变迁中的地位。苏辙在《商论》里说："商人之诗骏发而严厉，其书简洁而明肃。"[96] 简洁明肃，朴素典重，正是《盘庚》的风格特点。在许多地方，《盘庚》的语言体现着自然的旋律，语言明快，音韵和谐，具有很强的音乐性。刘大杰说："《盘庚》在中国散文历史上，有很重要的地位。"[97] 它对后世的散文产生了深远的影响。

第五节 《诗经·商颂》：商代诗歌的艺术技巧

《诗经》中保存的《商颂》作为现存最早直接流传下来的诗歌，不仅有着丰富的内在意蕴，而且有了高度的艺术技巧，对中国三千年的诗歌传统产生了深远的影响。它们通过诗歌中的具体形象和所描述的具体事物，感性地表达出当时的思想意识。在人物刻画描写方面，已经开始讲究用词的技巧。如《长发》描写伊尹，只用"实维阿衡，实左右商王"，淡淡数笔，给人留下了深刻的印象。同时，《商颂》的构思，尤其显得精工。陈子展引孙鏪说《那》："商尚质，然构文却工甚。如此篇何等工妙！其工处正如大辂。"[98] 商代的文化是否可以简单地说成是尚质，当然还可以讨论，但构文精工确实是其优点。正因如此，后人曾给予《商颂》以很高的评价。如姚际恒《诗经通论》卷十八评《商颂》时，说它"风华高

---

96 〔宋〕苏辙著，曾枣庄、马德富校点：《栾城集》下，上海古籍出版社 2009 年版，第 1574 页。

97 刘大杰著：《中国文学发展史》上册，上海古籍出版社 1982 年版，第 21 页。

98 陈子展撰述，范祥雍、杜月村校阅：《诗经直解》下，复旦大学出版社 1983 年版，第 1187 页。

贵，寓质朴于敷腴，运清缓于古峭，文、质相宜，允为至文"[99]。颂扬了《商颂》典雅、庄重而古直的特点。正因《商颂》所具有的艺术成就，以致后世很多学者怀疑它们，说它们不是商代的作品。

"颂"是古代宗庙中的祭祀、祝祷之歌。《毛诗序》说："颂者，美盛德之形容，以其成功告于神明者也。"[100]白川静《说文新义》说青铜器铭文中的"颂"："盖其初形也，字示于公廷祭祀祝告之意象。"[101]朱熹《诗集传》说："颂者，宗庙之乐歌。"[102]作为舞曲，"颂"诗体现了诗、歌、舞三者一体的特点。在诗里，"颂"侧重于祭祀情景的描述，并且表达了祝福的心愿。

一、《商颂》为商诗

《诗经·商颂》作为商代的诗歌，不仅有史料的依据，而且在内容和写作技巧上也是可能的。我甚至认为，《诗经》中的许多民歌，也是出自商代。尽管在传抄过程中，这些歌谣经过了后人不同程度的润色和修改。如果说尧舜时代的《卿云歌》《击壤歌》之类，已经有一定的可信性的话，那么商代就更不必说了。《国语·鲁语下》说："昔正考父校商之名《颂》十二篇于周大师，以《那》为首。"[103]这里的"校"主要指对淆乱的乐章进行校正。《毛诗序》也说《商颂》是商代的诗："微子至于戴公，其间礼乐废坏，有正考甫得《商颂》十二篇于周之大师。"[104]但汉代学者从诗教教义出发，改正考父"校"商颂为"作"商颂，认定《商颂》为商代人的后裔宋国的诗，是缺乏依据的。

---

99 姚际恒撰，顾颉刚标点：《诗经通论》，中华书局1958年版，第362页。
100〔汉〕毛亨传，〔汉〕郑玄笺，〔唐〕孔颖达等正义：《毛诗正义》，载〔清〕阮元校刻：《十三经注疏》，中华书局1980年版，第272页。
101 周法高编撰：《金文诂林补》，台北"中研院"历史语言研究所1982年版，第2847页。
102〔宋〕朱熹注，赵长征点校：《诗集传》，中华书局2011年版，第297页。
103 徐元诰撰，王树民、沈长云点校：《国语集解》，中华书局2002年版，第205页。
104〔汉〕毛亨传，〔汉〕郑玄笺，〔唐〕孔颖达等正义：《毛诗正义》，载〔清〕阮元校刻：《十三经注疏》，中华书局1980年版，第620页。

当代许多学者如杨公骥、张松如等人,都反对几成定论的宋诗说,论证《商颂》为商诗。他们认为《商颂》里没有周灭商以后的事,没有宋的任何事件,也无《周颂》《鲁颂》中的那些"德""孝"观念,而只有体现商代精神的对征伐的赞美。[105] 公木(张松如)后来还写了专书研究《商颂》,着重论证了《商颂》为商诗。他认为"宋诗"说者"论证没有新的增加,大多只是当作成说,引述前人结论"[106]。他从作品名称入手,广泛涉及作者、内容及诸多方面,有力地驳斥了《商颂》为宋诗的观点。刘毓庆从新出土的文物和相关文献资料来论证《商颂》是商诗说。他在《〈商颂〉非宋人作考》中,对《商颂》宋诗说的观点一一加以驳斥。牟玉亭在其作《〈商颂〉的时代》中,立足于"祖先崇拜"和"暴力歌颂"这两大倾向提出:"从作品所表现的基本意识形态来看,它们不是周代乃至春秋中叶宋国创作的作品,而是商代的遗存。"[107] 而陈炜湛则通过甲骨文与同期青铜器铭文的词语与《商颂》的比较判断,《商颂》"为商诗当无可疑"[108]。

主《商颂》商诗说的学者认为,宋人作《商颂》的缘由和年代都与事实不符。"宋诗"论者有所谓孔子避定公名讳说,即鲁定公名讳,因鲁定公姓姬名宋,故孔子录诗时避其讳,而改宋颂为商颂。这是背离事实的。因为在孔子编诗以前,"商颂"之名就已经被广泛使用,"在先秦文献中,凡引用商颂时,都是叫商颂,从没有称作宋颂的"[109]。而且孔子时代的避讳之风尚未盛行,即使经他编定的鲁国史《春秋》中,"宋"字也屡屡出现。对于所谓《殷武》篇美宋襄公说,也是牵强的。宋襄公伐楚以惨败告终,与殷武伐荆楚凯旋迥然不同。《史记》所记载的正考父作《商颂》,以赞美宋襄公的说法,也是站不住脚的。因为宋襄公即位前61年,正考父的儿子孔父嘉就已经步入老年,正考父早于宋襄公近百年,根本不是同时代人。何况据《国语》记载,曾经还有人引《商颂》劝谏襄公。

---

105 杨公骥著:《中国文学》第1分册,吉林人民出版社1980年版,第464—484页。
106 公木著:《公木文集》第2卷,吉林大学出版社2001年版,第420页。
107 牟玉亭:《〈商颂〉的时代》,《社会科学战线》2002年第1期,第258页。
108 陈炜湛:《商代甲骨文金文词汇与〈诗·商颂〉的比较》,《中山大学学报(社会科学版)》2002年第1期,第83页。
109 公木著:《公木文集》第2卷,吉林大学出版社2001年版,第353页。

对于《商颂·殷武》中"景山"的理解,"宋诗说"者认为"景山"在宋国境内。其实"景山"即大山,不必实指,即使实指,宋国地域本来也在商朝境内,与商诗说并不矛盾,更何况景山的名称也未必只有一处。在文学形式上,《商颂》比《周颂》更为朗畅,一是风格上的差异,二是文学的发展有时是有迂回曲折的,而不是简单地向前进化的。因此,《商颂》在艺术上比《周颂》成就高也不是不可能的。

基于这些理由,本书从《商颂》是商诗说的观点。

二、《商颂》的内在意蕴

《商颂》原有12篇,今本《诗经》只有5篇,其中《那》《烈祖》《玄鸟》3篇为祭歌,《长发》《殷武》似为祝颂诗。它们都是当时的祭祀乐歌,都有祝颂的话。作为祭祀、祝福的诗,它们都是祭而不哀的篇章,充满着人间的气象,表达了商代人积极进取的情怀。

其中《那》,小序说是"祀成汤"[110],全诗展现了殷商先民祭祀先祖的钟鼓乐舞场面。"猗与那与"[111],"猗"与"那"都表示赞叹。洪亮的击鼓声,平和的音乐声,烘托出庄严肃穆的祭祀场面,殷商先民在这里摇鼓奏乐,祈求先祖赐福享太平,赞美商汤的显赫事业。随着祭祀活动的进一步展开,钟鼓隆隆,音乐铿锵,盈盈万舞从容相伴,场面气氛越来越热烈,音声相和,乐舞相谐,宾主相宜,其乐融融。全诗通过对音乐歌舞场面的描写,极力烘托了商代人颂赞先祖的和敬、庄严的气氛,同时具有浓厚的宗教神秘色彩。宋镇豪说《商颂》中的《那》:"此诗是盛大祭典的主题歌,具体描绘了鼓、管、钟、磬的齐鸣声中,舞队神采飞扬,和着歌声,合着节奏,有次有序跳起万舞,汤之子孙隆重献祭品给成汤,嘉

---

[110]〔汉〕毛亨传,〔汉〕郑玄笺,〔唐〕孔颖达等正义:《毛诗正义》,载〔清〕阮元校刻:《十三经注疏》,中华书局1980年版,第620页。

[111]〔汉〕毛亨传,〔汉〕郑玄笺,〔唐〕孔颖达等正义:《毛诗正义》,载〔清〕阮元校刻:《十三经注疏》,中华书局1980年版,第620页。

宾加入助祭行列，最后在宴飨中告结束。歌、舞、器乐三者已有机融汇一气。"[112]这首诗虽然没有运用到重章叠句及比兴手法，但其对钟鼓、音乐、万舞交通成和的气氛描写，使全诗具有很强的艺术表现力。

《烈祖》小序说是"祀中宗"[113]，与《那》一样，这首诗也描写了举行典礼、祈祷幸福的祭祀场面，表达了美好的愿望。但《那》侧重于从钟鼓乐舞的气氛中表现，《烈祖》则把无限的希冀寄托在酒馔的盛宴中。祭奠者虔诚地献上清醇的美酒与五味的汤羹，心中默默祷告，祈求先祖恩泽长存，赐我眉寿，贻我洪福，康乐天降，五谷丰登。朱熹《诗集传》则说："此亦祀成汤之乐。"[114]辅广在《诗童子问》中说："《那》与《烈祖》皆祀成汤之乐，然《那》诗则专言乐声，至《烈祖》则及于酒馔焉。商人尚声，岂始作乐之时则歌《那》，既祭而后歌《烈祖》与？"[115]中宗是成汤玄孙。撇开祀主争议不说，我们推测商人于祭前奏乐，祭后饮酒，因此同样颂赞先祖，而借以表达的方式却各有侧重。这首诗还描写了主祭人乘坐的车马，"约𫐓错衡，八鸾鸧鸧"[116]，错彩镂金的华丽马车、清脆悦耳的八只鸾铃，烘托出主祭者的显赫地位以及祭祀庆典的盛大隆重。

《玄鸟》小序说是"祀高宗"[117]的，高宗，即殷高宗武丁，全诗表达了祭祀者对先祖武丁的热烈的颂赞之情。诗篇在"天命玄鸟，降而生商"[118]的上古神话中拉开序幕，相传帝喾的次妃有娀氏女简狄误吞燕卵生了契，即传说中商的始祖。前半首诗追述了商王朝开国君王成汤谨受天命，开疆拓土，治理天下，国泰民安

---

112 宋镇豪著：《夏商社会生活史》，中国社会科学出版社 1994 年版，第 331 页。
113 〔汉〕毛亨传，〔汉〕郑玄笺，〔唐〕孔颖达等正义：《毛诗正义》，载〔清〕阮元校刻：《十三经注疏》，中华书局 1980 年版，第 621 页。
114 〔宋〕朱熹注，赵长征点校：《诗集传》，中华书局 2011 年版，第 325 页。
115 〔宋〕辅广撰，田志忠辑校：《辅广集辑释》上，福建教育出版社 2017 年版，第 467 页。
116 〔汉〕毛亨传，〔汉〕郑玄笺，〔唐〕孔颖达等正义：《毛诗正义》，载〔清〕阮元校刻：《十三经注疏》，中华书局 1980 年版，第 621 页。
117 〔汉〕毛亨传，〔汉〕郑玄笺，〔唐〕孔颖达等正义：《毛诗正义》，载〔清〕阮元校刻：《十三经注疏》，中华书局 1980 年版，第 622 页。
118 〔汉〕毛亨传，〔汉〕郑玄笺，〔唐〕孔颖达等正义：《毛诗正义》，载〔清〕阮元校刻：《十三经注疏》，中华书局 1980 年版，第 622 页。

的功绩；后半首诗赞美了武丁继承成汤大业，征服天下，统领九州，威震四海，享誉八方。诗中的神话色彩与热情的颂赞赋予武丁以非凡的神性，而祭享先祖、治理国家又分明是秉受天命的人之所为，因此武丁身上兼具神性与人性，被后代美化为无往而不胜的英雄，造就成神人合一的理想形象。全诗富有神话般的瑰丽色彩与史诗般的磅礴气象，在虔诚的崇拜与颂赞之中，亦表达了祭祀者淳朴而真诚的感情。方玉润视其为"三《颂》压卷"[119]，似不为过。

《长发》小序说是"大禘也"[120]，郑笺："大禘，郊祭天也。"[121]指古代君王在郊外举行的祭天大典，以敬拜上帝为主祀，同时以追思祖先为配祀，因此这首诗在祭天的名下，一并追述了列祖列宗的功绩，其中对汤的渲染和讴歌最为突出，一般认为是祭祀成汤的乐歌。与《玄鸟》一样，《长发》也从玄鸟生商的起源写起，一路讴歌了契的英明、相土的威武，重点落在成汤一生的贤德与功绩。全诗虽然罗列多位先祖的业绩，但角度不一，详略得当，契与相土显然为成汤的出场做足了铺垫，而对成汤的历史功绩则施以浓墨重彩，尤其是他伐桀而有天下的一段，在史实中又融入文学的想象："武王载旆，有虔秉钺。如火烈烈，则莫我敢曷。"[122]在锐不可当的气势中，雄心勃勃的霸王姿态毕现无遗。而末了兼颂汤的贤相伊尹，则一笔带过，"伊尹"显然是作为"汤"的配角出现，写"伊尹"还是为了祭汤。全诗 7 章，章章蝉联，气势雄伟。

《殷武》小序说是"祀高宗也"[123]。这是在高宗神庙落成之际，商人讴歌高宗伐荆楚之功的祝颂诗。孔颖达疏曰："高宗前世，殷道中衰，宫室不修，荆楚背叛。高宗有德，中兴殷道，伐荆楚，修宫室。既崩之后，子孙美之，追述其功，

---

[119]〔清〕方玉润撰，李先耕点校：《诗经原始》，中华书局1986年版，第648页。
[120]〔汉〕毛亨传，〔汉〕郑玄笺，〔唐〕孔颖达等正义：《毛诗正义》，载〔清〕阮元校刻：《十三经注疏》，中华书局1980年版，第625页。
[121]〔汉〕毛亨传，〔汉〕郑玄笺，〔唐〕孔颖达等正义：《毛诗正义》，载〔清〕阮元校刻：《十三经注疏》，中华书局1980年版，第625页。
[122]〔汉〕毛亨传，〔汉〕郑玄笺，〔唐〕孔颖达等正义：《毛诗正义》，载〔清〕阮元校刻：《十三经注疏》，中华书局1980年版，第627页。
[123]〔汉〕毛亨传，〔汉〕郑玄笺，〔唐〕孔颖达等正义：《毛诗正义》，载〔清〕阮元校刻：《十三经注疏》，中华书局1980年版，第627页。

而歌此诗也。"[124] 诗中盛赞高宗以成汤为榜样，秉承天命，挞伐荆楚，威慑楚人，以中兴先烈，使诸侯来朝。接着极言中兴之后的威严和显赫。最后是说为高宗作庙，以安其灵。全诗六章，开篇直入主题，展开"奋伐荆楚"的惊心动魄的场面，具有先声夺人的艺术效果。随着历史事件的层层铺叙，多角度地歌颂了高宗的丰功伟业。颂赞出于史实，发自内心，不至于空疏无物，流于形式。措辞温而实厉，曲而实直。篇末以"松柏"之景语作结，兴象联翩，意味隽永。

总之，《商颂》5 篇均以殷商先祖为颂赞对象，是一组内容相关的乐歌与颂诗，或在祭祀大典中讴歌，或在历史缅怀中祝颂，熔热情的赞美、虔诚的祈祷、神秘的气氛、宗教的色彩、朴实的文风、生动的描写、神话的浪漫、史诗的壮美于一炉，具有典型的商代美学特质，堪称庙堂文学的典范之作。

三、《商颂》的语言特征

我们从《孟子》《墨子》所引用的商代文献中也可以看出，语句的对称、排比、押韵等具有文学色彩的语言形式特征，在当时被自发而普遍地使用着。方玉润《诗经原始》说《玄鸟》"意本寻常，造语特奇"[125]。实际上，我们从《商颂》的语言中，已经明显地感觉到它的文学性。这 5 篇作品文字简练，叙事具体，音节和谐朗润。

"颂"作为祭祀中伴奏的乐曲，一般音质浑厚，歌词也常常使用较为响亮的韵脚。与热烈而又庄重的舞蹈配合，其歌词多长短变化，渲染了祭祀的庄重而典雅的气氛。《毛传》说"殷尚声"，强调音律，其诗也显得响亮悦耳。据刘向《新序·节士》："原宪曳杖拖履，行歌《商颂》而反，声满天地，如出金石。"[126] 这是说《商颂》是黄钟大吕式的音乐。例如《烈祖》的后半篇："以假以享，我受命

---

124 〔汉〕毛亨传，〔汉〕郑玄笺，〔唐〕孔颖达等正义：《毛诗正义》，载〔清〕阮元校刻：《十三经注疏》，中华书局 1980 年版，第 627 页。
125 〔清〕方玉润撰，李先耕点校：《诗经原始》，中华书局 1986 年版，第 648 页。
126 〔汉〕刘向撰：《新序 说苑》，上海古籍出版社 1990 年版，《新序》部分第 41 页。

溥将。自天降康,丰年穰穰。来假来飨,降福无疆。顾予烝尝,汤孙之将。"[127] 句句入韵,节奏整齐,音调铿锵,读来一气呵成,朗朗上口。《玄鸟》的开篇也体现出这个特点:"天命玄鸟,降而生商,宅殷土茫茫。古帝命武汤,正域彼四方。"[128] 也几乎句句入韵,且用韵饱满,掷地有声,字正腔圆,充满阳刚之气。《长发》篇幅较长,分章铺叙,韵随意转,更显波澜起伏,磅礴的气象随着洪亮的音节而展开。其四、五、六言交错使用,虽参差不齐,却错落有致,给人以抑扬顿挫的感觉。

《长发》和《殷武》都分章,各章的字句大体相等,形式上相对整齐,尤其是其重章叠句的结构形式,保留了当年诗、歌、舞合一的遗痕。个别不太对称的地方,疑是因年代邈远,在传播过程中有断章、错简的情形。如《长发》第四章与第五章:"受小球大球,为下国缀旒。何天之休,不竞不絿,不刚不柔,敷政优优,百禄是遒。受小共大共,为下国骏厖。何天之龙,敷奏其勇。不震不动,不戁不竦,百禄是总。"[129] 本是对称的,第五章的"敷奏其勇",当在"百禄是总"前,与第四章"敷政优优,百禄是遒"对举。这种叠句富有音乐感,回环复沓,一唱三叹,从而增强了抒情色彩。

除重章叠句外,叠字也是《商颂》中广泛使用的重要修辞方法。叠字在《易》卦爻辞中即已露出端倪,到《商颂》更是得到了充分的发展。其中有摹拟乐器之声的,如《那》中的"奏鼓简简""鞉鼓渊渊""嘒嘒管声""穆穆厥声"[130]等;有形容鸟鸣之声的,如《烈祖》中的"八鸾鸧鸧"等;有形容物态的,如

---

127 〔汉〕毛亨传,〔汉〕郑玄笺,〔唐〕孔颖达等正义:《毛诗正义》,载〔清〕阮元校刻:《十三经注疏》,中华书局1980年版,第621页。
128 〔汉〕毛亨传,〔汉〕郑玄笺,〔唐〕孔颖达等正义:《毛诗正义》,载〔清〕阮元校刻:《十三经注疏》,中华书局1980年版,第622页。
129 〔汉〕毛亨传,〔汉〕郑玄笺,〔唐〕孔颖达等正义:《毛诗正义》,载〔清〕阮元校刻:《十三经注疏》,中华书局1980年版,第626、627页。
130 〔汉〕毛亨传,〔汉〕郑玄笺,〔唐〕孔颖达等正义:《毛诗正义》,载〔清〕阮元校刻:《十三经注疏》,中华书局1980年版,第620页。

《长发》中的"洪水芒芒""如火烈烈"[131]等；有发出感叹的，如《烈祖》中"嗟嗟烈祖"等。其中大都是形容词，形容那些视觉形象和听觉声音，乃至抽象不可名状之物，如《殷武》中的"赫赫厥声，濯濯厥灵"[132]等。另一种以"有"与形容词相结合的"有字式"，为《诗经》中常见的叠字变式，如《那》中的"庸鼓有斁""《万舞》有奕""执事有恪"[133]，《殷武》中的"松桷有梴，旅楹有闲"[134]等，相当于"斁斁""奕奕""恪恪""梴梴""闲闲"，这种变式，使句式在整齐中不失活泼，对物态人情的描摹更加富于变化，增强了语言的艺术表现力。总之，叠字的运用不但栩栩如生地描摹了事物的情状，而且也使语言具有强烈的音乐感。它们在汉语中富有生命力，一直影响到今天的语言和诗歌。

另外，善用比喻也是商代文学的重要特征。这在《盘庚》里已表现得很明显，《商颂》里也是如此。《长发》第六章写武王出兵伐夏："如火烈烈，则莫我敢曷。"[135]郑笺说，"其威势如猛火之炎炽"[136]，用熊熊燃烧的大火作喻，形容汤的军队气势威猛，锐不可当。接着又用"苞有三蘖，莫遂莫达"，将夏桀比作"苞"，夏桀之党韦、顾、昆吾比作三蘖，以一棵树干长了三个杈，谁也长不好，暗中讥讽夏桀与其同盟韦、顾、昆吾难以兴旺发达。比喻有明有暗，所喻之物有盛有衰，所表达之情有颂扬有鞭挞，在鲜明的对比中突出了汤灭夏的赫赫战功。这种喻中兼以对比反衬的手法，赋予诗句以丰富生动的艺术表现力。

---

131 〔汉〕毛亨传，〔汉〕郑玄笺，〔唐〕孔颖达等正义：《毛诗正义》，载〔清〕阮元校刻：《十三经注疏》，中华书局1980年版，第626、627页。

132 〔汉〕毛亨传，〔汉〕郑玄笺，〔唐〕孔颖达等正义：《毛诗正义》，载〔清〕阮元校刻：《十三经注疏》，中华书局1980年版，第628页。

133 〔汉〕毛亨传，〔汉〕郑玄笺，〔唐〕孔颖达等正义：《毛诗正义》，载〔清〕阮元校刻：《十三经注疏》，中华书局1980年版，第620页。

134 〔汉〕毛亨传，〔汉〕郑玄笺，〔唐〕孔颖达等正义：《毛诗正义》，载〔清〕阮元校刻：《十三经注疏》，中华书局1980年版，第628页。

135 〔汉〕毛亨传，〔汉〕郑玄笺，〔唐〕孔颖达等正义：《毛诗正义》，载〔清〕阮元校刻：《十三经注疏》，中华书局1980年版，第627页。

136 〔汉〕毛亨传，〔汉〕郑玄笺，〔唐〕孔颖达等正义：《毛诗正义》，载〔清〕阮元校刻：《十三经注疏》，中华书局1980年版，第627页。

《商颂》在中国的诗歌传统中有着重要的影响。春秋战国时代楚文化的信鬼好祀，尤其是巫觋作乐、歌舞祀神的传统，直接传承了商代的宗教和艺术传统。我们从商纣王时代传下来的歌，更可以看出《商颂》对《诗经》中周代的诗歌和楚辞的影响。《韩诗外传》卷二："昔者纣为酒池糟堤，纵靡靡之乐，而牛饮者三千。群臣皆相持而歌：'江水沛兮，舟楫败兮，我王废兮。趋归于亳，亳亦大兮。'又曰：'乐兮乐兮，四牡娇兮，六辔沃兮。去不善兮，善何不乐兮。'"[137]这些诗歌无疑影响了后代的诗歌。同时，从内容上，《商颂》5篇作为祝颂之歌，颇多溢美颂扬之词，开辟了后世庙堂文学的先河。

还有一些流传下来的商代作品，是后代的文献中所引用的。如《礼记·大学》所引的《汤盘铭》，《荀子》与《说苑》里同引的《大旱》《祝辞》，《史记》里所引的《汤诰》等，从语言风格和内容等方面看，说它们是商代的本无不可，尽管我们现在无法确证它们。

总而言之，商代文学作品的内容取材广泛，作者来自各个阶层，反映了商代先民的生活状况与思想情感，以及他们对自己和世界的观察与反思。这些文学作品以其天然蕴含的音乐感、直白的抒情形式和简洁质朴的语言，体现了商代先民丰富的想象力和创造力，并包含了睿智的哲思。商代的文学是中国文学的肇始，其中既有占卜辞、诰命等简朴古拙的应用文体，也有歌谣、寓言等纯文学体裁，为后世文学作品的多样化开启了先声。其叠字、比兴等修辞手法和高度凝练的特征，对后世产生了深远的影响。虽然由于年代久远，商代文学作品流传下来的并不多，但是作为中国文学的滥觞，商代文学在中国文学史上有着重要的地位。

---

[137]〔汉〕韩婴撰，许维遹校释：《韩诗外传集释》，中华书局1980年版，第57—58页。

结 语

商代是中国审美意识发展的重要时期。商代的陶器、玉器和青铜器，给我们留下了先民生动、丰富的审美意识的标本，对中国古代艺术的发展产生了深远的影响。系统深入地开展商代审美意识研究，不仅有助于传承先民们艺术创造的精华，厘清审美意识的发展变迁脉络，而且有助于探索中国本土的艺术和美学资源，使它们发扬、光大，以推动当代艺术的创造和发展，并为中国美学史的研究提供感性资源。

　　商代的先民在制造工具的过程中，人们对自然界的法则，诸如均衡、对称、色感等形式逐渐有了一定的意识。这种意识从自发到自觉，并且通过对物质材料的征服，使之在创造过程中得以表现。恢诡谲怪的神话虽然已经被融进了后代的众多的神话之中了，但是在商代的造型艺术和思想观念里，无处不深深地浸染了当时的神话意蕴，以至我们根本无法将其从审美意识中加以剔除。因此，虽然我们对精致美妙的器皿中的神话意蕴不能作明晰的领悟，但是透过商代神话的吉光片羽，我们依然可以朦胧地领略到器皿中所包孕的神话的韵致。

　　实用的需要和宗教、政治等意识形态的影响，又推动了人们在制造工具和器皿的过程中对法则的运用，使得工具和器皿在为宗教和政治服务的过程中得到深化和发展。由于宗教祭祀和礼法方面的原因，牛羊等动物的头形较早且更多地成为制器之形及其中的纹饰，巫及巫术对舞蹈和造型艺术也起着重要的作用。器皿中的鸟兽形象常常是祖神和王权的象征。商周时代的工艺作品受宗教和礼法的影响，有了普遍存在、逐步定型并且形成传统的母题，如人兽母题等。至今，商代的许多审美结晶还保存在我们的审美意识和民间文化中。例如民间的小孩虎兜、老虎童鞋和各种装饰图案等，依然还有着商代审美文化的影子。

　　商代的陶器、玉器、青铜器等器物，以及文字和文学作品等具体的创造物和艺术作品，都显示了中国人独特的审美趣味和审美理想，显示了他们对技艺与宇宙之道的融会贯通。我们系统深入地研究商代审美意识，揭示商代的陶器、玉器和青铜器在中国器物创造中一脉相承的发展历程，系统阐释了中国商代的甲骨文和金文的字形特点，以及《易》卦爻辞、《尚书·商书·盘庚》等文学作品的审美特点，以期填补中国美学史中商代审美意识研究的空白，使中国美学史的研究趋于完整。

在分析和研究商代器物和文学艺术等方面的审美特征时，我们也发现了很多艺术创造的规律，如石器、骨器、陶器、玉器和青铜器的造型和纹饰，甲骨文和金文的构形和笔法，都是中国传统艺术象形表意的滥觞；这段时期的文学艺术对中华传统的艺术思维产生了深刻的影响，显示了先民们独特的创造力和审美的想象力对后世的审美意识，特别是造型艺术的深远影响。

在研究商代的器物、文学艺术、哲学思想等本来面目的同时，我们也发现了很多艺术创造的规律，如石器、骨器、陶器、玉器和青铜器的造型和纹饰，甲骨文和青铜器铭文的构形和笔法，都是中国传统艺术象形表意的滥觞，显示了先民们独特的创造力和审美的想象力，对后世的造型艺术、审美意识乃至对中国传统的艺术思维产生了深刻的影响。因此，研究商代审美意识，对于我们总结商代先民的艺术创造规律和推动当代的艺术创造实践都具有不可忽视的意义。

我们研究商代审美意识的变迁和发展规律，不仅有助于我们进一步认识中华先民早期的审美意识，探索中国本土的艺术和美学资源，而且有助于我们探索中国本土的艺术和美学资源，传承先民们艺术创造的积累，为中国美学史的研究提供感性资源，探索艺术审美意识的发展变迁脉络，以推动当代审美创造和建设中国特色的美学理论体系，使之走向世界。

参考文献

B

北京大学历史系考古研究室商周组《商周考古》，文物出版社 1978 年版。

C

陈梦家《尚书通论》，中华书局 1985 年版。

陈梦家《殷墟卜辞综述》，中华书局 1988 年版。

陈望衡《狞厉之美：中国青铜艺术》，湖南美术出版社 1991 年版。

陈旭《夏商考古》，文物出版社 2001 年版。

程金城《远古神韵——中国彩陶艺术论纲》，上海文化出版社 2001 年版。

D

邓福星《艺术前的艺术》，山东文艺出版社 1986 年版。

邓以蛰《邓以蛰全集》，安徽教育出版社 1998 年版。

杜金鹏、杨菊花《中国史前遗宝》，上海文化出版社 2000 年版。

E

E. H. 贡布里希《艺术发展史》，天津美术出版社 1989 年版。

F

范文澜《中国通史简编》修订本，人民出版社 1949 年版。

方玉润《诗经原始》，中华书局 1986 年版。

G

高蒙河《铜器与中国文化》，汉语大词典出版社 2003 年版。

公木《公木文集》第 2 卷，吉林大学出版社 2001 年版。

郭沫若《奴隶制时代》，人民出版社 1973 年版。

郭沫若《青铜时代》，科学出版社 1957 年版。

郭沫若《殷契萃编》，科学出版社 1965 年版。

郭沫若《中国古代社会研究》,《郭沫若全集》历史编第一卷,人民出版社1982年版。

H

何宁《淮南子集释》,中华书局1998年版。

〔魏〕何晏注,〔宋〕邢昺疏:《论语注疏》,载〔清〕阮元校刻:《十三经注疏》,中华书局1980年版。

胡厚宣《战后宁沪新获甲骨集·述例》,来熏阁书店1951年版。

户晓辉《地母之歌——中国彩陶与岩画地生死母题》,上海文化出版社2001年版。

J

姜亮夫《古文字学》,浙江人民出版社1984年版。

L

李伯谦《中国青铜文化结构体系研究》,科学出版社1998年版。

李福顺《中国美术史》上卷,辽宁美术出版社2000年版。

李纪贤《马家窑文化的彩陶艺术》,人民美术出版社1982年版。

李圃《甲骨文字学》,学林出版社1995年版。

李孝定《甲骨文集释》(第四、五卷),台北"中研院"历史语言研究所1974年版。

李学勤《古文字学初阶》,中华书局1985年版。

李学勤《走出疑古时代》,辽宁大学出版社1997年版。

李砚祖《工艺美术概论》,吉林美术出版社1991年版。

李泽厚《美的历程》,中国社会科学出版社1984年版。

列·谢·瓦西里耶夫《中国文明的起源问题》,郝镇华译,文物出版社1989年版。

刘大杰《中国文学发展史》上册,上海古籍出版社1982年版。

刘岱《中国文化新论·艺术篇·美感与造型》，生活·读书·新知三联书店 1992 年版。

刘经庵《中国纯文学史纲》，东方出版社 1996 年版。

刘梦溪主编《中国现代学术经典·董作宾卷》，河北教育出版社 1996 年版。

刘锡诚《中国原始艺术》，上海文艺出版社 1998 年版。

刘雪涛《甲骨文 如诗如画》，台北光复书局 1995 年版。

罗振玉《增订殷虚书契考释》卷中，东方学会 1927 年版。

吕思勉《先秦史》，上海古籍出版社 1982 年版。

M

马承源《仰韶文化的彩陶》，上海人民出版社 1957 年版。

马承源《中国青铜器研究》，上海古籍出版社 2002 年版。

P

庞朴《稂莠集——中国文化与哲学论集》，上海人民出版社 1988 年版。

Q

钱钟书《管锥编》第 4 卷，中华书局 1979 年版。

青浦县县志编纂委员会《崧泽文化》，上海人民出版社 1992 年版。

裘锡圭《文字学概要》，商务印书馆 1988 年版。

秋子《中国上古书法史：魏晋以前书法文化哲学研究》，商务印书馆 2000 年版。

R

容庚、张维持《殷周青铜器通论》，文物出版社 1984 年版。

S

上海博物馆集刊编辑委员会《上海博物馆集刊》第 4 期，上海古籍出版社 1987 年版。

〔梁〕沈约《宋书》第六册,中华书局1974年版。

沈尹默《书法论丛》,上海教育出版社1979年版。

施昕更《良渚——杭县第二区黑陶文化遗址初步报告》,浙江省教育厅1938年版。

〔汉〕司马迁《史记》第一册,中华书局1959年版。

宋兆麟《中国风俗通史·原始社会卷》,上海文艺出版社2001年版。

宋镇豪《夏商社会生活史》,中国社会科学出版社1994年版。

T

谭丕模《中国文学史纲》,人民文学出版社1952年版。

W

汪裕雄《意象探源》,安徽教育出版社1996年版。

王大有《龙凤文化源流》,北京工艺美术出版社1988年版。

王国维《观堂集林》第2册,中华书局1959年版。

王国维《宋元戏曲史》,华东师范大学出版社1995年版。

王献唐《炎黄氏族文化考》,齐鲁书社1985年版。

吴山《中国新石器时代陶器装饰艺术》,文物出版社1979年版。

X

西安半坡博物馆《半坡仰韶文化纵横谈》,文物出版社1988年版。

谢崇安《商周艺术》,巴蜀书社1997年版。

熊月之主编《上海通史》第2卷"古代",上海人民出版社1999年版。

徐复观《中国艺术精神》,华东师范大学出版社2001年版。

徐元诰撰,王树民、沈长云点校:《国语集解》,中华书局2002年版。

〔汉〕许慎《说文解字》,中华书局1963年版。

许维遹撰,梁运华整理:《吕氏春秋集释》上,中华书局2009年版。

Y

杨公骥《中国文学》第 1 分册，吉林人民出版社 1980 年版。

杨泓《美术考古半世纪》，文物出版社 1997 年版。

杨向奎《中国古代社会与古代思想研究》，上海人民出版社 1962 年版。

叶舒宪《中国神话哲学》，中国社会科学出版社 1992 年版。

殷志强《中国古代玉器》，上海文化出版社 2000 年版。

尤仁德《古代玉器通论》，紫禁城出版社 2002 年版。

袁珂《中国神话传说词典》，上海辞书出版社 1985 年版。

Z

张光直《中国青铜时代》，生活·读书·新知三联书店 1999 年版。

张亮采《中国风俗史》，东方出版社 1996 年版。

张晓凌《中国原始艺术精神》，重庆出版社 1996 年版。

张应斌《中国文学的起源》，台北洪业文化事业有限公司 1999 年版。

张之恒、周裕兴《夏商周考古》，南京大学出版社 1995 年版。

赵国华《生殖崇拜文化论》，中国社会科学出版社 1990 年版。

中国美术全集编辑委员会《中国美术全集·工艺美术编·玉器》，文物出版社 1986 年版。

周膺、吴晶《中国 5000 年文明第一证——良渚文化与良渚古国》，浙江大学出版社 2004 年版。

朱狄《原始文化研究》，生活·读书·新知三联书店 1988 年版。

〔宋〕朱熹注，赵长征点校：《诗集传》，中华书局 2011 年版。

朱自清等编辑《闻一多全集》第 1 卷，上海开明书店 1948 年版。

宗白华《宗白华全集》1—4 卷，安徽教育出版社 1994 年版。

后 记

我萌念研究商代的审美意识问题，差不多已经有十多个年头了。早在1989年撰写《论审美心态》一文时，我开始留意于商周铭文中"虚静"等词的用法和其中所包孕的意蕴，惊异于先民们非凡的智慧和深刻的思想。后来在研究孔子的人生观问题时，领悟到春秋战国时代的诸子思想，当是对商代和西周思想的继承和深化，而不可能横空出世，凭空冒出一批天才的思想家来。于是，我决心到中国古代有信史的源头——商代去探索中国上古审美意识的起源与发展。

1991年去厦门参加美学会议时，我曾与美学界的一位前辈谈起当时的科研计划。我谈到自己想把硕士期间写的论文，包括硕士论文，作一个系统的规划，撰写成一本中国艺术哲学方面的专著，同时也谈到了想做商代审美意识方面的研究。这位前辈说，中国艺术哲学方面的专著，你写别人也可以写，尽管观点会各有不同，但未必能有很大的影响。而商代的审美意识问题，迄今还没有人作专门的研究，具有拓荒的意义。这对我颇有启发。我决定把商代审美意识研究这个专题列入我的研究计划。同时我也觉得，如果我心中没有自己关于审美问题的系统思想，仅仅是以现成的美学原理做理论武器，其成就无疑是有限的。从此，我在教学中就试图系统探索中国特色的审美理论，多少也算是为商代审美意识的研究做前期准备。

1992年秋季，我考到复旦大学中文系，师从蒋孔阳先生攻读博士学位。蒋先生本来以为我在中国美学方面已有一定的学术基础，会选择中国美学作为研究方向。但是，我当时听取了祖保泉先生的建议，选择了西方美学作为研究方向，以康德美学作为博士论文的选题，目的主要在于训练思维。这一想法得到了蒋先生的首肯与支持。商代的审美意识研究暂时被搁置下来。

1995年毕业后到苏州大学任教，讲授美学和西方文论，潜心于中国特色的审美理论的思考，并写成了一本15万字的小册子作为教材。与此同时，苏州大学文学院为申请博士后流动站，要我这个外校来的博士从年底开始先行做项目博士后研究，规定的方向是现代通俗文学方面的项目课题，至1997年底结束。

1998年，我又接手了一本有关新时期知识分子问题研究的书稿稿约。这样，商代审美意识问题的研究便一拖再拖，但相关的读书和思考仍在继续。日常生活中所见到的器皿的形制和纹饰，以及许多民间的风俗，时常让我感受到商代审美意识绵延不绝的影响力。

到1999年底，我整理完《中国文学导论》一书，加入丛书后更名为《中国文学艺术论》，交给了山西教育出版社。商代审美意识的研究终于提上了日程。于是我开始更集中地收集资料，安排章节，并做了大量的相关笔记。到2000年底，经过一年的梳理，思路大致清晰，草稿也已经理出了眉目，就开始联系出版社，得到了水红女士和方国根先生等人的支持与帮助，使本书被人民出版社列入了出版计划。李学勤教授也在来信中给予积极的鼓励。

就在这时，文学院安排我2001年去韩国讲学一年。其间忙忙碌碌，只能仓促作在异国研究商代审美意识问题的准备。2000年秋季刚刚进校的研究生陈朗和宋传东等人，帮我复印了一箱参考论文，并把相关的参考书分6箱寄往韩国。在韩国期间，我读到了一些台湾出版的文字学等方面的著作，又从韩国的民俗文化中获得了些许灵感。2002年初回国时，书稿已经大体成型。而我的"审美理论"也已改写成一本24万字左右的学术专著了，它为我的商代审美意识研究提供了理论基础。我本来还想把有关商代审美意识的一些尚未成熟的思想作进一步整理的，但因某种原因，只得将这初步的研究成果先行在年内出版了。

在最近的一个多月里，一些学生为我做了不少具体的收尾工作，从查阅资料、核对引文到提出润色、修改意见，乃至打印文稿等。其中有9月份刚刚入校的硕士研究生邵君秋、陶国山、高海燕和我的侄子朱军（新闻传播专业的硕士研究生）等。本科基地班的同学顾晴宇、王婕、齐慎和周昉等同学也都积极地帮忙校对。责任编辑夏青女士对文稿作了认真的审读和修改，为本书增色不少，并使本书及时而顺利地得以出版。在此，我谨向给予本书各种帮助和支持的人士表示谢意。

本书虽然思考的时间较长，但成书的时间依然显得仓促，不当之处在所难免，希望能得到方家和广大读者的批评指正，以便我把这一课题的研究进一步深入下去。

2002年10月6日

修订版后记

本书由人民出版社 2002 年初版。其中的主要内容曾经先后收入我的《夏商周美学思想研究》（人民出版社 2009 年版）和《中国审美意识通史·夏商周卷》（人民出版社 2017 年版），我对《诗经》等部分章节作了一定的修改。由于《中国审美意识通史》中已经有"史前卷"，这次修订本删除了《商代审美意识研究》中涉及的对史前追源溯流的内容，并且考虑到了它与后面独立出版《中国史前审美意识研究》和《周代审美意识研究》两书之间的整体性和一致性。

我 20 多年前撰写本书，一是感到中国后代的许多审美意识可以追溯到商代的文明，二是因为商代陶器、玉器、青铜器、文字和文学中所体现的审美意识不仅是后代总结和概括美学思想的源头活水，而且值得我们今天站在当代的立场上从中继续总结和概括出审美的规律和特征，对当代的审美实践和美学理论的建构具有重要的启示意义，值得我们重视。

我之所以致力于中国审美意识史的研究，是因为我认为中国美学史的存在形态，是审美意识与审美思想的有机统一。物化在器物和艺术作品中的审美意识是传世文献中美学思想的源头活水，两者之间可以相互印证、相互促进。我们只有充分了解了中国古代的审美意识，才能更充分把握到中国美学的特色与精髓。在中国美学与世界美学的交流对话中，审美意识研究能够提供更为感性的审美体验和更为丰富的艺术经验。

目前，本书修订版的英文文本已经由劳特里奇出版社（Routledge）出版，中文修订版的内容与英文版内容一致。感谢浙江人民美术出版社的领导和洛雅潇女史愿意出版本书，使本书能够以精美的样式重版。

作者

2024 年 10 月 11 日于心远楼